普通高等教育"十三五"力学规划系列教材

复合材料力学

（第二版）

陈建桥　编著

华中科技大学出版社

中国·武汉

内 容 简 介

本书系统介绍复合材料力学基础理论，以及相关的分析计算方法，同时兼顾力学性能的试验评价和复合材料/结构设计方法。具体内容包括：单向复合材料的刚度和强度分析，层合板的刚度和强度分析、残余应力、弯曲和屈曲，若干强度专题，复合材料的优化设计，复合材料结构的有限元分析，等等。除了针对各知识点编有精选例题，全书还配有习题和习题参考解答，以帮助学生加深对基本理论和方法的理解，亦为教学和自学提供便利。此外，为方便教学，本书还提供了课件，可用微信 APP 扫描各章章首二维码获取。

本书内容精练，注重基础，难易适中，适合用作普通高等院校力学及相关理工科专业本科生和研究生教材，也可作为相关科技人员的参考书。

图书在版编目(CIP)数据

复合材料力学/陈建桥编著. —2 版. —武汉：华中科技大学出版社，2020.11(2024.1 重印)
ISBN 978-7-5680-6739-3

Ⅰ.①复… Ⅱ.①陈… Ⅲ.①复合材料力学-高等学校-教材 Ⅳ.①TB301

中国版本图书馆 CIP 数据核字(2020)第 226076 号

复合材料力学(第二版) 陈建桥 编著
Fuhe Cailiao Lixue(Di-er Ban)

策划编辑：万亚军
责任编辑：姚同梅
封面设计：刘 婷
责任监印：周治超
出版发行：华中科技大学出版社(中国·武汉) 电话：(027)81321913
武汉市东湖新技术开发区华工科技园 邮编：430223
录 排：武汉市洪山区佳年华文印部
印 刷：武汉邮科印务有限公司
开 本：710mm×1000mm 1/16
印 张：14.25
字 数：301 千字
版 次：2024 年 1 月第 2 版第 5 次印刷
定 价：39.80 元

第二版前言

复合材料作为一种结构材料，近年来在航空航天、土木建筑、交通车辆、舰船、化工设备、医疗器械等领域得到了广泛应用。对复合材料/结构进行力学分析，并准确评价和预测其性能，是安全、合理、有效地使用复合材料的基础。

本书较系统地介绍了复合材料力学的基础理论和分析计算方法，同时兼顾力学性能和复合材料/结构的试验评价、近似分析以及优化设计方法，并简要介绍了若干重要的专题。本次修订在第一版基础上增加了复合材料结构的有限元分析(第 10 章)，并对原书中的疏漏之处进行了完善。本书除具备注重基础、突出重点、简明实用等特点外，还融入了作者多年教学经验，适用范围较宽。全书针对各知识点编有示范性例题，并配有丰富的习题以及参考解答，以引导读者进行有针对性的练习，加深对基本理论和方法的认识，改变常见的面对具体问题难以下手的状况，提升学习效果。

本书可作为普通高等学校力学、材料、航空航天、土木、船海等专业本科生或研究生教材，也可作为相关科技人员的参考书。为了方便教学，本书配有课件，可以通过扫描二维码来获取。

本次修订由陈建桥负责，张晓生博士承担了第 10 章的数值计算工作。

本书得到了“华中科技大学教材建设项目”的立项资助。同时，华中科技大学出版社对本书的出版给予了莫大的支持。在多年的复合材料力学教学过程中，许多学生也给笔者提出了很好的建议。在本书的编写过程中，作者还参考了若干国内外有关复合材料或复合材料力学的文献。在此一并致谢。

陈建桥

2020 年 7 月于武汉

目　　录

第 1 章　复合材料概述……………………………………………………（1）
1.1　复合材料的基本概念 ……………………………………………（1）
1.2　复合材料的种类 …………………………………………………（2）
1.3　复合材料的构造及制法 …………………………………………（3）
1.4　复合材料的增强相和基体相 ……………………………………（7）
1.5　常用的增强纤维 …………………………………………………（8）
1.6　常用的高分子基体材料…………………………………………（10）
1.7　复合材料的性能和应用…………………………………………（11）
习题 …………………………………………………………………（17）
第 2 章　单向复合材料的刚度分析 ……………………………………（18）
2.1　正交各向异性材料的应力应变关系……………………………（18）
2.2　单向复合材料任意方向的应力应变关系………………………（21）
2.3　拉-剪耦合效应 …………………………………………………（25）
2.4　工程弹性常数及其变换…………………………………………（27）
2.5　弹性常数取值范围的限制条件…………………………………（30）
2.6　单层板弹性性能的分析和预测…………………………………（30）
习题 …………………………………………………………………（37）
第 3 章　单向复合材料的强度准则 ……………………………………（40）
3.1　正交各向异性材料的强度指标…………………………………（40）
3.2　强度准则…………………………………………………………（41）
3.3　正剪切和负剪切…………………………………………………（47）
3.4　强度准则的选取原则……………………………………………（49）
3.5　单向复合材料力学性能的试验测定……………………………（49）
3.6　复合材料单层板强度分析的细观力学方法……………………（55）
3.7　短纤维复合材料的载荷传递理论………………………………（58）
习题 …………………………………………………………………（61）
第 4 章　层合板的刚度分析 ……………………………………………（63）
4.1　薄板变形假设……………………………………………………（63）
4.2　层合板本构关系的推导…………………………………………（64）
4.3　反对称层合板与拉-弯耦合 ……………………………………（66）

4.4 对称层合板…………………………………………………………………… (69)
4.5 层合板的主轴………………………………………………………………… (73)
4.6 准各向同性板………………………………………………………………… (73)
4.7 层合板的工程弹性常数……………………………………………………… (74)
4.8 层合板的柔度计算…………………………………………………………… (80)
习题 ……………………………………………………………………………… (83)
第 5 章 层合板的强度分析和计算方法 ………………………………………… (85)
5.1 层合板的应力与强度分析…………………………………………………… (85)
5.2 层合板的破坏形态…………………………………………………………… (86)
5.3 首层破坏强度………………………………………………………………… (87)
5.4 最终层破坏强度……………………………………………………………… (92)
5.5 预测层合板极限强度的其他方法…………………………………………… (99)
5.6 层间应力与分层破坏 ……………………………………………………… (100)
习题……………………………………………………………………………… (103)
第 6 章 层合板残余应力分析………………………………………………… (104)
6.1 单层板的残余热应力及热膨胀系数 ……………………………………… (104)
6.2 层合板考虑热变形的本构方程 …………………………………………… (105)
6.3 正交层合板的热应力和热变形 …………………………………………… (109)
6.4 层合板残余应力计算和强度分析 ………………………………………… (111)
6.5 吸湿变形与热变形的相似性 ……………………………………………… (115)
习题……………………………………………………………………………… (120)
第 7 章 层合板的弯曲和屈曲………………………………………………… (121)
7.1 弯曲基本方程 ……………………………………………………………… (121)
7.2 弯曲变形求解方法 ………………………………………………………… (122)
7.3 减小板的弯曲变形的方法 ………………………………………………… (128)
7.4 层合板的屈曲 ……………………………………………………………… (129)
7.5 层合梁的分析计算 ………………………………………………………… (133)
习题……………………………………………………………………………… (135)
第 8 章 若干强度专题………………………………………………………… (137)
8.1 复合材料与断裂力学 ……………………………………………………… (137)
8.2 各向异性板的线弹性断裂力学 …………………………………………… (138)
8.3 层间断裂 …………………………………………………………………… (143)
8.4 层间疲劳裂纹扩展 ………………………………………………………… (146)
8.5 层合板的其他破坏形式 …………………………………………………… (148)
8.6 带孔层合板的应力和强度分析 …………………………………………… (149)
8.7 复合材料的连接 …………………………………………………………… (153)

习题……(155)
第 9 章　复合材料的优化设计……(156)
9.1　材料与结构的优化设计……(156)
9.2　夹心梁单元模型……(157)
9.3　面内加载层合板的刚度设计……(158)
9.4　面内加载层合板的最大强度设计……(161)
9.5　层合板弯曲刚度设计……(163)
9.6　最大屈曲强度设计……(165)
习题……(166)
第 10 章　复合材料结构的有限元分析……(167)
10.1　有限元法……(167)
10.2　复合材料结构有限元分析步骤……(167)
10.3　复合材料结构的变形和应力分析……(169)
10.4　复合材料结构强度分析……(170)
10.5　复合材料结构应力集中问题……(173)
习题……(175)
附录 A　各向异性材料三维弹性理论……(176)
A.1　应力应变关系……(176)
A.2　具有一个弹性对称平面的材料……(177)
A.3　正交各向异性……(178)
A.4　横观各向同性……(178)
A.5　各向同性……(179)
A.6　正交各向异性材料的工程弹性常数……(180)
A.7　面外剪切变形……(181)
附录 B　部分习题解答……(184)
参考文献……(219)

第 1 章　复合材料概述

本章简要介绍复合材料的定义、种类、构型和制作成型方法、性能特点，以及各种应用。本书讨论的重点是以纤维为增强体的树脂基(高分子基)复合材料。

1.1　复合材料的基本概念

复合材料是由两种或两种以上具有不同化学、物理性质的素材复合而成的一种材料。自然界中的许多材料都属于复合材料，如生体材料中的骨头和牙齿，其组成成分是韧度较高的有机材料(骨胶)与坚硬的结晶材料(磷酸钙)。又如木材，它是由基体材料(木质素)和纤维分子的链组成的。人工的复合材料(composite materials)由两种或两种以上不同性质的材料用物理或化学方法制成。制造复合材料的目的是得到原来组分材料所没有的优越性能或某些特殊性能。如骑摩托车用的防护帽就是由树脂和玻璃纤维(glass fiber)复合而成的。玻璃纤维是用玻璃制成的比人的头发还细的纤维，其直径约为 10 μm，而强度则大大高于普通的软钢。玻璃纤维用树脂加以固化后就得到一种强度很高的复合材料——玻璃纤维增强复合材料(GFRP)。除此之外，还有用碳纤维(carbon fiber)、硼纤维(boron fiber)、聚芳酰胺纤维(aramid fiber，又名芳纶)分别与树脂复合而成的材料。纤维增强树脂基复合材料(FRP)有时简称为纤维增强复合材料，是复合材料中的典型代表，也是本书要着重讨论的对象。

复合材料由基体材料(matrix)和增强材料组成。基体材料包括各种树脂或金属、非金属材料。增强材料包括各种纤维状材料或其他材料。增强材料在复合材料中起主要作用，由它提供复合材料的刚度和强度。基体材料起配合作用，用于支持和固定纤维材料、传递纤维间的载荷、保护纤维等。基体材料也可以改善复合材料的某些性能，例如：要求密度小，可选取树脂作基体材料；要求有耐高温性能，可用陶瓷作为基体材料；为得到较高的韧度和剪切强度，一般考虑用金属作为基体材料。

复合材料的性能不仅取决于组分材料各自的性能，还依赖于基体材料与增强材料的界面性质。两者黏合性好，能形成较理想的界面，这对于提高复合材料的刚度和强度是很重要的。表 1-1 列出了几种增强纤维与基体的组合好坏情况。表中的 PEEK 即聚醚醚酮(polyether-ether-ketone)树脂，它是一种高韧度的热塑性树脂。

复合材料具有非均匀性(heterogeneity)、各向异性(anisotropy)等性质，比起一般金属材料，它的力学行为要复杂得多。复合材料力学是在复合材料的力学性能研究基础上发展起来的固体力学的一门新的分支学科。

表 1-1　增强纤维与基体的组合

基体		增强纤维					
		玻璃	芳纶	碳	硼	碳化硅	氧化铝
热固性树脂	不饱和聚酯树脂	⊙	△	△	△	×	×
	环氧树脂	○	⊙	⊙	⊙	△	○
	聚酰亚胺树脂	△	△	○	△	△	○
热塑性树脂	PEEK	△	○	○	×	×	△
	泛用树脂	○	△	△	×	×	×
金属	铝	×	×	○	○	○	○
	钛	×	×	△	○	⊙	○
	镁	×	×	⊙	△	△	△

注:表中⊙表示好,○表示较好,△表示一般,×表示差。

1.2　复合材料的种类

根据复合材料中增强材料的几何形状,复合材料可分为两类:① 颗粒弥散复合材料(particle dispersed composite materials);② 纤维增强复合材料(fiber reinforced composite materials)。

颗粒弥散复合材料中最普通的例子是混凝土,它是由砂石、水和水泥混合在一起,经化学反应而形成的坚固的结构材料。金属陶瓷是使氧化物和碳化物微粒悬浮在金属基体中而得到的一种颗粒弥散复合材料,用于耐蚀工具和高温设备的制造。

纤维增强复合材料按纤维种类分为玻璃纤维增强复合材料、硼纤维增强复合材料(BFRP)、芳纶纤维增强复合材料(AFRP)、碳纤维增强复合材料(CFRP)等。各种长纤维的强度比块状的同样材料要高得多。如普通平板玻璃在几十兆帕的应力下就会破裂,而一般玻璃纤维的强度可达 3000～5000 MPa。这是因为玻璃纤维非常细,其固有的分子缺陷、表面缺陷非常少,较之块状玻璃,破坏的起始源大大减少,因而强度得到很大提高。

根据基体材料的种类,复合材料可分为三种:① 聚合物基体复合材料(polymer matrix composites,PMC);② 金属基体复合材料(metal matrix composites,MMC);③ 陶瓷基体复合材料(ceramics matrix composites,CMC)。

聚合物基体复合材料中用得较多的基体有热固性树脂(thermosetting resin)和热塑性树脂(thermoplastic resin)两类。在热固性树脂中,环氧树脂(epoxy resin)黏合力强,与纤维表面浸润性好,固化成型方便,应用最为广泛。热塑性树脂加工性能好,当加热到转变温度时会重新软化,易于制成模压复合材料,有较高的断裂韧性(fracture toughness)。其弱点是弹性模量低,耐热性能差。

金属基体复合材料中，用硼、钨、碳化硅等纤维进行强化而得到的纤维增强金属(fiber reinforced metals,FRM)具有很高的比强度、比刚度以及高温强度。陶瓷基体复合材料中，碳/碳复合材料(carbon/carbon composite materials,C/C)不仅耐热，而且耐酸、耐磨损，应用于太空船的防护及制动装置、热压机等。

以碳纤维、芳纶纤维、硼纤维，以及高性能玻璃纤维等为增强体的复合材料，通常称为先进复合材料，是用于飞机、火箭、卫星、飞船等航空航天飞行器的理想材料。几种常用纤维和树脂的力学性能列于表1-2。为了对比和参考，几种金属，以及玻璃和木材的性能也一并列出。后面我们会常采用复合材料的简化表示方法：增强材料/基体。如表1-2中的GF/EP和CF/EP分别表示玻璃纤维增强环氧树脂复合材料(简称玻璃/环氧复合材料)和碳纤维增强环氧树脂复合材料(简称碳/环氧复合材料)。

表1-2 材料力学性能对比

材料	重度/(kN/m^3)	弹性模量/GPa	拉伸强度/MPa
软钢	78	210	300
结构钢	78	210	450
铬钼合金	78	210	1000
铝	27	70	150
铝合金2024	28	73	450
聚酯(polyester)	13	2	40
环氧树脂	13	3	50
聚乙烯(热塑性)(polyethylene)	9	0.3	10
玻璃	22	75	50
木材	5	10	100
玻璃纤维	25	75	2500
碳纤维	17	230	3000
芳纶纤维(Kevlar)	14	130	2800
单向GF/EP材料	20	40	1200
单向CF/EP材料	17	140	1500

1.3 复合材料的构造及制法

纤维增强复合材料按构造形式分为单层板(lamina)复合材料、层合板(laminate)复合材料和短纤维复合材料。单层板中纤维按一个方向整齐排列或按双向交织平面排列,如图 1-1 所示。其中纤维方向(有交织纤维时纤维含量较多的方向)称为纵向,用“1”或“L”表示;与纤维方向垂直的方向(有交织纤维时纤维含量较少的方向)称为横向,也称为基体方向,用“2”或“T”表示;单层板厚度方向用“3”或“Z”表示。1 轴、2 轴、3 轴称为材料主轴(principal axis)。单层板具有非均匀性和各向异性。

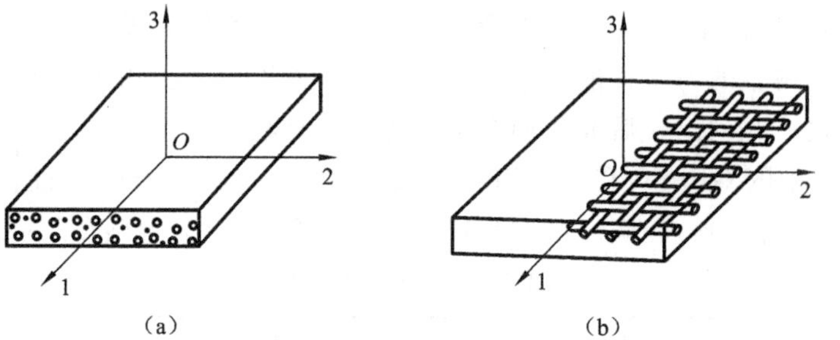

图 1-1 单层板的构造形式

(a) 单向纤维 (b) 交织纤维

层合板由单层板按规定的纤维方向和次序铺放成叠层形式,经黏合、加热固化而成。选取整体坐标系 $Oxyz$,用 θ 角表示层合板中某单层板的纤维方向。其中 θ 是单层板 1 轴与 x 轴之夹角,由 x 轴逆时针转向 1 轴时规定为正。图 1-2 所示为由四层单层板构成的层合板,自下而上 θ 依次为 α,90°,0°,$-\alpha$。该层合板可标记为

$$\alpha/90^\circ/0^\circ/-\alpha$$

其他层合板铺层表示举例如下:

$$0^\circ/90^\circ/90^\circ/90^\circ/90^\circ/90^\circ/90^\circ/0^\circ\text{或}(0^\circ/90^\circ_3)_s$$

$$60^\circ/-60^\circ/0^\circ/0^\circ/-60^\circ/60^\circ\text{或}(\pm 60^\circ/0^\circ)_s$$

$$0^\circ/45^\circ/0^\circ/45^\circ/45^\circ/0^\circ/45^\circ/0^\circ\text{或}(0^\circ/45^\circ)_{2s}$$

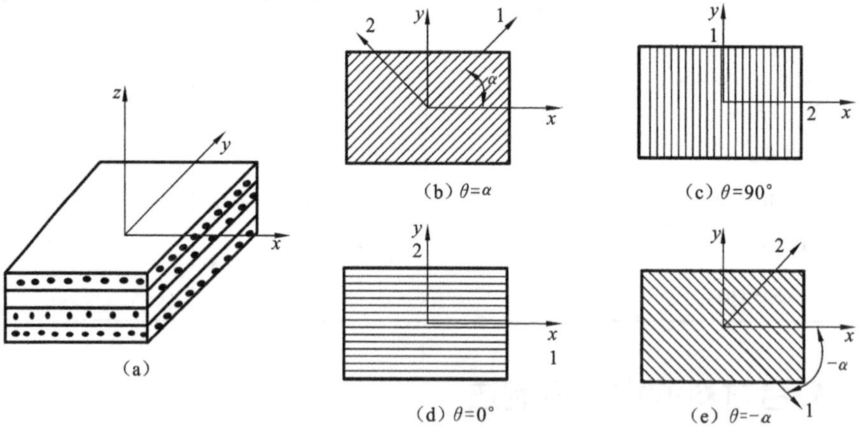

图 1-2 叠层材料构造形式举例

(a) 叠层材料 (b) 第一层 (c) 第二层 (d) 第三层 (e) 第四层

下标 s 表示铺层上下对称，± 表示正负角交错，下标 3、2 表示相同的单层板或子结构连着排在一起的次数。

层合板也是各向异性的非均质材料，而且比单层板要复杂得多。

除了上面介绍的连续纤维增强复合材料外，由于工程的需要或为了提高生产效率，人们还开发了短纤维复合材料。短纤维复合材料按纤维的排列方式分为两类，即随机取向的短纤维复合材料和短纤维呈单向整齐排列的复合材料，如图 1-3 所示。

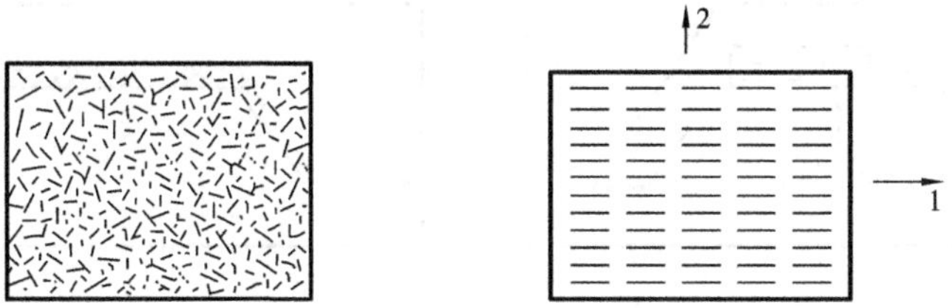

(a)　(b)

图 1-3　短纤维复合材料构造形式

(a) 随机取向　(b) 单向整齐排列

与金属材料的制造相比，高分子基复合材料的制造有很大的不同。前者是基于原材料的制造，经过对原材料的加工而制成各种产品。后者实际上是把复合材料的制造和产品的制造融合为一体了。

复合材料的成型方法根据纤维和基体种类的不同可以有很大的不同。使短纤维悬浮在甘油中并不停地搅动，加压使悬浮物经过一收敛渠道（纤维走向与流向相同），过滤掉甘油后形成定向纤维毡，然后加树脂模压成型，即得到单向短纤维复合材料。随机分布短纤维复合材料的成型方法是注射成型法或挤压成型法，通过一注入口将纤维和树脂等一起挤压至模具型腔内成型。

对于连续纤维复合材料，有以下几种典型的成型方法。

1. 手工成型(hand lay-up)

该方法是高分子基复合材料制作的基本方法，多用于玻璃纤维/聚酯树脂复合材料产品，如浴缸、船艇、房屋设备等的制造。其制作工艺是：在产品底模上涂一层不粘胶或铺一层不粘布，然后铺一层玻璃纤维布，再用刷子或滚轮涂抹上树脂，使其均匀渗透到玻璃纤维布中，重复此过程直至达到产品要求厚度为止，然后将完成铺层的制品送进固化炉固化，最后脱模。这种方法工艺简便，但树脂胶液中的挥发物不易消除，会在产品中形成孔洞，影响产品质量。

2. SMC 模压成型(compression molding of SMCs)

片状模塑料(sheet molding compound，SMC)是指经过热固性树脂浸渍后、未固化的玻璃纤维/树脂预制片。预制片纤维体积分数在 30%～70%之间，厚度一般在 5～10 mm 之间。SMC 模压成型法是一种两步成型法：第一步是未固化的玻璃纤维/树脂预制片的制作；第二步是 SMC 的压缩成型，如图 1-4 所示。实际上，复合材料产品的制作无须考虑原材料的纤维和树脂，直接买进未固化的玻璃纤维/树脂预制片就行了。先将裁剪好的SMC片材放入预热好的模型中，逐步加热加压使预制片熔化并流动，直至充满模具型腔，再加热加压进行固化。该方法易于实现自动化，产品尺寸精度好、表面光滑、强度较高。电器产品以及汽车的复合材料产品制造多用该方法。

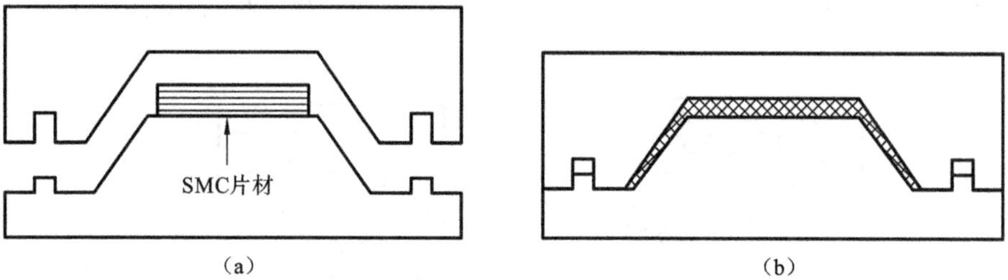

图 1-4　SMC 模压成型示意图

(a) 将 SMC 预制片放入模具型腔　(b) 在压力机中加压加热后

3. 真空热压成型(autoclave molding, hot press molding)

该方法是一种用于先进长纤维复合材料的成型法。先将单层连续纤维浸渍树脂溶液，经过一定烘干处理，形成略带黏性的半成品材料——预浸料(prepreg)。然后利用加热加压釜(autoclave)或热压机，经过铺层、真空包袋、抽真空、加热加压，使产品固化成型。预浸料制作过程如图 1-5 所示。采用真空热压成型法时，将预浸料制作和复合材料成型分开完成，这样制成的复合材料产品尺寸稳定、性能优异，宇航业的复合材料产品制造多采用该方法。未固化的碳/树脂等片材可以在纤维生产厂家购买。直接购进预制片或预浸料进行产品设计和制造，具有生产效率高、设计自由度大、材料浪费少、产品质量稳定等优点。

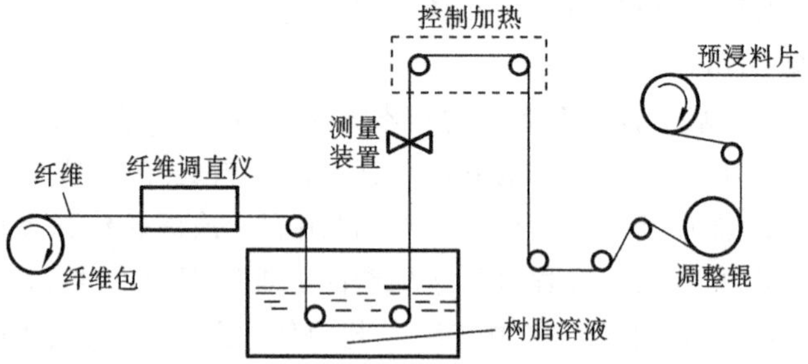

图 1-5　单层预浸料制作示意图

4. 树脂传递模塑(resin transfer molding, RTM)

该方法也称注塑成型法，其工艺步骤是：首先将增强纤维的预成型片材铺设在模型中，然后给模型加压，使其按产品形状预成型，随后将树脂注入，最后加热固化。该方法成本低，产品尺寸稳定，质量高，多用于长纤维复合材料制品的成型，适应多种热固化树脂和热塑性树脂材料，也可用于二维或三维编织复合材料制品的成型。

5. 连续缠绕(filament winding)**成型**

该方法是一种制造筒状复合材料制品的成型法，图 1-6 是其示意图。经过树脂浸渍后的连续纤维，通过纤维输出梭子送出，随着梭子的移动和转筒(芯模)的旋转，将纤维连续缠绕到转筒上，直至达到要求的厚度，然后进行常温固化或加热固化。纤维缠绕角度可以由转筒的旋转速度和梭子的移动速度来调节。连续缠绕成型法应用广泛，火箭发动机壳体、雷达罩、直升机部件，以及石油化工领域中的各种压力容器、储罐和管道等，都是采用该方法制造的。

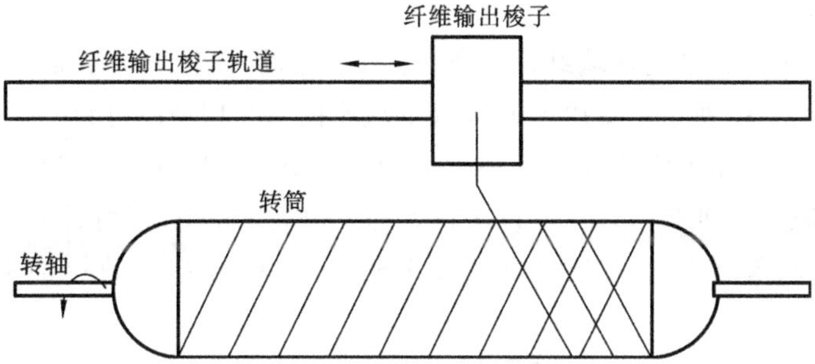

图 1-6　连续缠绕成型示意图

1.4　复合材料的增强相和基体相

在纤维复合材料中，纤维具有很高的强度和刚度，是增强相。从几何分布来看，增强相是非连续相，而基体是连续相。复合材料的综合性能与组分材料的性能、分布以及相互作用等因素相关。工程复合材料中的增强纤维通常是玻璃纤维、碳纤维和芳纶纤维，它们应具备的性质如下：① 沿纤维方向有很高的弹性模量；② 沿纤维方向拉伸强度很大；③ 各纤维的力学性能差别不大；④ 在加工制造过程中，有稳定的力学性能和再现性能；⑤ 纤维横截面积均一。

单单将纤维放在一起形成不了复合材料，得不到所要求的材料性能，需要有基体材料的配合。最广泛用于工程实际的复合材料是树脂基复合材料，即纤维增强树脂基复合材料。树脂基体应具备以下性质：① 能将纤维黏合在一起；② 能将载荷传递给纤维；③ 在某种程度上能阻止裂纹横穿纤维；④ 在加工处理过程中，能保护纤维表面，使其不被破坏；⑤ 与纤维的化学相容性以及热相容性较好。

纤维的长短对复合材料的性能会产生较大影响。一般将长度小于 50 mm 的纤维称为短纤维，长度大于 50 mm 的纤维称为长纤维或连续纤维。本书重点研究长纤维增强复合材料的力学性能。

1.5　常用的增强纤维

1. 玻璃纤维

玻璃纤维是最早开发出来的用于高分子基复合材料的纤维。玻璃纤维主要有两类，即 E(electrical)型和 S(silica)型。其中 E 型玻璃纤维有很好的电绝缘性能，具有令人满意的强度和刚度。其产量占所有玻璃纤维总产量的 90%以上。S 型玻璃纤维是新开发的高强度、高刚度纤维。其力学性能、热稳定性以及耐蚀性等综合性能都很好，但这种材料的制造成本很高，价格是 E 型玻璃纤维的 5 倍。S 型玻璃纤维多用于航空航天结构。

除了上述两种类型的玻璃纤维之外，还有耐酸的 C 型玻璃纤维、耐碱的 A-R 型玻璃纤维(多用于增强水泥混凝土)，以及低成本的 S-2 型玻璃纤维。

玻璃纤维的直径范围为 3～25 μm。一般 10 μm 以下的纤维多用于制作印制电路板的基板、玻璃纤维布。10 μm 以上的纤维多用于制作玻璃纤维增强高分子基复合材料。常用玻璃纤维的物理性质见表 1-3。多数玻璃纤维的拉伸极限应变接近于 4%。

表 1-3　常用玻璃纤维的物理性质(室温)

类　型	密度/(g/cm^3)	弹性模量/GPa	拉伸强度/GPa	线膨胀系数/($\times10^{-6}$ K^{-1})
C 型	2.52	68.9	3.3	6.3
E 型	2.58	72.3	3.4	5.4
S-2 型	2.46	86.9	4.9	1.6
A-R 型	2.70	73.1	3.2	6.5

2. 碳纤维

碳纤维分为两大类。一类是以合成纤维作为原材料，经过氧化稳定、碳化或石墨化处理而制成的。合成纤维主要有人造纤维和聚丙烯腈(polyacrylonitrile，PAN)基有机纤维两种，前者刚度和强度较低，因此，聚丙烯腈基有机纤维在市场上占领先地位。另一类是利用石化工业的副产品沥青(pitch)，经过熔化抽丝、氧化稳定、碳化或石墨化处理而制成的沥青基碳纤维。

聚丙烯腈基碳纤维的直径一般是 5～8 μm，沥青基碳纤维的直径一般是 6～12 μm。碳纤维的拉伸极限应变较小，一般在 1%～2%以内。表 1-4 所示是几种碳纤维的物理性质，其中线膨胀系数是沿纤维轴向的值，在室温下多为负值或接近于零。

碳纤维制造工艺较简单，具有较好的耐热、耐蚀性和优良的力学性能，已成为最重要的先进纤维材料。

表 1-4　几种碳纤维的物理性质(室温)

类　　型		密度/(g/cm³)	弹性模量/GPa	拉伸强度/GPa	线膨胀系数/($\times10^{-6}$ K^{-1})
PAN 基碳纤维商品名(厂家)	AS4(Hexcel)	1.79	221	3.93	—
	HTA(Tenax)	1.77	238	3.95	−0.10
	T300(Toray)	1.76	230	3.53	−0.41
	T800H(Toray)	1.81	294	5.49	−0.56
沥青基碳纤维商品名(厂家)	P-55S(BP-Amoco)	2.0	380	1.9	−1.37
	P-100(BP-Amoco)	2.16	760	2.4	−1.48
	K135 (Mitsubishi Kasei)	2.10	540	2.6	—
	YS-60 (Nippon graphite fiber)	2.12	590	3.5	—

3. 芳纶纤维

芳纶纤维是一种有机合成纤维。与纺纱工业中常用的尼龙纤维和聚酯纤维等有机合成纤维不同，芳纶纤维有很高的比强度和比刚度，有很好的热稳定性，不易燃烧，因此，芳纶纤维增强复合材料多用于制造航空航天设备、船舶、军事装备(防弹衣等)、刹车片、高性能绳索等。Kevlar 是美国杜邦公司生产的芳纶纤维的商品名，该产品用途广泛。其中 K-29 用于绳索电缆，K-49 用于复合材料制造，K-149 用于航天器。此外，还有德国 AKZO 公司的 Twaron，日本 Teijin 公司的 Technora 等也是常见的芳纶纤维产品。芳纶纤维的直径约为 12 μm。表 1-5 给出了部分芳纶纤维的物理性质。与玻璃纤维和碳纤维相比，芳纶纤维密度最小，拉伸极限应变较大。

表 1-5　芳纶纤维的物理性质

类　　别	密度/(g/cm³)	弹性模量/GPa	拉伸强度/GPa	伸长率(%)
K-29	1.44	60	3.0	3.6
K-49	1.45	130	3.4	2.5
K-149	1.47	160	2.4	1.5
Twaron	1.44	60	2.6	3.0
Technora	1.39	73	3.4	4.6

4. 硼纤维

硼纤维通常指以钨丝作加热载体、用化学气相沉积(CVD)硼的方法得到的、直径为 100～200 μm 的连续单丝。硼是共价键结合材料，其比模量(specific modulus)大约是一般工程材料(钢、铝、镁等)的 6 倍。硼纤维主要用于金属基复合材料的制备,其中最重要与最成熟的是硼纤维增强铝基复合材料,用于飞机发动机叶片和航天领域。硼/环氧复合材料也用于制造飞机机身、水平尾翼等。

1.6 常用的高分子基体材料

1. 热固性树脂(thermosetting resin)

纤维增强复合材料按基体材料的不同,可分为热固性复合材料和热塑性复合材料。热固性基体材料的特点是生产加工时,会发生不可逆固化过程,而热塑性基体材料遇热时变软、冷却时变硬这个过程是可逆的。

热固性树脂材料主要有不饱和聚酯树脂(unsaturated polyester resin,PE)、环氧树脂(epoxy resin,EP)、固化型聚酰亚胺树脂(addition polyimide resin,API)以及双马来酰亚胺(bismaleimide,BMI)树脂。

环氧树脂有较好的力学性能、电气性能、耐蚀性等性能,与聚酯树脂相比,环氧树脂成型时收缩较小,还可以以半固化的状态保存,因此,广泛用于先进的热固性复合材料的制造。不饱和聚酯树脂在玻璃纤维增强复合材料中用得较多,固化型聚酰亚胺树脂和双马来酰亚胺树脂是比较耐高温(～300 ℃)的热固性基体材料。一般热固性基体材料在常温下呈液体状态,黏度低,对纤维束的浸渍性能好。这类材料通过化学结合状态的变化而发生固化,其过程是不可逆的。表 1-6 给出了热固性基体材料的力学性能和物理性质。

表 1-6　热固性基体材料的力学性能和物理性质

材料	密度/(g/cm^3)	弹性模量/GPa	拉伸强度/MPa	伸长率(%)	玻璃化迁移温度/℃
PE	1.2	2.8～3.5	50～80	2～5	80
EP	1.1～1.5	3.0～5.0	60～80	2～5	150～200
API	1.3	3.9	38.6	1.5	340
BMI	1.2～1.3	4.1～4.8	41～82	1.3～2.3	230～290

2. 热塑性树脂(thermoplastic resin)

热塑性基体材料的成型是通过树脂的熔融、流动、冷却、固化等物理状态的变化来实现的,其变化是可逆的。热塑性材料有很多种,如有机玻璃(polymethyl methacrylate,PMMA)、尼龙、塑料薄膜等。热塑性材料的特点是耐冲击、断裂韧性高,但强度和刚度较低,在高性能复合材料中,热塑性复合材料所占比例较小。

表 1-7 所示是两种热塑性基体材料的物理性质。聚醚醚酮(PEEK)树脂的刚度和强度与环氧树脂相近,而冲击韧度和断裂韧性比环氧树脂要高很多,但聚醚醚酮树脂的成型过程较复杂,成本也高些。聚醚酰亚胺(polyether imide,PEI)树脂是在聚

酰亚胺树脂基础上进行改进而得到的一种材料，其玻璃化迁移温度较高，耐高温、韧度高、不易燃烧，因此，多用于航空航天、军事装备等高性能热塑性复合材料的制造。

表 1-7　热塑性基体材料的力学性能和物理性质

树脂	密度/(g/cm^3)	弹性模量/GPa	拉伸强度/MPa	伸长率(%)	玻璃化迁移温度/℃
PEEK	1.3	3.63	70.3～104.8	15～30	145
PEI	1.26	2.72～4.02	62.1～150.2	5～90	215

1.7　复合材料的性能和应用

将几种纤维材料的物理性能以直方图的形式做对比，如图 1-7 至图 1-9 所示。几种典型的纤维增强树脂复合材料单层板的性能对比如图 1-10 至图 1-12 所示。从图 1-10 至图 1-12 可以看出，复合材料单层板的弹性模量与传统材料(软钢和铝合金)的弹性模量相当(除 E 型玻璃/EP 之外)，而拉伸强度要高出许多，密度却只有传统材料的几分之一。

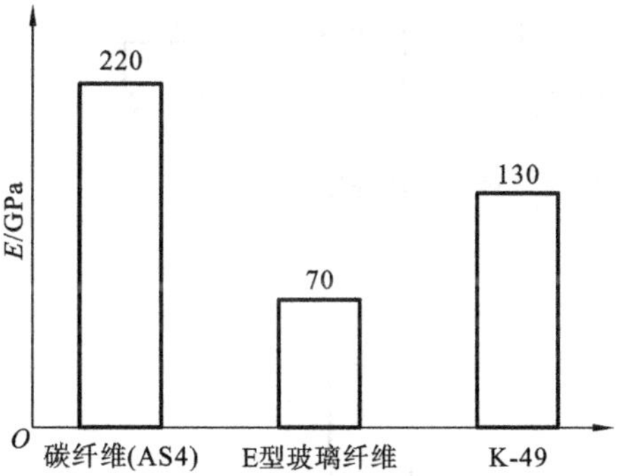

图 1-7　纤维材料的弹性模量

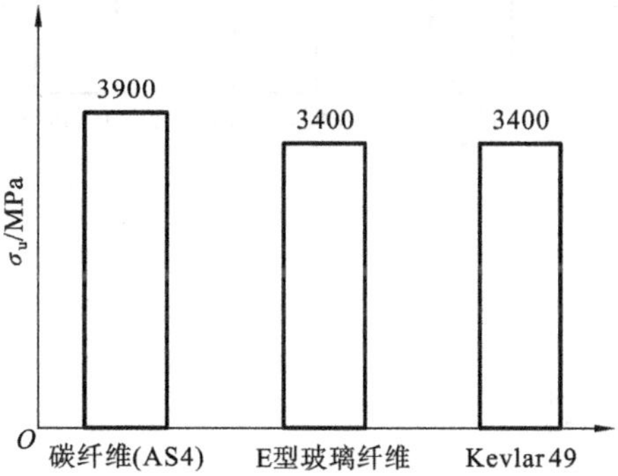

图 1-8　纤维材料的拉伸强度

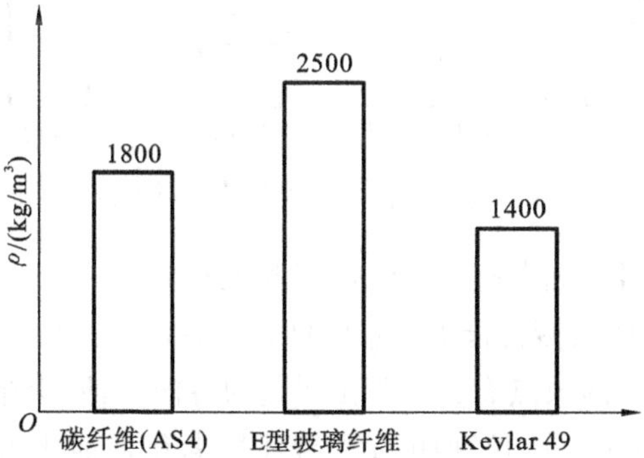

图 1-9　纤维材料的密度

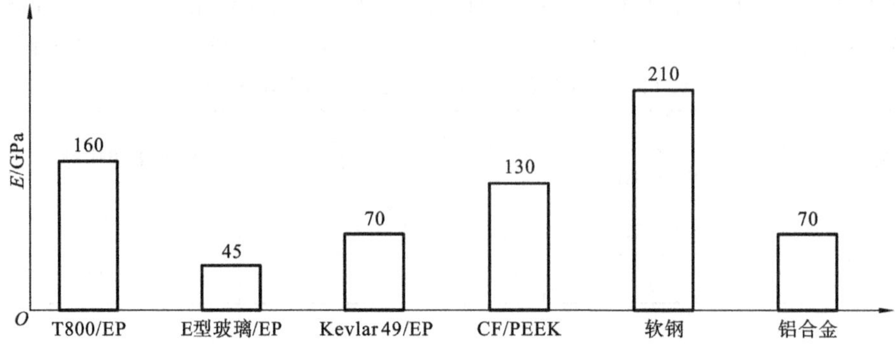

图 1-10　复合材料单层板与传统材料的弹性模量

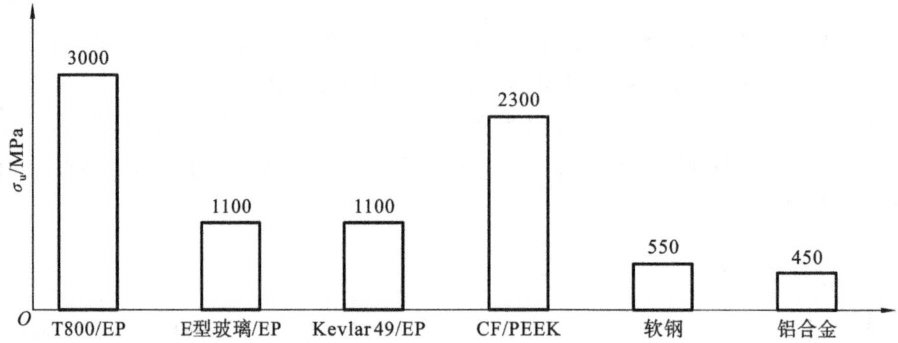

图 1-11　复合材料单层板与传统材料的拉伸强度

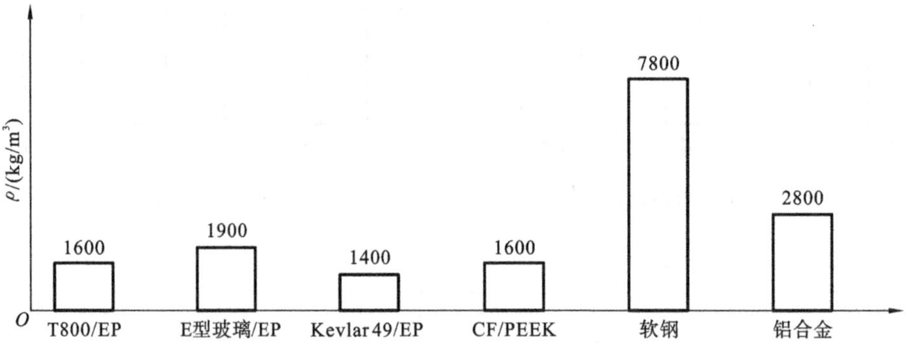

图 1-12　复合材料单层板与传统材料的密度

纤维增强复合材料的优点有:① 比强度和比模量高;② 可设计性强;③ 制造工艺简单,成本较低;④ 耐疲劳性能好;⑤ 耐蚀性好;⑥ 某些复合材料热稳定性好。

纤维增强复合材料的缺点有:① 存在严重的各向异性,会带来使用上的不方便;② 材料性能分散度较大;③ 长期耐高温与环境老化性能不好;④ 材料成本较高;⑤ 机械连接较困难;⑥ 易于发生界面或层间破坏。

纤维增强复合材料的最大优点是比强度(specific strength)高和比模量高。比强度定义为"强度/密度",比模量的定义是"弹性模量/密度"。比强度和比模量高说明在重量相当的情形下材料的承载能力强,刚度大(变形小)。轻而强、轻而坚的材料对于飞机、航天器特别重要。当飞机机体的重量增大时,需要大功率的发动机,因此发动机的重量及燃料重量增大,燃料存储罐变大变重,这样一来,需要更大功率的发动机……机体重量的变化将导致连锁反应。将比强度高的材料用于飞机,可大大减轻机体重量,节约能源,节省材料。现在军用飞机及民用飞机都较多地采用了纤维增强复合材料以代替铝合金。图 1-13 所示是复合材料应用于飞机(美国海军 AV-8V 垂直起降机)的一个例子。

各种材料的强度重度比如图 1-14 所示。从图 1-14 可知,一般金属材料难以跨越的"4"的"栏杆"(强度重度比$\leqslant 4\times 10^4$ m)被纤维增强复合材料轻易地跨过了。从该图还可看出,木材的强度重度比与金属镁相同,不失为一种较好的材料。

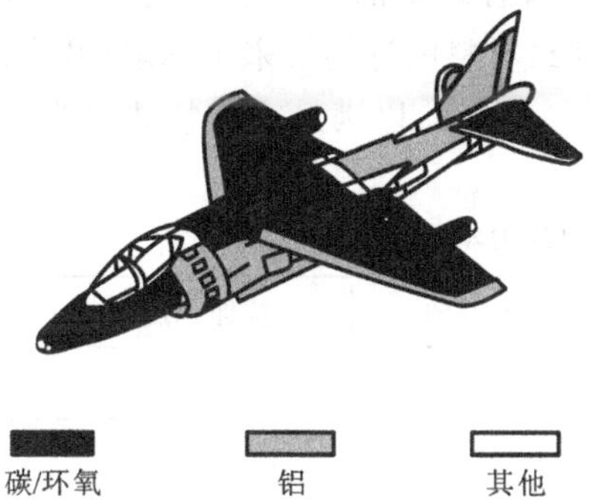

图 1-13　飞机上的复合材料

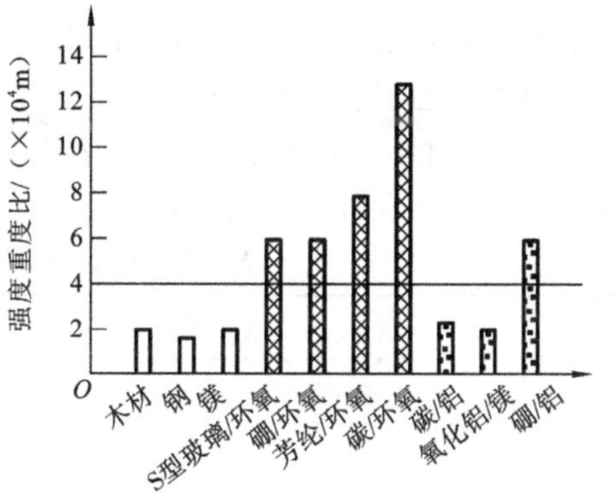

图 1-14　各种材料的强度重度比

复合材料的另一特点是可自由设计。复合材料的性能除了取决于纤维和基体材料本身的性能外,还取决于纤维的含量和铺设方式。因此根据载荷条件和结构构件的形状,将复合材料内的纤维含量设计适当并合理铺设,可以有效地发挥材料的作用。如受内压作用的薄壁圆筒,其周向应力设为σ_θ,轴向应力设为σ_L,如图1-15 所示。由轴向的平衡条件得

$$\sigma_L \cdot \pi D\delta = \frac{\pi D^2}{4} p_0$$

$$\sigma_L = \frac{Dp_0}{4\delta}$$

式中:p_0 是内压力;D 和 δ 分别是圆筒的平均直径和壁厚。再由周向的平衡条件可得

$$\sigma_\theta \cdot 2\delta L = DLp_0$$

$$\sigma_\theta = \frac{Dp_0}{2\delta}$$

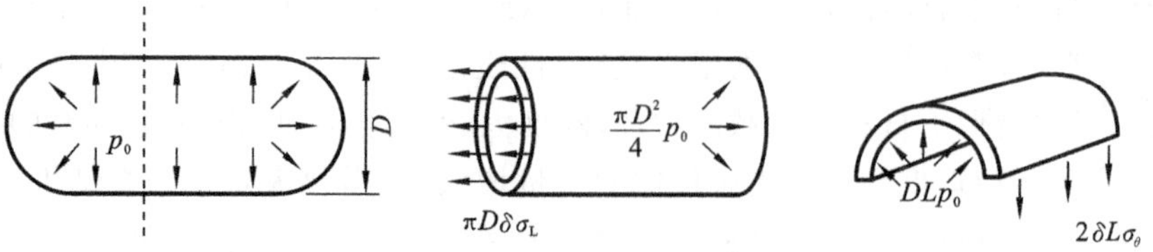

图 1-15　圆筒形压力容器

式中:L 是圆筒的长度。所以周向应力等于轴向应力的两倍。若圆筒材料为高强度各向同性材料,随着内压力的增大,圆筒壁上将出现沿轴线的裂纹而导致破坏。如采用纤维增强复合材料,利用其各向异性,将圆周方向的强度设计为轴线方向强度的两倍,可最大限度地发挥材料的作用。

纤维增强复合材料一般具有强烈的各向异性。表 1-8 所示是几种纤维增强复合材料的纵向和横向力学性能。从表中看出,碳纤维增强复合材料的横向拉伸强度是其纵向拉伸强度的 1/20,横向弹性模量也仅为纵向弹性模量的 1/14。横向力学性能差是纤维增强复合材料的缺点。一方面,各向异性给材料的选用带来了麻烦;另一方面,可以利用纤维增强复合材料的各向异性进行材料设计,以满足一些特殊的要求。碳纤维增强复合材料的用例列于表 1-9。

表 1-8　单层纤维增强复合材料的力学性能

材　料		重度/(kN/m^3)	弹性模量/GPa	拉伸强度/MPa
GFRP	纵向	20	42	1 400
	横向		5	100
	交织纤维		21	700
CFRP	纵向	16	140	1 600
	横向		10	80
AFRP	纵向	14	70	1 300

表 1-9　碳纤维增强复合材料的用例

领　域	所用到的 CFRP 的特性	用　例
机械工业	惯性小,尺寸稳定,耐磨损 振动衰减快,噪声低 摩擦小,耐磨损	(a) 纺织机械零部件 (b) 复印机,自动绘图机 (c) 轴承,齿轮
车辆制造	密度低,耐疲劳,低噪声	比赛用车,高速车辆
体育器材	比强度高,比模量高 振动衰减快,密度低	防护帽,钓鱼竿,网球拍,滑雪板,帆板,自行车,摩托车
航空航天	比强度高,比模量高,密度低	飞机,火箭,卫星,宇宙飞船

续表

领　域	所用到的 CFRP 的特性	用　例
医疗	高功能，密度低 耐久性、生体相容性好	(a) 轮椅，假肢 (b) 人造骨头
船舶海洋	比强度高，比模量高	压力容器，输送槽，船体加强辅材
能源	比强度高，比模量高，耐蚀	飞轮，风车

尽管存在成本较高、机械连接性能差等缺点，但由于性能优良，复合材料广泛应用于航空航天领域、车辆制造和船舶海洋领域、建筑工程和城市基础设施领域、电子电气工业领域、化工领域、军械工业领域、体育器材领域、医疗领域。

1）航空航天领域

在航空工程中，飞机机身、机翼、驾驶舱、螺旋桨、雷达罩等部件，大量使用了碳纤维增强复合材料，或混杂复合材料。图 1-16 所示为“波音 777”应用石墨纤维复合材料或混杂复合材料的情况。飞机上使用的复合材料质量约 8400 kg，占结构总质量的 10%。空客 A3××系列中，高分子基复合材料结构的质量占结构总质量的 15%～20%。纤维增强复合材料在军用飞机上的应用比例更高，如主翼、尾翼及水平翼使用碳纤维增强复合材料制造，机体外板使用玻璃纤维增强复合材料制造。直升机的旋翼、尾翼、机体结构等多用碳纤维增强复合材料制成，外板则使用玻璃纤维复合材料制造。

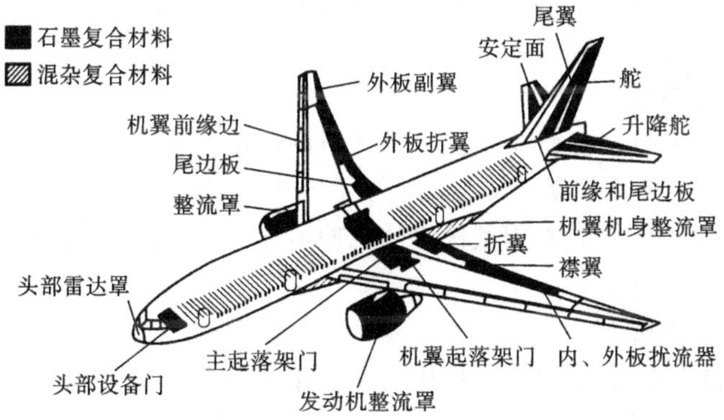

图 1-16　波音 777 客机复合材料应用情况

碳纤维增强复合材料广泛用于火箭的连接结构、固体火箭壳体、卫星主结构、太阳能板等。在航天飞机中，机身桁架构件采用了硼/铝复合材料，仪表舱门采用了石墨/环氧复合材料，航天飞机头部采用了玻璃纤维缠绕压力容器。

2）车辆制造和船舶海洋领域

在汽车制造业中，短玻璃纤维增强高分子基复合材料用于各种外板和车体；用复合材料制成汽车板簧，可提高冲击韧度。混杂复合材料用于车身壳体可减轻重量，提高车速,节省燃料。碳纤维复合材料或玻璃纤维复合材料大量用于高速列车的车头部分、车内底板、顶板及其他结构设施的制造。

玻璃纤维复合材料应用于制造机车车身、车厢门窗、座椅、卫生设备、水箱及各种通信线路器材等。玻璃纤维复合材料在船舶海洋领域有广泛的应用,如:大型鱼雷快艇的制造,以及游览船、客船、渔船、潜水艇、救生艇、各种海岸结构和海洋结构的制造。

3）建筑工程和城市基础设施领域

复合材料在建筑工程和城市基础设施中的应用例子有:由玻璃纤维复合材料建造的人行天桥;由碳纤维复合材料制作的桥梁缆绳;等等。用短玻璃纤维或玻璃布增强复合材料制成的薄壳结构,可用于体育场馆、厂房或大型超市,其透光柔和,拆装方便,成本较低。用玻璃纤维复合材料制成的各种建筑表面装饰板、卫生设备、门窗构件等,耐腐蚀,轻量美观,经久耐用。将碳纤维复合材料缠绕在高速公路的钢筋混凝土支柱表面,可以提高其抗振性能。

4）电子电气工业领域

在电子电气设备中,印制电路板的基板等仪器线路板用复合材料制成,具有强度高、耐热、绝缘性能好等优点。电子设备的外壳用混杂复合材料制成,能透过或反射电波,还有除静电的作用。复合材料还用于制造各种天线设施、地下电缆管、风力发电机的叶片和支柱。

5）化工领域

在化工方面,可用玻璃纤维增强复合材料制造石油化工管道、汽油储罐、各种耐蚀化工容器、泵、阀门、贮槽及各种耐蚀设备的衬里。

6）军械工业领域

在军械工业中,用芳纶纤维增强复合材料制作坦克装甲内层,可以大大降低微型氢弹中子流的辐射穿透强度。纤维增强复合材料还用于制作炮弹箱、火炮护罩、枪托、手枪把等。混杂复合材料因其优异的抗冲击性能,可用于防弹背心和防弹头盔的制造。

7）体育器材领域

在体育器材方面,汽车赛车中使用的碳纤维增强复合材料和芳纶纤维增强复合材料,占汽车总质量的 20%。自行车赛车的车架、赛艇、皮艇、划桨、滑雪板、网球拍、羽毛球拍、高尔夫球棍、钓鱼竿等,多用碳纤维增强复合材料或混杂复合材料制成。用混杂复合材料制成的网球拍在击球时可以快速回弹,吸振性能好,易于使挥拍的负荷平衡。

8）医疗领域

复合材料在医疗领域的应用有:用碳纤维、玻璃纤维、芳纶纤维混杂复合材料制成 X 射线发生器的支架;用混杂复合材料制作假肢,以及人造骨骼、人造关节等。相比于传统的金属材料,复合材料植入物与人体的相容性较好。

习　题

1.1　玻璃纤维的强度为何比块状玻璃的高得多？

1.2　比强度高的材料有何好处？举例说明。

1.3　钢筋混凝土中的钢筋与混凝土各起什么作用？

1.4　三合板是由薄木板相互垂直叠放黏结而成的，与单层木板相比，三合板有什么优点？

1.5　什么是各向异性？

1.6　用复合材料制作的体育器械利用了复合材料的哪些优点？

1.7　软钢的拉伸强度为 400 MPa，重度是 76 kN/m^3，单向芳纶纤维增强复合材料的强度是 1300 MPa，重度是 14 kN/m^3，这两种材料的强度重度比各是多少？

1.8　说说生体材料和工业材料有什么不同。

1.9　简述几种主要纤维材料的特点和用途。

1.10　讨论热固性基体和热塑性基体用于复合材料时各自的优缺点。

1.11　计算图 1-10 至图 1-12 所示几种材料的比刚度和强度重度比。

第 2 章　单向复合材料的刚度分析

单向复合材料是一种正交各向异性材料。在材料主轴坐标系下，其应力应变关系呈现出特殊而简洁的形式。拉伸与剪切效应相互独立，柔度系数和折减刚度系数都可以由材料的工程弹性常数来表达。通过坐标变换，可以求出一般载荷坐标系下的应力应变关系。此时，纤维方向与加载方向既不平行，也不垂直，材料出现拉伸与剪切的耦合效应。本章对以上内容进行了介绍。此外，还介绍了复合材料弹性常数的分析预测方法。

2.1　正交各向异性材料的应力应变关系

图 2-1 所示单向纤维强化板采用纤维沿同一方向整齐排列的单向复合材料制成，具有非均匀性和各向异性。但在考虑它的整体力学行为时把包含纤维和基体的适当大小的体积单元看作材料的基本构成元素，材料中各处元素的性质相同，因此图 2-1 所示的材料宏观上可以认为是均质材料。再来看它的各向异性。该材料有两个正交的对称平面——1-3 面和 2-3 面，称为正交各向异性材料（orthotropic materials）。图 2-2 所示的交织纤维强化板（woven cloth）也是一种正交各向异性强化板。图 2-3 所示是短纤维强化板（mat）。如果纤维方向完全随机排列，在板平面内将显示出各向同性。

图 2-1　单向纤维强化板

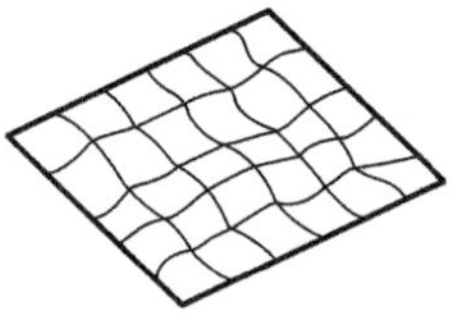
图 2-2　交织纤维强化板

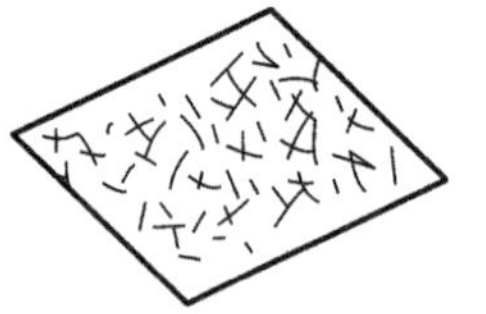
图 2-3　短纤维强化板

单向复合材料一般不单独使用，而是作为层合板结构的基本单元使用。在实际应用中，复合材料基本上是以平板或壳体形式出现的，其厚度方向与其他方向上的尺寸相比，一般是很小的，单层板更是如此。在讨论单向复合材料的力学性质时，可设其处于平面应力状态，即

$$\sigma_3 = \tau_{23} = \tau_{31} = 0$$

除了宏观上的均匀性假设以及平面应力状态假设之外，还认为单层板的变形是小变

形，且符合线弹性规律，则沿材料主轴方向的应力和应变之间存在下面的关系（本构方程）：

$$\begin{bmatrix}\varepsilon_1\\ \varepsilon_2\\ \gamma_{12}\end{bmatrix}=\boldsymbol{s}\begin{bmatrix}\sigma_1\\ \sigma_2\\ \sigma_{12}\end{bmatrix}=\begin{bmatrix}S_{11} & S_{12} & 0\\ S_{12} & S_{22} & 0\\ 0 & 0 & S_{66}\end{bmatrix}\begin{bmatrix}\sigma_1\\ \sigma_2\\ \tau_{12}\end{bmatrix} \tag{2.1}$$

式中：S_{ij} 称为柔度系数（compliance coefficient）；$\boldsymbol{s}$ 称为柔度矩阵。各柔度系数与工程弹性常数之间的关系是

$$\begin{cases}S_{11}=1/E_1\\ S_{22}=1/E_2\\ S_{66}=1/G_{12}\\ S_{12}=-\mu_{12}/E_1=-\mu_{21}/E_2\end{cases} \tag{2.2}$$

泊松比 μ_{12} 和 μ_{21} 是有区别的。μ_{12} 是 σ_1 单独作用引起的应变之比值（即 $\mu_{12}=-\varepsilon_2/\varepsilon_1$），称为复合材料的主泊松比（major Poisson ratio）；μ_{21} 是 σ_2 单独作用引起的应变之比值（即 $\mu_{21}=-\varepsilon_1/\varepsilon_2$），称为复合材料的次泊松比（miner Poisson ratio）。不同书中泊松比的记法及下标的顺序有所不同，注意不要混淆。式(2.1)中 S_{ij} 的下标由 1，2 跳到 6 是因为在弹性力学三维问题中习惯上将 τ_{xy}，γ_{xy} 排在第 6 的位置（见附录 A.1 节）。

从以上柔度系数与工程弹性常数的关系式知道，正交各向异性薄板的弹性常数有 E_1，E_2，G_{12}，μ_{12} 和 μ_{21}。因为存在功的互等定理，即

$$\mu_{12}/E_1=\mu_{21}/E_2 \tag{2.3}$$

所以独立的弹性常数有四个。

对于图 2-2 所示的交织纤维强化板，$E_1=E_2$，但这并不意味着该强化板是各向同性的，因为其他倾斜方向的弹性模量与 E_1 或 E_2 是不相同的，而且 G_{12} 是独立的弹性常数。

若将单向复合材料层叠起来制成较厚的层合板，如图 2-4 所示，方向 2 和方向 3 上的性能相同，在 2-3 面内材料呈各向同性，称为横观各向同性（transversely isotropy）。除了上述四个弹性常数外，要描述该材料的弹性行为还需要 μ_{23}（$=\mu_{32}$）和 G_{23}（$=G_{32}$）两个弹性常数，但它们之间存在下面的关系：

$$G_{23}=\frac{E_2}{2(1+\mu_{23})} \tag{2.4}$$

所以实际上只增加一个常数，独立的弹性常数是五个。

对式(2.1)求逆，得到下面的由应变求应力的公式：

$$\begin{bmatrix}\sigma_1\\ \sigma_2\\ \tau_{12}\end{bmatrix}=\begin{bmatrix}Q_{11} & Q_{12} & 0\\ Q_{12} & Q_{22} & 0\\ 0 & 0 & Q_{66}\end{bmatrix}\begin{bmatrix}\varepsilon_1\\ \varepsilon_2\\ \gamma_{12}\end{bmatrix} \tag{2.5}$$

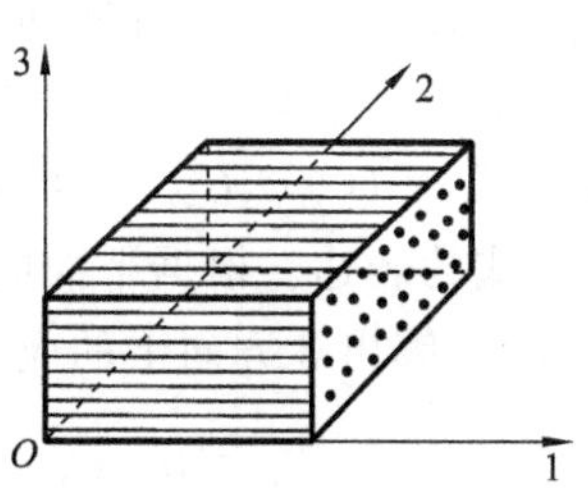

图 2-4　横观各向同性

其中二维刚度矩阵系数 Q_{ij} 可由式(2.1)中的柔度矩阵求逆得到,即

$$\begin{cases} Q_{11}=S_{22}/S \\ Q_{22}=S_{11}/S \\ Q_{12}=-S_{12}/S \\ Q_{66}=1/S_{66} \\ S=S_{11}S_{22}-(S_{12})^2 \end{cases} \tag{2.6}$$

对于三维问题,正交各向异性材料有九个独立的弹性常数,在主轴坐标系下的应力应变关系(见附录 A)为

$$\begin{bmatrix} \sigma_1 \\ \sigma_2 \\ \sigma_3 \\ \tau_{23} \\ \tau_{31} \\ \tau_{12} \end{bmatrix} = \begin{bmatrix} C_{11} & C_{12} & C_{13} & 0 & 0 & 0 \\ & C_{22} & C_{23} & 0 & 0 & 0 \\ & & C_{33} & 0 & 0 & 0 \\ & & & C_{44} & 0 & 0 \\ & \text{sym.} & & & C_{55} & 0 \\ & & & & & C_{66} \end{bmatrix} \begin{bmatrix} \varepsilon_1 \\ \varepsilon_2 \\ \varepsilon_3 \\ \gamma_{23} \\ \gamma_{31} \\ \gamma_{12} \end{bmatrix} \tag{2.7}$$

$$\begin{bmatrix} \varepsilon_1 \\ \varepsilon_2 \\ \varepsilon_3 \\ \gamma_{23} \\ \gamma_{31} \\ \gamma_{12} \end{bmatrix} = \begin{bmatrix} S_{11} & S_{12} & S_{13} & 0 & 0 & 0 \\ & S_{22} & S_{23} & 0 & 0 & 0 \\ & & S_{33} & 0 & 0 & 0 \\ & & & S_{44} & 0 & 0 \\ & \text{sym.} & & & S_{55} & 0 \\ & & & & & S_{66} \end{bmatrix} \begin{bmatrix} \sigma_1 \\ \sigma_2 \\ \sigma_3 \\ \tau_{23} \\ \tau_{31} \\ \tau_{12} \end{bmatrix} \tag{2.8}$$

式中

$$\begin{cases} S_{11}=\dfrac{1}{E_1}, S_{22}=\dfrac{1}{E_2}, S_{33}=\dfrac{1}{E_3}, S_{44}=\dfrac{1}{G_{23}}, S_{55}=\dfrac{1}{G_{31}}, S_{66}=\dfrac{1}{G_{12}} \\ S_{12}=-\dfrac{\mu_{12}}{E_1}=-\dfrac{\mu_{21}}{E_2}, S_{13}=-\dfrac{\mu_{13}}{E_1}=-\dfrac{\mu_{31}}{E_3}, S_{23}=-\dfrac{\mu_{23}}{E_2}=-\dfrac{\mu_{32}}{E_3} \end{cases} \tag{2.9}$$

式(2.7)和式(2.8)中“sym.”表示对称,后文中同。在平面应力条件下,应力应变关系由式(2.1)或式(2.5)表达。需要注意的是,式(2.5)中的 Q_{ij} 与 C_{ij} 是有差别的,说明如下。

首先,对于横观各向同性材料,材料性能在 2,3 方向上没有区别,因此有

$$C_{33}=C_{22},\quad C_{13}=C_{12},\quad C_{55}=C_{66},\quad C_{44}=(C_{22}-C_{23})/2$$

其中 $C_{44}=(C_{22}-C_{23})/2$ 源自 2-3 面内的各向同性,是 $G_{23}=E_2/[2(1+\mu_{23})]$ 的另一种形式的表达。根据平面应力条件,以及横观各向同性的特点,将式(2.7)的第三行展开,并解出 3 方向上的应变:

$$0=C_{12}\varepsilon_1+C_{23}\varepsilon_2+C_{22}\varepsilon_3,\quad \varepsilon_3=-\frac{C_{12}}{C_{22}}\varepsilon_1-\frac{C_{23}}{C_{22}}\varepsilon_2$$

将其代入式(2.7)的前面两行,保留第六行,经过整理即可得到式(2.5),且有

$$\begin{cases} Q_{11}=C_{11}-\dfrac{C_{12}^2}{C_{22}}, Q_{22}=C_{22}-\dfrac{C_{23}^2}{C_{22}} \\ Q_{12}=C_{12}-\dfrac{C_{12}C_{23}}{C_{22}}, Q_{66}=C_{66} \end{cases} \tag{2.10}$$

从式(2.10)可以看出，除 Q_{66} 之外，一般 $Q_{ij}<C_{ij}$。Q_{ij} 称为折减刚度(reduced stiffness)系数。利用式(2.6)，Q_{ij} 可以用工程弹性常数来表达，即

$$\begin{cases} Q_{11}=\dfrac{E_1}{1-\mu_{12}\mu_{21}}, Q_{22}=\dfrac{E_2}{1-\mu_{12}\mu_{21}} \\ Q_{66}=G_{12}, Q_{12}=\mu_{12}Q_{22} \end{cases} \tag{2.11}$$

表 2-1 所示是几种单向复合材料的工程弹性常数的试验数据(Tasi et al.,1980)。按式(2.2)计算的 S_{ij} 的值和按式(2.11)计算的 Q_{ij} 的值分别列于表 2-2 和表 2-3。

表 2-1　几种单向复合材料的工程弹性常数

材　料	型　号	E_1/GPa	E_2/GPa	μ_{12}	G_{12}/GPa	纤维质量分数(%)
碳/环氧	T300/5280	185	10.5	0.28	7.3	70
硼/环氧	B(4)/5505	208	18.9	0.23	5.7	50
玻璃/环氧	S1002	39	8.4	0.26	4.2	45
芳纶/环氧	K-49/EP	76	5.6	0.34	2.3	60

表 2-2　几种单向复合材料的柔度系数　　(单位:GPa^{-1})

材料(型号)	$S_{11}=1/E_1$	$S_{22}=1/E_2$	$S_{12}=-\mu_{12}/E_1$	$S_{66}=1/G_{12}$
碳/环氧(T)	0.0054	0.0952	−0.0015	0.137
硼/环氧(B)	0.0048	0.0529	−0.0011	0.175
玻璃/环氧(S)	0.0256	0.1190	−0.0067	0.238
芳纶/环氧(K)	0.0132	0.1786	−0.0045	0.435

表 2-3　几种单向复合材料的刚度系数　　(单位:GPa)

材料(型号)	Q_{11}	Q_{22}	Q_{12}	Q_{66}
碳/环氧(T)	186	10.6	2.9	7.3
硼/环氧(B)	209	19.0	4.4	5.7
玻璃/环氧(S)	40	8.5	2.2	4.2
芳纶/环氧(K)	76	5.7	1.9	2.3

2.2　单向复合材料任意方向的应力应变关系

2.1 节讨论了单向复合材料在材料主轴方向上的应力应变关系。在实际使用

中,单向复合材料的主轴方向与层合板总的坐标轴 x,y 的方向可能不一致。为了能在统一的坐标系中计算材料的刚度,需要研究单向复合材料任意方向的应力应变关系。这可以通过应力和应变的坐标变换而得到。

图 2-5(a)所示是材料主轴坐标系与整体参考坐标系之间的关系。θ 表示从 x 轴到 1 轴转过的角度,以逆时针方向为正。考虑图 2-5(b)所示单元体(微小三角块,厚度为 1)在 x 方向上的平衡。设竖直边上的横截面积为 δA,由 $\sum X=0$ 得

$$\sigma_1(\delta A\cos\theta)\cos\theta-\tau_{12}(\delta A\cos\theta)\sin\theta+\sigma_2(\delta A\sin\theta)\sin\theta-\tau_{12}(\delta A\sin\theta)\cos\theta-\sigma_x\delta A=0$$

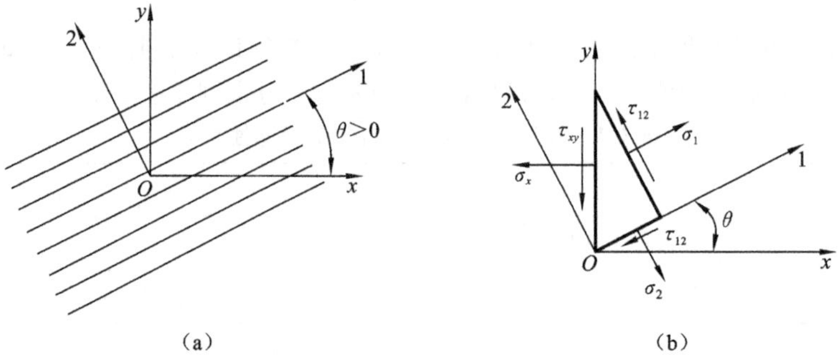

图 2-5　两种坐标系之间的关系

消去 δA,进行整理后得

$$\sigma_x=\sigma_1\cos^2\theta+\sigma_2\sin^2\theta-2\tau_{12}\sin\theta\cos\theta$$

同理可得

$$\sigma_y=\sigma_1\sin^2\theta+\sigma_2\cos^2\theta+2\tau_{12}\sin\theta\cos\theta$$

$$\tau_{xy}=\sigma_1\sin\theta\cos\theta-\sigma_2\sin\theta\cos\theta+\tau_{12}(\cos^2\theta-\sin^2\theta)$$

将上面三个式子写成矩阵形式,即

$$\begin{bmatrix}\sigma_x\\ \sigma_y\\ \tau_{xy}\end{bmatrix}=\boldsymbol{T}^{-1}\begin{bmatrix}\sigma_1\\ \sigma_2\\ \tau_{12}\end{bmatrix} \tag{2.12}$$

或

$$\begin{bmatrix}\sigma_1\\ \sigma_2\\ \tau_{12}\end{bmatrix}=\boldsymbol{T}\begin{bmatrix}\sigma_x\\ \sigma_y\\ \tau_{xy}\end{bmatrix} \tag{2.13}$$

这就是两种坐标系中应力的变换关系,$\boldsymbol{T}$ 称为变换矩阵,$\boldsymbol{T}^{-1}$ 是 $\boldsymbol{T}$ 的逆矩阵,它们分别是

$$\boldsymbol{T}=\begin{bmatrix}m^2 & n^2 & 2mn\\ n^2 & m^2 & -2mn\\ -mn & mn & m^2-n^2\end{bmatrix} \tag{2.14}$$

$$T^{-1}=\begin{bmatrix} m^2 & n^2 & -2mn \\ n^2 & m^2 & 2mn \\ mn & -mn & m^2-n^2 \end{bmatrix} \tag{2.15}$$

$$m=\cos\theta,\quad n=\sin\theta$$

在读者熟知的材料力学教材中，剪应力的正负号规定与图 2-5 刚好相反，因此，应力分量的坐标变换矩阵(2.14)中，含有 mn 的项符号与材料力学中是相反的。

下面推导应变的坐标变换关系。图 2-6 中矩形单元体边长为 dx 和 dy，对角线方向设为 1 方向，对角线与水平方向夹角为 θ，长度为 dl。考察 ε_1 与 ε_x 的关系。在小变形假设下，变化后的对角线与水平方向的夹角仍近似看作 θ，因此有

$$\varepsilon_1 \mathrm{d}l=\varepsilon_x \mathrm{d}x\cos\theta$$

注意到 $\mathrm{d}x=\mathrm{d}l\cos\theta$，所以有

$$\varepsilon_1=\varepsilon_x\cos^2\theta$$

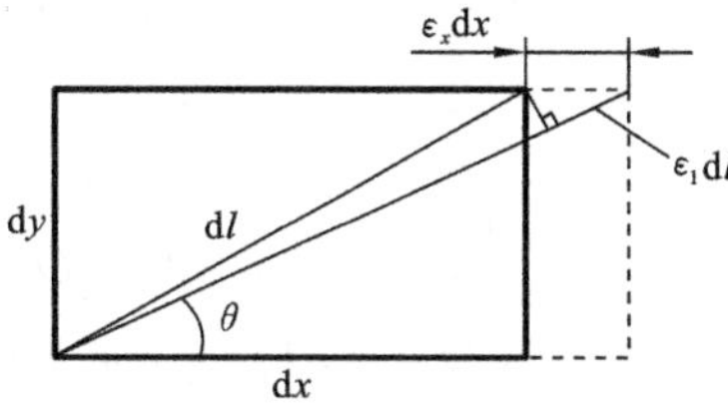

图 2-6　应变之间的关系

当计及 ε_x，ε_y，ε_{xy} 三者的贡献时，用类似的方法可导出下面的关系：

$$\varepsilon_1=\varepsilon_x\cos^2\theta+\varepsilon_y\sin^2\theta+\gamma_{xy}\sin\theta\cos\theta \tag{2.16}$$

同理可得

$$\varepsilon_2=\varepsilon_x\sin^2\theta+\varepsilon_y\cos^2\theta-\gamma_{xy}\sin\theta\cos\theta \tag{2.17}$$

$$\gamma_{12}=-2\varepsilon_x\sin\theta\cos\theta+2\varepsilon_y\sin\theta\cos\theta+\gamma_{xy}(\cos^2\theta-\sin^2\theta) \tag{2.18}$$

将式(2.16)至式(2.18)写成矩阵形式，有

$$\begin{bmatrix} \varepsilon_1 \\ \varepsilon_2 \\ \gamma_{12} \end{bmatrix}=\boldsymbol{T}_{\mathrm{e}}\begin{bmatrix} \varepsilon_x \\ \varepsilon_y \\ \gamma_{xy} \end{bmatrix}=\begin{bmatrix} m^2 & n^2 & mn \\ n^2 & m^2 & -mn \\ -2mn & 2mn & m^2-n^2 \end{bmatrix}\begin{bmatrix} \varepsilon_x \\ \varepsilon_y \\ \gamma_{xy} \end{bmatrix} \tag{2.19}$$

式中：m，n 的含义与式(2.15)中相同。

对比发现，式(2.19)中应变的变换矩阵 $\boldsymbol{T}_{\mathrm{e}}$ 与 $\boldsymbol{T}^{-1}$ 的转置矩阵相同，即

$$\boldsymbol{T}_{\mathrm{e}}=(\boldsymbol{T}^{-1})^{\mathrm{T}}$$

将式(2.1)、式(2.13)代入式(2.19)，整理后得

$$\begin{bmatrix} \varepsilon_x \\ \varepsilon_y \\ \gamma_{xy} \end{bmatrix}=\boldsymbol{T}^{\mathrm{T}}\boldsymbol{S}\boldsymbol{T}\begin{bmatrix} \sigma_x \\ \sigma_y \\ \tau_{xy} \end{bmatrix}=\begin{bmatrix} \bar{S}_{11} & \bar{S}_{12} & \bar{S}_{16} \\ & \bar{S}_{22} & \bar{S}_{26} \\ \mathrm{sym.} & & \bar{S}_{66} \end{bmatrix}\begin{bmatrix} \sigma_x \\ \sigma_y \\ \tau_{xy} \end{bmatrix} \tag{2.20}$$

式中：$\boldsymbol{S}$ 表示式(2.1)中的柔度矩阵。

矩阵 $\bar{\boldsymbol{S}}$ 称为变换柔度矩阵，由三个矩阵相乘求得，即

$$\bar{\boldsymbol{S}}=\boldsymbol{T}^{\mathrm{T}}\boldsymbol{S}\boldsymbol{T}$$

$\bar{S}_{ij}$ 是变换柔度系数，经过演算后得各分量如下：

$$
\begin{cases}
\bar{S}_{11}=m^4S_{11}+m^2n^2(2S_{12}+S_{66})+n^4S_{22}\\
\bar{S}_{12}=m^2n^2(S_{11}+S_{22}-S_{66})+S_{12}(m^4+n^4)\\
\bar{S}_{22}=n^4S_{11}+m^2n^2(2S_{12}+S_{66})+m^4S_{22}\\
\bar{S}_{16}=2m^3n(S_{11}-S_{12})+2mn^3(S_{12}-S_{22})-mn(m^2-n^2)S_{66}\\
\bar{S}_{26}=2mn^3(S_{11}-S_{12})+2m^3n(S_{12}-S_{22})+mn(m^2-n^2)S_{66}\\
\bar{S}_{66}=4m^2n^2(S_{11}-S_{12})-4m^2n^2(S_{12}-S_{22})+(m^2-n^2)^2S_{66}
\end{cases}
\tag{2.21}
$$

将式(2.20)反演，得

$$
\begin{bmatrix}\sigma_x\\ \sigma_y\\ \tau_{xy}\end{bmatrix}=\begin{bmatrix}\bar{Q}_{11} & \bar{Q}_{12} & \bar{Q}_{16}\\ & \bar{Q}_{22} & \bar{Q}_{26}\\ \text{sym.} & & \bar{Q}_{66}\end{bmatrix}\begin{bmatrix}\varepsilon_x\\ \varepsilon_y\\ \gamma_{xy}\end{bmatrix}
\tag{2.22}
$$

$$
\begin{cases}
\bar{Q}_{11}=m^4Q_{11}+2m^2n^2(Q_{12}+2Q_{66})+n^4Q_{22}\\
\bar{Q}_{12}=m^2n^2(Q_{11}+Q_{22}-4Q_{66})+(m^4+n^4)Q_{12}\\
\bar{Q}_{22}=n^4Q_{11}+2m^2n^2(Q_{12}+2Q_{66})+m^4Q_{22}\\
\bar{Q}_{16}=m^3n(Q_{11}-Q_{12})+mn^3(Q_{12}-Q_{22})-2mn(m^2-n^2)Q_{66}\\
\bar{Q}_{26}=mn^3(Q_{11}-Q_{12})+m^3n(Q_{12}-Q_{22})+2mn(m^2-n^2)Q_{66}\\
\bar{Q}_{66}=m^2n^2(Q_{11}+Q_{22}-2Q_{12}-2Q_{66})+(m^4+n^4)Q_{66}
\end{cases}
\tag{2.23}
$$

$\bar{Q}_{ij}$是变换刚度系数。式(2.20)至式(2.23)构成单向复合材料在参考坐标系下的应力应变关系。

参考坐标系通常取为与加载方向一致，因此又称为载荷坐标系。通过对比知道，式(2.20)、式(2.22)分别与式(2.1)、式(2.5)在形式上相似。不同之处在于，在材料主轴坐标系下，柔度系数和刚度系数的部分分量等于零，这表示拉压作用和剪切作用互不影响。而在参考坐标系下，柔度系数和刚度系数的所有分量一般都不为零，存在拉伸和剪切的耦合。下一节将对此进行讨论。

例 2.1 单层板受面内应力作用，$\sigma_x=150$ MPa，$\sigma_y=50$ MPa，$\tau_{xy}=75$ MPa，$\theta=45°$，求材料在主轴坐标系下的应力分量。

解 因 $m=\cos45°=\dfrac{1}{\sqrt{2}}$，$n=\sin45°=\dfrac{1}{\sqrt{2}}$，$m^2=0.5$，$n^2=0.5$，$mn=0.5$，所以有

$$
\boldsymbol{T}=\begin{bmatrix}0.5 & 0.5 & 1\\ 0.5 & 0.5 & -1\\ -0.5 & 0.5 & 0\end{bmatrix}
$$

按式(2.13)，得

$$
\begin{bmatrix}\sigma_1\\ \sigma_2\\ \tau_{12}\end{bmatrix}=\begin{bmatrix}0.5 & 0.5 & 1\\ 0.5 & 0.5 & -1\\ -0.5 & 0.5 & 0\end{bmatrix}\begin{bmatrix}150\\ 50\\ 75\end{bmatrix}\text{ MPa}=\begin{bmatrix}175\\ 25\\ -50\end{bmatrix}\text{ MPa}
$$

例 2.2 若已知单层板的弹性常数为 $E_1=140$ GPa，$E_2=10$ GPa，$G_{12}=5$ GPa，

$\mu_{12}=0.3$，纤维与 x 轴成 45°角。求变换刚度系数 $\bar{Q}_{ij}$ 和变换柔度系数 $\bar{S}_{ij}$。

解　按式(2.11)求材料主轴方向的刚度系数矩阵，其结果为

$$\boldsymbol{Q}=\begin{bmatrix}140.9 & 3.0 & 0\\ 3.0 & 10.1 & 0\\ 0 & 0 & 5.0\end{bmatrix}\ \text{GPa}$$

因 $m=\cos 45°=\dfrac{1}{\sqrt{2}}$，$n=\sin 45°=\dfrac{1}{\sqrt{2}}$，$m^2=0.5$，$n^2=0.5$，$m^3=0.354$，$n^3=0.354$，$m^4=0.25$，$n^4=0.25$，$m^2n^2=0.25$，$mn^3=0.25$，$m^3n=0.25$，由式(2.23)求得

$$\bar{Q}_{11}=[0.25\times 140.9+2\times 0.25\times(3.0+2\times 5.0)+0.25\times 10.1]\ \text{GPa}=44.2\ \text{GPa}$$

$$\bar{Q}_{12}=34.2\ \text{GPa},\quad \bar{Q}_{22}=44.2\ \text{GPa},\quad \bar{Q}_{16}=32.7\ \text{GPa}$$

$$\bar{Q}_{26}=32.7\ \text{GPa},\quad \bar{Q}_{66}=36.2\ \text{GPa}$$

$$\bar{\boldsymbol{Q}}=\begin{bmatrix}44.2 & 34.2 & 32.7\\ & 44.2 & 32.7\\ \text{sym.} & & 36.2\end{bmatrix}\ \text{GPa}$$

$\bar{\boldsymbol{S}}$ 和 $\bar{\boldsymbol{Q}}$ 互为逆矩阵，$\bar{S}_{ij}$ 既可以通过式(2.21)来求，也可以通过对 $\bar{\boldsymbol{Q}}$ 求逆解出，计算结果为

$$\bar{\boldsymbol{S}}=\begin{bmatrix}76.9 & -24.5 & -47.4\\ & 76.9 & -47.4\\ \text{sym.} & & 113.6\end{bmatrix}\times 10^{-3}\ \text{GPa}^{-1}$$

例 2.3　已知单向复合材料的折减刚度系数矩阵为

$$\boldsymbol{Q}=\begin{bmatrix}40.51 & 2.03 & 0\\ & 8.10 & 0\\ \text{sym.} & & 5.00\end{bmatrix}\ \text{GPa}$$

求其工程弹性常数。

解　对刚度矩阵求逆，得到柔度矩阵如下：

$$\boldsymbol{S}=\begin{bmatrix}0.025 & -0.00627 & 0\\ & 0.125 & 0\\ \text{sym.} & & 0.2\end{bmatrix}\ \text{GPa}^{-1}$$

根据式(2.2)求得

$$E_1=1/S_{11}=1/0.025\ \text{GPa}=40.0\ \text{GPa}$$

$$E_2=1/S_{22}=1/0.125\ \text{GPa}=8.0\ \text{GPa}$$

$$G_{12}=1/S_{66}=1/0.2\ \text{GPa}=5.0\ \text{GPa}$$

$$\mu_{12}=-E_1S_{12}=-40.0\times(-0.00627)=0.25$$

2.3　拉-剪耦合效应

正交各向异性材料在材料主轴方向上的应力应变关系由式(2.1)或式(2.5)给

出。在这种特殊情况下，拉伸作用和剪切作用互不影响，即拉应力只引起正应变，而剪应力只会产生剪应变。同样的材料，在一般参考坐标系下，其应力应变关系由式(2.20)和式(2.22)给出。这时，单层板将呈现出与各向同性材料不一样的力学行为。考虑对图2-7所示的单层板施加沿 x 方向的拉伸载荷。由于材料主轴与 x 轴不一致，将这种加载称为偏轴拉伸(off-axis)。由式(2.20)得

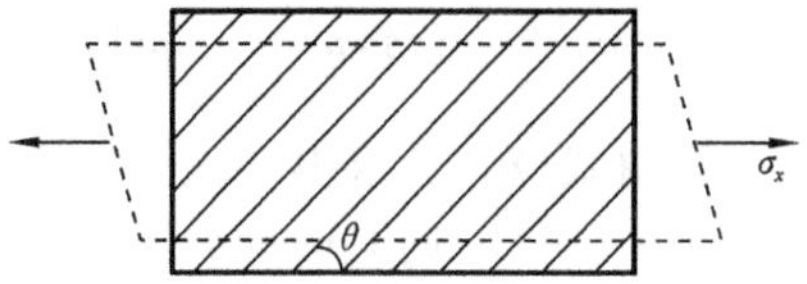

图2-7 偏轴拉伸

$$\begin{cases}\varepsilon_x=\overline{S}_{11}\sigma_x\\ \varepsilon_y=\overline{S}_{12}\sigma_x\\ \gamma_{xy}=\overline{S}_{16}\sigma_x\end{cases}$$

即单向拉伸不仅会造成沿 x,y 方向的正应变，同时还会造成剪应变。如果对图2-7所示的单层板施加剪应力，则单层板不仅会产生剪应变，还会产生沿 x,y 方向的正应变。这种现象称为拉-剪耦合效应(cross elasticity effect)或剪切效应(shear coupling effect)。各向同性材料不会发生这种现象，正交各向异性材料在主轴方向上也不会发生这种现象。

例2.4 对单向复合材料施加偏轴剪应力 τ_{xy} 时，其是否会发生体积改变？

解 由式(2.20)，有

$$\varepsilon_x=\overline{S}_{16}\tau_{xy}$$

$$\varepsilon_y=\overline{S}_{26}\tau_{xy}$$

考虑某种碳/环氧复合材料，设弹性常数为

$$E_1=140\ \text{GPa},\quad E_2=10\ \text{GPa}$$

$$G_{12}=5\ \text{GPa},\quad \mu_{12}=0.3$$

根据式(2.21)计算柔度系数 $\overline{S}_{16}$，$\overline{S}_{26}$，分别得

$$\overline{S}_{16}=-0.1814m^3n-0.0043mn^3$$

$$\overline{S}_{26}=-0.1814mn^3-0.0043m^3n$$

在 $0°<\theta<90°$ 的范围内，$\overline{S}_{16}$，$\overline{S}_{26}$ 均为负值，说明在 x 和 y 两个方向上均会发生缩短变形，如图2-8(a)中虚线所示。若剪应力方向改变，则在 x,y 方向上都会发生伸长变形，如图2-8(b)中虚线所示。图2-8(a)，(b)所示情况分别称为正剪切和负剪切。不论是哪种情况，都将发生体积的变化，这是单向复合材料不同于各向同性材料的又一

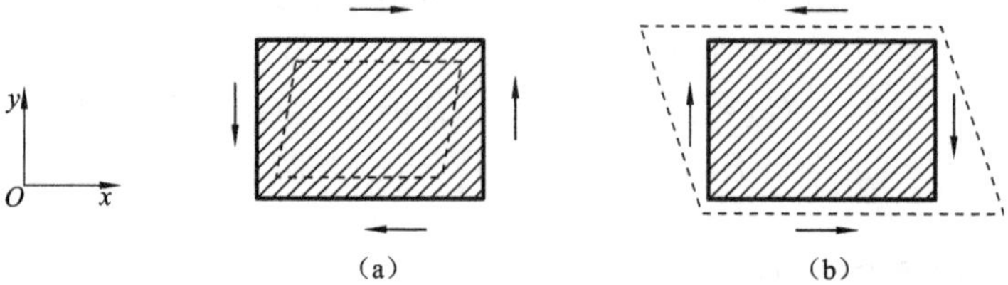

图2-8 单向复合材料受剪切作用

(a) 正剪切 (b) 负剪切

特异行为。在剪应力作用下发生的体积改变现象也是一种耦合效应。

图 2-8(b)所示的情况相当于沿纤维方向作用压应力，而在垂直于纤维的方向上作用拉应力。由于单向材料的横向拉伸强度非常小，这种情况是很不利的。因此在讨论单向板的剪切受力时应特别注意其方向性。

2.4　工程弹性常数及其变换

对于正交各向异性材料单层板，材料在主轴坐标系下的应力应变关系式(2.1)或式(2.5)可以由四个独立的弹性常数 E_1，E_2，G_{12} 和 μ_{12} 完全确定。如 1 方向的应变为

$$\varepsilon_1 = S_{11}\sigma_1 + S_{12}\sigma_2 = \sigma_1/E_1 - (\mu_{21}/E_2)\sigma_2$$

在参考坐标系 Oxy 下，已经求得应变与应力的关系，见式(2.20)或式(2.22)。正交各向异性材料在不同的方向上，其弹性性能是不相同的。$\bar{S}_{ij}$ 或 $\bar{Q}_{ij}$ 虽然可以反映这种变化，但是没有工程弹性常数(弹性模量、泊松比等)那样直观。

考虑单层板在 x 方向上受 σ_x 作用，其他应力分量为零。根据式(2.20)，有

$$\begin{cases} \varepsilon_x = \bar{S}_{11}\sigma_x \\ \varepsilon_y = \bar{S}_{12}\sigma_x \\ \gamma_{xy} = \bar{S}_{16}\sigma_x \end{cases} \tag{2.24}$$

由胡克定律，$\sigma_x = E_x\varepsilon_x$，利用式(2.24)中第一式得

$$\frac{1}{E_x} = \frac{\varepsilon_x}{\sigma_x} = \bar{S}_{11} \tag{2.25}$$

这就是单层板 x 方向的弹性模量。根据式(2.2)及式(2.21)中 $\bar{S}_{11}$ 的表达式，有

$$\begin{aligned} \frac{1}{E_x} &= S_{11}m^4 + S_{22}n^4 + m^2n^2(2S_{12} + S_{66}) \\ &= \frac{m^4}{E_1} + \frac{n^4}{E_2} + m^2n^2\left(\frac{1}{G_{12}} - \frac{2\mu_{12}}{E_1}\right) \end{aligned} \tag{2.26}$$

在 σ_x 单独作用下，沿 y 方向也会发生变形，由泊松比的定义和式(2.24)，有

$$\mu_{xy} = -\varepsilon_y/\varepsilon_x = -\bar{S}_{12}/\bar{S}_{11} = -E_x\bar{S}_{12} \tag{2.27}$$

利用式(2.21)和式(2.2)，进行整理后得

$$\mu_{xy} = E_x\left[(m^4 + n^4)\frac{\mu_{12}}{E_1} - m^2n^2\left(\frac{1}{E_1} + \frac{1}{E_2} - \frac{1}{G_{12}}\right)\right] \tag{2.28}$$

与各向同性材料不同，各向异性材料由于存在拉-剪耦合效应，在 σ_x 单独作用下，会发生 Oxy 面内的剪切变形。将式(2.24)中的剪应变与 x 方向正应变之比(加负号)定义为剪切耦合系数(shear coupling coefficient)，有

$$m_x = -\gamma_{xy}/\varepsilon_x = -\bar{S}_{16}/\bar{S}_{11} = -E_x\bar{S}_{16} \tag{2.29}$$

整理后得

$$m_x = E_x\left[m^3n\left(\frac{1}{G_{12}} - \frac{2\mu_{12}}{E_1} - \frac{2}{E_1}\right) - mn^3\left(\frac{1}{G_{12}} - \frac{2\mu_{12}}{E_1} - \frac{2}{E_2}\right)\right] \tag{2.30}$$

所以,式(2.26)、式(2.28)、式(2.30)确定了 x 方向三个弹性常数随 θ 的变化规律。在这些公式中,将 y 和 x 互换、m 和 n 互换,就得到 y 方向的三个相应的弹性常数。

下面说明剪切模量 G_{xy} 的求法。设单层板仅受 τ_{xy} 作用。根据式(2.20),有

$$\gamma_{xy}=\bar{S}_{66}\tau_{xy} \tag{2.31}$$

由剪切模量的定义,有

$$\frac{1}{G_{xy}}=\frac{\gamma_{xy}}{\tau_{xy}}=\bar{S}_{66}=m^2n^2(4S_{11}+4S_{22}-8S_{12})+(m^2-n^2)^2S_{66}$$

整理后得

$$\frac{1}{G_{xy}}=m^2n^2\left(\frac{4}{E_1}+\frac{4}{E_2}+\frac{8\mu_{12}}{E_1}\right)+(m^2-n^2)^2\frac{1}{G_{12}} \tag{2.32}$$

利用上面得到的工程弹性常数 $E_x,E_y,\mu_{xy},m_x,m_y,G_{xy}$,可以将复合材料单层板在参考坐标系下的应力应变关系表示为

$$\begin{Bmatrix}\varepsilon_x\\ \varepsilon_y\\ \gamma_{xy}\end{Bmatrix}=\begin{bmatrix}\dfrac{1}{E_x} & \dfrac{-\mu_{xy}}{E_x} & \dfrac{-m_x}{E_x}\\ & \dfrac{1}{E_y} & \dfrac{-m_y}{E_y}\\ \text{sym.} & & \dfrac{1}{G_{xy}}\end{bmatrix}\begin{bmatrix}\sigma_x\\ \sigma_y\\ \tau_{xy}\end{bmatrix} \tag{2.33}$$

例 2.5 复合材料单层板沿材料主轴方向的弹性常数为 $E_1=140$ GPa,$E_2=10$ GPa,$G_{12}=5$ GPa,$\mu_{12}=0.3$,加载方向与纤维方向成 θ 角,求 $E_x,E_y,G_{xy},\mu_{xy},\mu_{yx},m_x,m_y$ 等参数随 θ 的变化情况。

解 根据已知条件和式(2.26)至式(2.32),令 θ 在 0°~90°之间取不同的值,求出工程弹性常数。以 $\theta=30°$为例,说明求解过程。对于 $\theta=30°$的情况,有

$$m=\cos30°=0.866,\quad n=\sin30°=0.5,\quad m^2=0.75,\quad n^2=0.25,\quad m^3=0.65$$

$$n^3=0.125,\quad m^4=0.563,\quad n^4=0.063,\quad m^3n=0.325,\quad mn^3=0.108$$

将已知条件和以上结果代入式(2.26),得

$$1/E_x=0.007m^4+0.1n^4+0.196m^2n^2=47\times10^{-3}\ \text{GPa}^{-1},\quad E_x=21.3\ \text{GPa}$$

将 m 和 n 位置互换,可以求得

$$E_y=10.7\ \text{GPa}$$

求出剪切模量为

$$1/G_{xy}=0.446m^2n^2+0.2(m^2-n^2)^2=133.63\times10^{-3}\ \text{GPa}^{-1},\quad G_{xy}=7.5\ \text{GPa}$$

泊松比以及剪切耦合系数也按相应的公式计算,过程略去,结果分别为

$$\mu_{xy}=0.39,\quad \mu_{yx}=0.20,\quad m_x=1.26,\quad m_y=0.22$$

最后利用计算结果作出图 2-9 至图 2-12。由图可以看出:

(1) 当 $\theta=0°$时,$E_x=E_1,E_y=E_2,\mu_{xy}=\mu_{12},\mu_{yx}=\mu_{21},m_x=0,m_y=0$。

(2) 当 $\theta=90°$时,$E_x=E_2,E_y=E_1,\mu_{xy}=\mu_{21},\mu_{yx}=\mu_{12},m_x=0,m_y=0$。

(3) 当 $\theta=45°$时剪切模量取最大值;当 $\theta=0°$或 $\theta=90°$时,$G_{xy}=G_{12}$,剪切模量取最小值。因此,偏轴 45°的单层板,其抗剪切变形的能力最强。G_{xy} 随 θ 的变化曲线关于 $\theta=45°$的点是对称的。

(4) 弹性模量沿纤维方向最大,随着 θ 偏离 0°的程度增大而急剧下降,在 90°时达到最小值。因此,单向复合材料沿纤维方向的抗拉压变形能力最强,在横方向上的抗拉压变形能力最弱。

(5) 当 θ 角不为 0°也不为 90°时,会出现拉-剪耦合效应。对于此例,剪切耦合系数最大值接近于 2.4。

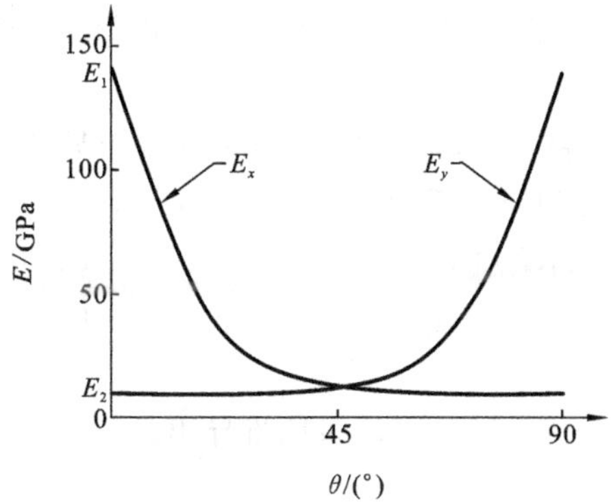

图 2-9　复合材料单层板弹性模量随 θ 的变化曲线

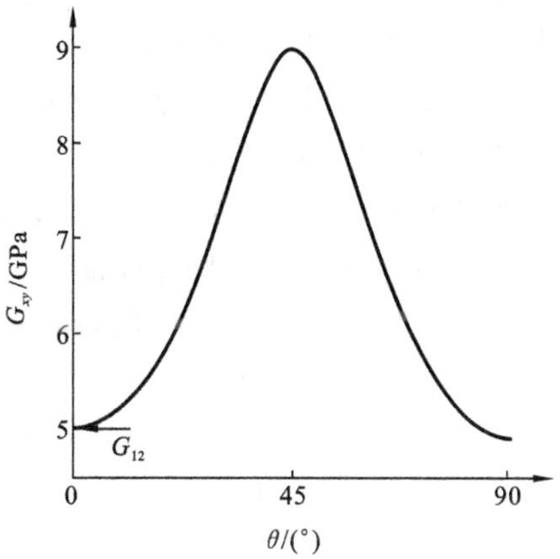

图 2-10　复合材料单层板剪切模量随 θ 的变化曲线

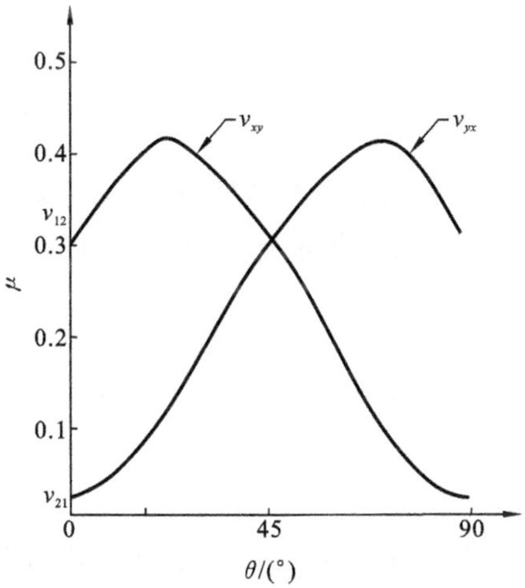

图 2-11　复合材料单层板泊松比随 θ 的变化曲线

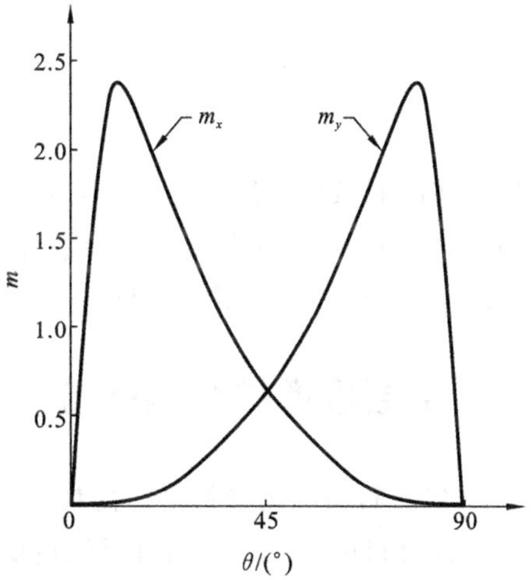

图 2-12　复合材料单层板剪切耦合系数随 θ 的变化曲线

2.5 弹性常数取值范围的限制条件

各向同性材料有两个独立的弹性常数。若通过试验测得弹性模量、剪切模量和泊松比,则三者之间的关系应满足 $G=E/[2(1+\mu)]$,否则,测量结果是值得怀疑的。单向复合材料具有正交各向异性,为描述其弹性变形特征,横观各向同性材料需要五个常数,在平面应力条件下需要四个独立的弹性常数。

材料的应力应变关系是反映材料物理现象的一种数学模型,其中的弹性常数不能任意取值,不然有可能违背基本的物理原理。比如,沿单一方向拉伸某物体时,该物体沿着拉伸方向就会出现伸长变形。又比如,在静水压力作用下,物体不会膨胀。对于各向同性材料,相关的弹性常数应满足:① E,G 以及体积模量都是正值;② 泊松比取值在 $-1\sim0.5$ 之间。

对于具有正交各向异性的纤维复合材料,将纤维方向记为 1,与 1 垂直的另外两个方向分别记为 2 和 3,则弹性常数取值应满足以下关系(Jones, 1999):

$$E_1,E_2,E_3,G_{12},G_{13},G_{23}>0 \tag{2.34}$$

$$1-\mu_{12}\mu_{21}>0,1-\mu_{13}\mu_{31}>0,1-\mu_{23}\mu_{32}>0 \tag{2.35}$$

$$1-\mu_{12}\mu_{21}-\mu_{13}\mu_{31}-\mu_{23}\mu_{32}-2\mu_{12}\mu_{23}\mu_{31}>0 \tag{2.36}$$

由功的互等定理,存在 $\mu_{12}/E_1=\mu_{21}/E_2$ 等关系,则由式(2.35)可以推导出:

$$\begin{cases}|\mu_{12}|<\sqrt{E_1/E_2}\\|\mu_{21}|<\sqrt{E_2/E_1}\end{cases} \tag{2.37}$$

$$\begin{cases}|\mu_{13}|<\sqrt{E_1/E_3}\\|\mu_{31}|<\sqrt{E_3/E_1}\end{cases} \tag{2.38}$$

$$\begin{cases}|\mu_{23}|<\sqrt{E_2/E_3}\\|\mu_{32}|<\sqrt{E_3/E_2}\end{cases} \tag{2.39}$$

利用这些限制条件,可以对试验测得的弹性常数进行检验。所有条件满足,则结果可信,否则值得怀疑。除此之外,在对复杂的工程问题进行分析求解时,在多个候补解中,应剔除那些违反限制条件的解。

2.6 单层板弹性性能的分析和预测

1. 复合材料纵向弹性模量的计算

复合材料单层板的性能可以通过试验的方法进行测定,也可以由组分材料的性能进行理论预测。考虑沿纤维方向的单向拉伸,如图 2-13 所示。复合材料作为一个整体,在受到拉伸载荷作用时,纤维、基体的纵向应变都与复合材料的应变相等,记为 ε,则纤维和基体内的应力分别为

$$\sigma_f = E_f\varepsilon,\quad \sigma_m = E_m\varepsilon$$

式中：E_f，E_m 分别是纤维和基体的弹性模量；σ_f，σ_m 分别是纤维和基体的应力。设纤维和基体的横截面积分别是 A_f，A_m，复合材料的横截面积是 A，$A=A_f+A_m$，则纤维和基体的体积分数分别为

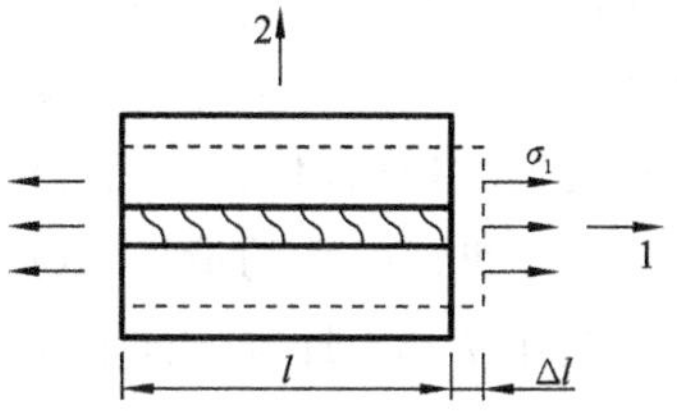

图 2-13　沿纤维方向的拉伸

$$V_f = A_f/A,\quad V_m = A_m/A = 1-V_f$$

利用上述关系，作用于复合材料的载荷以及平均应力 σ_1 可以分别表示为

$$F_c = \sigma_f A_f + \sigma_m A_m \tag{2.40}$$

$$\sigma_1 = F_c/A = \sigma_f V_f + \sigma_m V_m = (E_f V_f + E_m V_m)\varepsilon \tag{2.41}$$

根据定义，复合材料沿纤维方向的弹性模量 E_1 为

$$E_1 = \frac{\sigma_1}{\varepsilon} = E_f V_f + E_m V_m \tag{2.42}$$

式(2.42)称为复合材料纵向(纤维方向)弹性模量的混合律(rule of mixture)。式(2.41)和式(2.42)显示，纤维和基体对复合材料平均性能的贡献与它们的体积分数成比例。根据上述关系，对于由 n 种材料构成的多相复合材料，可以分别得到

$$\sigma_1 = \sum_{i=1}^{n}\sigma_i V_i = \sum_{i=1}^{n}E_i V_i\varepsilon \tag{2.43}$$

$$E_1 = \sum_{i=1}^{n}E_i V_i \tag{2.44}$$

例 2.6　玻璃纤维、碳纤维、环氧树脂的弹性模量分别为 70 GPa，350 GPa，3.5 GPa。问：(1) 玻璃/环氧复合材料的纵向弹性模量与基体弹性模量的比值是多少？(2) 碳/环氧复合材料的纵向弹性模量与基体弹性模量的比值又是多少？分别考虑纤维体积分数等于 10%和 50%的情形。

解　根据式(2.42)得，解出弹性模量之比的计算公式为

$$E_1/E_m = (E_f/E_m - 1)V_f + 1$$

将数据代入计算，得到表 2-4 所示结果。

表 2-4　纵向弹性模量与基体弹性模量比值(E_1/E_m)的计算结果

材　　料	E_f/E_m	E_1/E_m	
		$V_f=10\%$	$V_f=50\%$
玻璃/环氧	20	2.9	10.5
碳/环氧	100	10.9	50.5

从表 2-4 可以看出，纤维体积分数增大到原来的 5 倍时，玻璃/环氧复合材料和碳/环氧复合材料的纵向弹性模量分别增加到原来的 3.62 倍、4.63 倍。考虑材料体系(碳纤维与玻璃纤维)的区别，当纤维弹性模量增大至原来的 5 倍时，复合材料的纵

向弹性模量基于纤维体积分数的不同分别增大至原来的 3.76 倍($V_f=10\%$)和 4.81 倍($V_f=50\%$)。这个算例表明,提高纤维含量对于增大复合材料的纵向弹性模量非常有效,并对复合材料纵向性能有着决定性影响。

对于纵向拉伸的情形,式(2.42)给出的结果相当准确,与试验结果有很好的一致性。但在受到沿纤维方向的压缩载荷作用时,计算值与试验值会出现偏离。此时复合材料的响应极度依赖于基体材料的性能(如剪切模量),而在拉伸时纤维起绝对主导作用。

2. 复合材料中的载荷分担

受到沿纤维方向的拉伸载荷作用时,复合材料以及各组分材料的纵向应变相同,因此有以下关系:

$$\sigma_1/E_1=\sigma_m/E_m=\sigma_f/E_f \tag{2.45}$$

$$\sigma_f/\sigma_m=E_f/E_m \tag{2.46}$$

$$\sigma_f/\sigma_1=E_f/E_1 \tag{2.47}$$

式(2.46)和式(2.47)表明,复合材料以及各组分材料所承受的应力之比,恰好等于相应的弹性模量之比。当纤维的弹性模量远大于基体的弹性模量时,可以有效地发挥高强度纤维承担很高应力(远大于基体应力)的能力。此外,不难推导出载荷的分担比例:

$$F_f/F_m=\sigma_f A_f/\sigma_m A_m=(E_f/E_m)(V_f/V_m) \tag{2.48}$$

$$\frac{F_f}{F_c}=\frac{\sigma_f A_f}{\sigma_f A_f+\sigma_m A_m}=\frac{E_f/E_m}{(E_f/E_m)+(V_m/V_f)} \tag{2.49}$$

式(2.49)给出了纤维承担的载荷与总的载荷之比,其计算结果如图 2-14 所示。从图 2-14 可看出,纤维体积分数越大,或纤维弹性模量越大,纤维承担的载荷比例越大。但是,过大的纤维体积分数(如大于 80%)会造成纤维不能被树脂充分浸润,导致黏结不好或在材料内部形成孔洞,反而降低复合材料的实际性能。

在由高强度玻璃纤维和环氧树脂构成的复合材料中,纤维与基体的弹性模量之比约为 20。由图 2-14 可以看出,当纤维的体积分数为 10%时,纤维承担的载荷比例约为 70%,使得这种复合材料具有优异的强度或比强度。

例 2.7　材料及其他条件与例 2.6 中完全相同,求出纤维承担的载荷比例。

解　根据式(2.49)求出相应结果,并列于表 2-5。

表 2-5　纤维承担的载荷比例(F_f/F_c)的计算结果

材　料	E_f/E_m	F_f/F_c	
		$V_f=10\%$	$V_f=50\%$
玻璃/环氧	20	0.690	0.952
碳/环氧	100	0.917	0.990

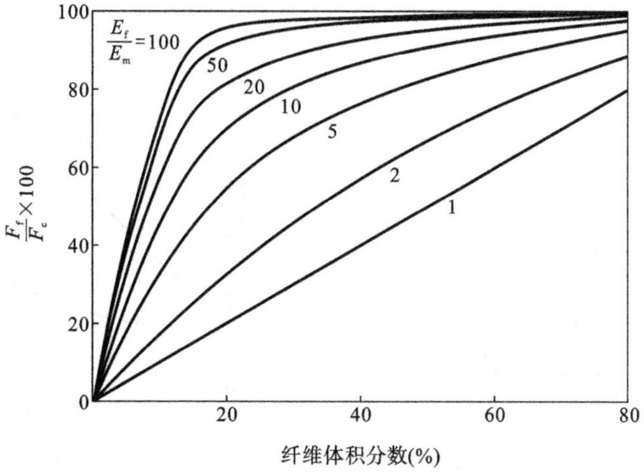

图 2-14　受纵向拉伸复合材料中纤维承担的载荷比例

3. 复合材料横向弹性模量的预测

下面来求垂直于纤维方向的弹性模量 E_2。如图 2-15 所示，复合材料在 2 方向受拉伸载荷作用时，将复合材料视为由纤维和基体构成的层状模型，每个层都垂直于 2 方向，受载面积相同，承受相等的应力，即

$$\sigma_f=\sigma_m=\sigma_2 \tag{2.50}$$

在图 2-15 中，设 2 方向上总的尺寸为 B，纤维层和基体层的厚度分别为 B_f，B_m。有

$$B=B_f+B_m,\quad B_f=BV_f,\quad B_m=BV_m$$

纤维和基体的横向应变分别为

$$\varepsilon_f=\sigma_2/E_f,\quad \varepsilon_m=\sigma_2/E_m$$

复合材料在 2 方向上的变形量，等于纤维和基体变形之和。因此，总的横向变形、横向平均应变分别为

$$\Delta B=B_f\varepsilon_f+B_m\varepsilon_m=B(V_f\varepsilon_f+V_m\varepsilon_m)$$

$$\varepsilon_2=\Delta B/B=V_f\varepsilon_f+V_m\varepsilon_m=\sigma_2(V_f/E_f+V_m/E_m)$$

由 2 方向弹性模量的定义，得

$$\frac{1}{E_2}=\frac{\varepsilon_2}{\sigma_2}=\frac{V_f}{E_f}+\frac{V_m}{E_m},\quad E_2=\frac{1}{V_f/E_f+V_m/E_m} \tag{2.51}$$

上述关系可以推广到由 n 种组分材料构成的复合材料，即

$$E_2=\frac{1}{\sum_{i=1}^{n}(V_i/E_i)} \tag{2.52}$$

图 2-16 所示是纵向弹性模量 E_1 和横向弹性模量 E_2 随 V_f 变化的情况。增加纤维含量对增加复合材料 1 方向的刚度很有效，但对 E_2 的影响在较大范围内并不显著。

试验测量的 E_2 一般显著高于其计算值，原因在于图 2-15 所示的模型与实际情

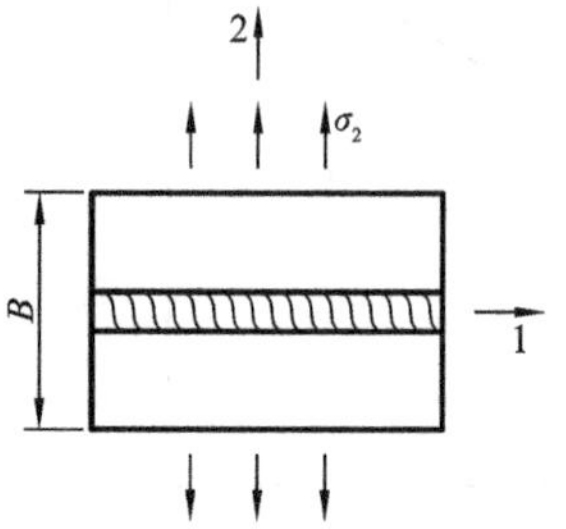

图 2-15　在 2 方向上受力的体积单元（带斜线区域表示纤维）

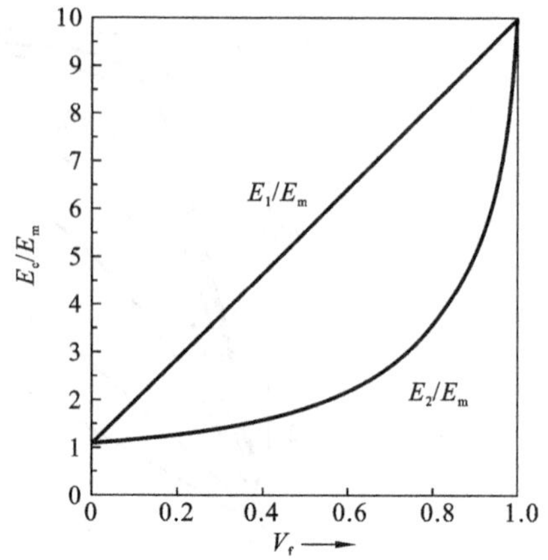

图 2-16　纵向和横向弹性模量随 V_f 的变化

况并不相符。在复合材料内部，纤维是随机排列的。在受到沿 2 方向的拉伸载荷作用时，与 2 轴相垂直的任一截面上，会同时存在纤维和基体，它们共同分担载荷，这一点与模型所示不同。所以应力相等的假设即式(2.50)是不准确的。该假设还会导致纤维与基体的界面处应变不协调。除此以外，纤维和基体泊松效应的不匹配，会使纤维和基体内产生沿 1 方向的(自平衡)应力。要避开上述矛盾，需要应用严格的弹性力学求解方法。

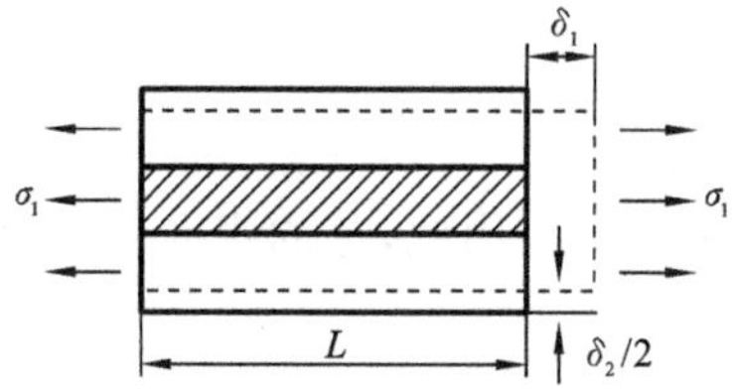

图 2-17　泊松效应

4. 泊松效应分析

参照图 2-17，分析复合材料的泊松效应和泊松比 μ_{12} 的求解方法。纤维材料和基体材料的泊松比分别记为 μ_f，μ_m。

设在 2 方向上总的尺寸(高度)是 B，则纤维和基体的尺寸分别为 $B_f = V_f B$，$B_m = V_m B$。在 σ_1 作用下，复合材料沿 1 方向产生应变 ε_1。在 1 方向上，复合材料以及各组分材料的变形或应变均相同，因此，纤维和基体在 2 方向上的应变分别为

$$\varepsilon_{2f} = -\mu_f \varepsilon_1, \quad \varepsilon_{2m} = -\mu_m \varepsilon_1 \tag{2.53}$$

复合材料沿 2 方向的变形是纤维与基体两部分变形之和，即

$$\delta_2 = \delta_{2f} + \delta_{2m} = (-\mu_f \varepsilon_1) B_f + (-\mu_m \varepsilon_1) B_m \tag{2.54}$$

注意到 $B_f/B = V_f$，$B_m/B = V_m$，求得复合材料在 2 方向上的应变为

$$\varepsilon_2 = \delta_2 / B = -\varepsilon_1 (\mu_f V_f + \mu_m V_m) \tag{2.55}$$

最后根据定义，求得复合材料的泊松比为

$$\mu_{12} = -\varepsilon_2 / \varepsilon_1 = \mu_f V_f + \mu_m V_m \tag{2.56}$$

式(2.56)即复合材料主泊松比的混合律计算公式，与 1 方向上的弹性模量的预测公式有完全相同的形式。

5. 剪切模量

考虑图 2-18 所示的模型，复合材料受剪应力作用时，纤维和基体也受到相同的剪应力作用，即 $\tau_f=\tau_m=\tau$。纤维和基体的剪切模量分别记为 G_f，G_m，则纤维和基体的剪应变分别为

$$\gamma_f=\tau/G_f,\quad \gamma_m=\tau/G_m$$

设纤维和基体在高度方向上的尺寸分别是 B_f，B_m，有 $B_f=V_fB$，$B_m=V_mB$，B 是复合材料高度方向上总的尺寸。在剪应力作用下的变形量由两部分组成，即

$$\Delta_c=\Delta_f+\Delta_m=\gamma_fB_f+\gamma_mB_m=\tau B\left(\frac{V_f}{G_f}+\frac{V_m}{G_m}\right) \tag{2.57}$$

因此，复合材料的剪应变为

$$\gamma=\frac{\Delta_c}{B}=\tau\left(\frac{V_f}{G_f}+\frac{V_m}{G_m}\right) \tag{2.58}$$

最后根据定义，求出复合材料的剪切模量为

$$\frac{1}{G_{12}}=\frac{\gamma}{\tau}=\left(\frac{V_f}{G_f}+\frac{V_m}{G_m}\right),\quad G_{12}=\left(\frac{V_f}{G_f}+\frac{V_m}{G_m}\right)^{-1} \tag{2.59}$$

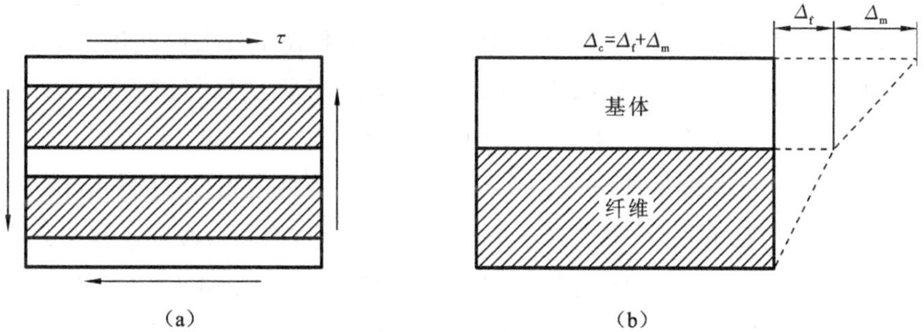

图 2-18　剪切变形模型

需要指出的是，对横向弹性模量预测时遇到的问题，同样将出现在对剪切模量的预测中。更为准确、可靠的方法是利用弹性力学知识进行分析。

6. 弹性力学方法

预测弹性常数的弹性力学方法是将纤维的排列简化成规则排列，如图 2-19 所示的正六边形排列、正方形排列等，然后研究其中一典型体积单元，通过求解弹性体的边界值问题，确定平均弹性常数。由于分析过程比较复杂，这里不做深入讨论。E_2 的理论计算结果与玻璃/环氧复合材料的试验结果如图 2-20 所示。当 $V_f<0.6$ 时，由正方形排列模型所得的 E_2 的理论值与试验结果的符合程度很高。

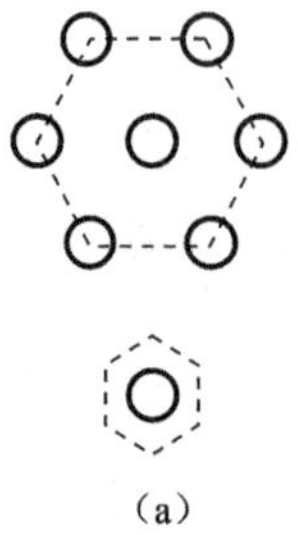

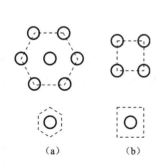

图 2-19　纤维的理想排列模型

(a) 正六边形排列　(b) 正方形排列

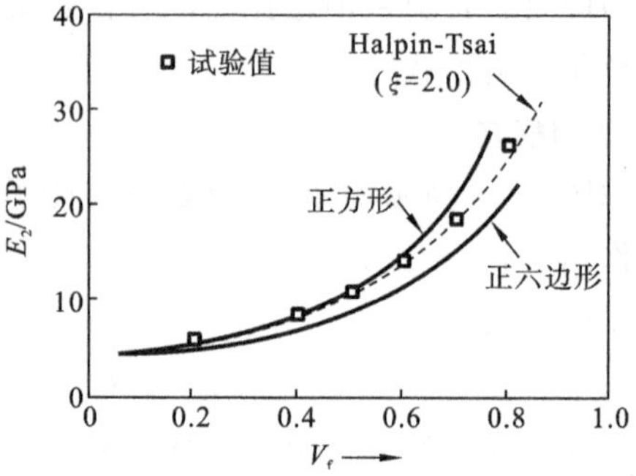

图 2-20　E_2 的理论值与试验值

通过总结归纳弹性力学的研究结果，引入经验参数，得到下面的较实用的 Halpin-Tsai 公式：

$$\frac{M}{M_m}=\frac{1+\xi\eta V_f}{1-\eta V_f} \tag{2.60}$$

$$\eta=\frac{(M_f/M_m)-1}{(M_f/M_m)+\xi} \tag{2.61}$$

式中：M 表示 E_2，G_{12}，μ_{23} 等弹性常数；下标 m，f 分别表示基体和纤维；ξ 是拟合参数，其值取决于纤维几何排列方式，以及载荷条件，若纤维截面为圆形或正方形，该参数的建议取值是 2。对 E_2 的计算结果如图 2-20 所示，计算结果与试验结果有很好的一致性。对 E_1 和 μ_{12}，仍然使用混合律计算公式，即式(2.42)和式(2.56)。

例 2.8　材料及其他条件与例 2.6 完全相同，根据 Halpin-Tsai 公式，求 E_2/E_m。

解　所有情形都取 $\xi=2.0$。对于玻璃/环氧复合材料，$E_f/E_m=20$，由式(2.61)计算出 $\eta=19/22$。对于碳/环氧复合材料，$E_f/E_m=100$，由式(2.61)计算出 $\eta=99/102$。然后利用式(2.60)，计算不同体积分数下的复合材料弹性常数，结果列于表 2-6。由混合律公式计算的纵向弹性模量也同时列于表中。

表 2-6　复合材料与基体弹性模量比值 E_2/E_m 和 E_1/E_m 的计算结果

材　料	E_f/E_m	$V_f=10\%$		$V_f=50\%$	
		E_2/E_m	E_1/E_m	E_2/E_m	E_1/E_m
玻璃/环氧	20	1.28	2.9	3.28	10.5
碳/环氧	100	1.32	10.9	3.83	50.5

由表 2-6 可看出，复合材料横向弹性模量远小于纵向弹性模量，考虑材料体系(碳纤维与玻璃纤维)的区别，当纤维弹性模量增大时，复合材料的纵向弹性模量随之增大，而横向弹性模量的增大十分有限。

习　　题

2.1　证明式(2.6)成立。

2.2　证明式(2.15)成立。

2.3　证明式(2.21)成立。

2.4　单向复合材料沿方向 2 拉伸至 $\varepsilon_2=1$，求此时的 ε_1。已知：$E_1=40$ GPa，$E_2=10$ GPa，$\mu_{12}=0.3$。

2.5　单向复合材料的弹性常数 $E_1=14.0$ GPa，$E_2=3.5$ GPa，$\mu_{12}=0.4$，$G_{12}=4.2$ GPa，承受应力如图 2-21 所示，求 Oxy 坐标系下的应变分量。

2.6　将式(2.19)中的工程剪应变 γ_{12} 和 γ_{xy} 分别换成力学应变 $\gamma_{12}/2$ 和 $\gamma_{xy}/2$（即应变张量的分量），则应变的坐标变换规律与应力相同，即

$$\begin{bmatrix}\varepsilon_1\\ \varepsilon_2\\ \gamma_{12}/2\end{bmatrix}=\boldsymbol{T}\begin{bmatrix}\varepsilon_x\\ \varepsilon_y\\ \gamma_{xy}/2\end{bmatrix}$$

利用上式和下面的关系，证明式(2.19)成立。

$$\begin{bmatrix}\varepsilon_1\\ \varepsilon_2\\ \gamma_{12}\end{bmatrix}=\boldsymbol{R}\begin{bmatrix}\varepsilon_1\\ \varepsilon_2\\ \gamma_{12}/2\end{bmatrix},\quad \begin{bmatrix}\varepsilon_x\\ \varepsilon_y\\ \gamma_{xy}\end{bmatrix}=\boldsymbol{R}\begin{bmatrix}\varepsilon_x\\ \varepsilon_y\\ \gamma_{xy}/2\end{bmatrix},\quad \boldsymbol{R}=\begin{bmatrix}1&0&0\\0&1&0\\0&0&2\end{bmatrix}$$

2.7　有一碳/环氧复合材料，已知 $E_1=210$ GPa，$E_2=5.3$ GPa，$\mu_{12}=0.28$，$G_{12}=2.6$ GPa，求 S_{ij} 和 Q_{ij}。当 $\theta=45°$时，求 $\bar{S}_{ij}$。

2.8　考虑弹性模量为 E_1、长为 V_1l（V_1 表示材料 1 的体积分数）的材料与弹性模量为 E_2、长为 $(1-V_1)l$ 的材料的串联模型，横截面积均为 S，如图 2-22 所示。

(1) 求在力 F 作用下的总伸长。

(2) 求整体的应力应变关系，由此确定平均弹性模量。

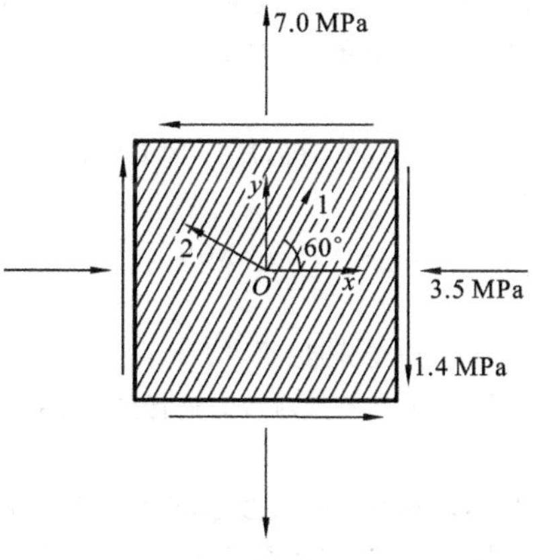

图 2-21　面内受力

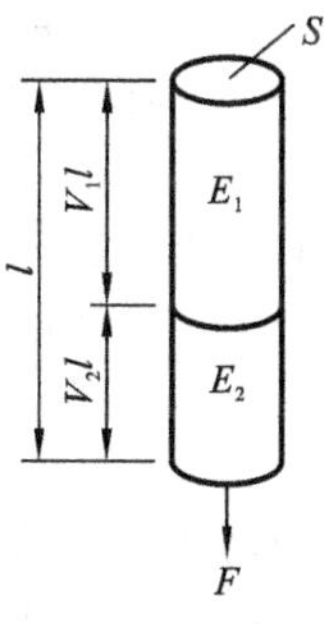

图 2-22　串联模型

2.9　多数材料在加热时会产生伸长变形。在通常的温度范围内，伸长量与温度上升量成比

例。考虑图 2-23(a)、(b)所示的杆,设温度升高 ΔT,则轴向应变为

$$\varepsilon=\Delta l/l=\alpha\Delta T$$

式中的 α 称为热膨胀系数(thermal expansion coefficient)。如果杆的两端固定,如图 2-23(c)所示,温度上升 ΔT 时,杆内将产生压应力。这种由温度变化引起的应力称为热应力(thermal stress)。设杆的弹性模量为 E,求两端固定杆温度上升 ΔT 时的热应力。

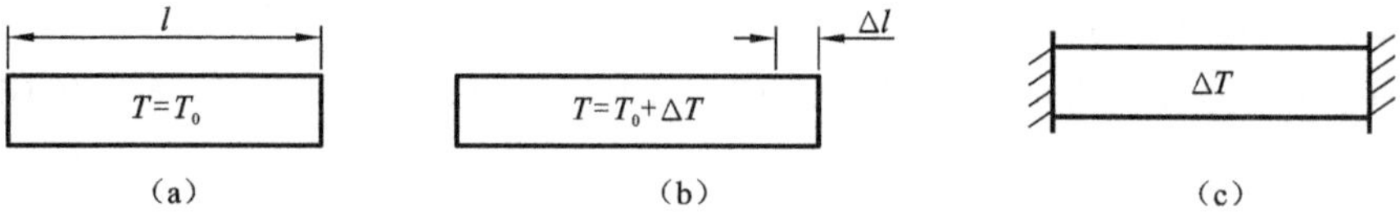

图 2-23 杆的热应力

2.10 用材料力学方法(将单层板截面图 2-24(a)近似为图 2-24(b))求得的 E_2 不太精确,从假设的合理性来看,是什么原因?

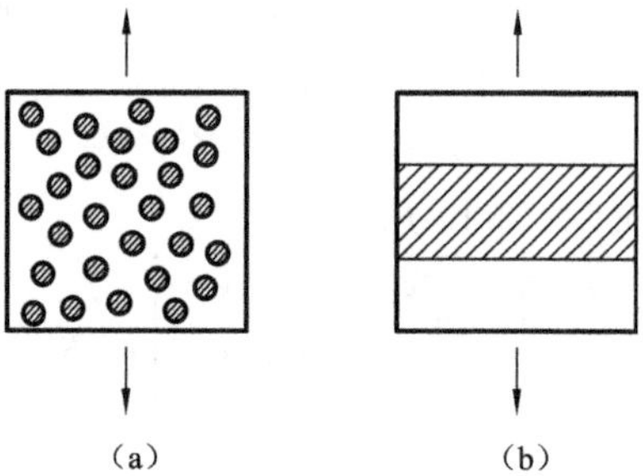

图 2-24 截面近似

2.11 求玻璃/环氧单向复合材料在 V_f 分别是 30%,60%,90%时的 E_1 和 E_2。已知:

$$E_f=75.0\ \text{GPa},\quad E_m=3.5\ \text{GPa}$$

2.12 求玻璃/环氧单向复合材料在 $V_f=60\%$时的 G_{12}。已知:

$$G_f=25.0\ \text{GPa},\quad G_m=1.3\ \text{GPa}$$

2.13 碳/环氧交织纤维复合材料单层板,沿材料主轴方向的弹性常数为 $E_1=70$ GPa,$E_2=70$ GPa,$G_{12}=5$ GPa,$\mu_{12}=0.1$。加载方向与纤维方向成 θ 角,求 $E_x,E_y,G_{xy},\mu_{xy},\mu_{yx},m_x,m_y$ 等参数随 θ 的变化情况。

2.14 单层板沿材料主轴方向的弹性常数为 $E_1=140$ GPa,$E_2=10$ GPa,$G_{12}=5$ GPa,$\mu_{12}=0.3$。纤维方向与 x 方向成 45°角,承受以下应力作用:

$$\sigma_x=50\ \text{MPa},\quad \sigma_y=10\ \text{MPa},\quad \tau_{xy}=-10\ \text{MPa}$$

(1) 计算 Oxy 坐标系下的应变分量。

(2) 利用上述结果,经过坐标变换,求 1-2 方向的应变分量。

(3) 根据前一步的结果,求 1-2 方向的应力分量,并与直接对应力进行坐标变换得到的结果进行比较。

2.15 某单向 AS4/3501-6 碳/环氧复合材料,已知其弹性常数为 $E_1=148.0$ GPa,$E_2=10.5$ GPa,$\mu_{12}=0.3$,$G_{12}=5.61$ GPa,求其折减刚度系数矩阵和柔度系数矩阵。

2.16 单向复合材料中,纤维和基体的弹性模量分别为 $E_f=400$ GPa,$E_m=3.2$ GPa,承受纤维方向拉伸载荷作用。考虑纤维体积分数 V_f 分别为 10%,25%,50%,75%的情形,计算纤维应力

和基体应力的比值，纤维应力与复合材料平均应力的比值，以及纤维承担的载荷比。

2.17　对某单向复合材料，由试验测得以下数据：$E_1=81.7$ GPa，$E_2=9.1$ GPa，$\mu_{12}=1.97$，$\mu_{21}=0.22$。问：这些数据是否满足关于弹性常数取值范围的限制？其中，主泊松比的取值相当大是何原因？

2.18　由单向复合材料层合板制作的薄壁圆管，在两端承受扭矩 $M=0.1$ kN·m 和拉伸载荷 $F=17$ kN 作用。薄壁圆管平均半径 $R_0=20$ mm，壁厚 $t=2$ mm。当单向复合材料层合板的纤维方向与圆管轴线夹角为多大时，材料主方向只有正应力而无剪应力？

2.19　由式(2.36)证明，各向同性材料的泊松比不超过 0.5。

第 3 章　单向复合材料的强度准则

判断正交各向异性材料是否破坏，需要确定不同方向上的应力分量和强度指标，以及选用合适的强度准则。本章讨论了几种常用的复合材料强度理论及选用原则，简要介绍了基本的面内弹性性能和强度性能的测试方法，分析了复合材料典型的破坏特征，以及纤维方向强度的预测方法。最后介绍的短纤维复合材料的载荷传递理论，有助于理解长纤维复合材料在发生局部纤维断裂时的破坏行为。

3.1　正交各向异性材料的强度指标

正交各向异性材料在不同的方向上，其强度特征是不一样的，正如其弹性常数随方向变化而变化一样。对于各向同性材料，至多需要三个强度指标（拉伸强度、压缩强度、剪切强度）就能对复杂应力状态下的单元体进行强度分析。对于正交各向异性材料，需要五个强度指标才能对复杂应力状态下的单向复合材料进行面内强度的分析。这五个强度指标如图 3-1 所示，它们是：

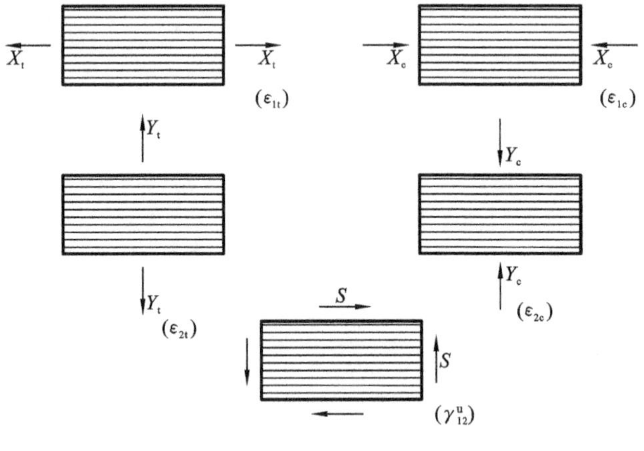

图 3-1　单层板的强度指标

(1) X_t——纤维方向的拉伸强度；

(2) X_c——纤维方向的压缩强度（绝对值）；

(3) Y_t——横方向的拉伸强度；

(4) Y_c——横方向的压缩强度（绝对值）；

(5) S——面内剪切强度（绝对值）。

通过试验测定，在得到上述五个强度指标后，利用合适的强度准则，就可以对单向复合材料进行强度分析和评估。表 3-1 给出了几种典型的单向复合材料的强度指标。表 3-2 所示的是几种交织纤维单向复合材料(单层板)的强度指标。

表 3-1　几种单向复合材料的强度指标　(单位：MPa)

材料类别	X_t	X_c	Y_t	Y_c	S
碳(高强度)/环氧	1500	1200	50	250	70
碳(高模量)/环氧	1000	850	40	200	60
玻璃/环氧	1000	600	30	110	40
芳纶/环氧	1300	280	30	140	60

表 3-2　几种交织纤维单向复合材料的强度指标　(单位：MPa)

材料类别	X_t	X_c	Y_t	Y_c	S
碳(高强度)/环氧	600	570	600	570	90
碳(高模量)/环氧	350	150	350	150	35
玻璃/环氧	440	425	440	425	40
芳纶/环氧	480	190	480	190	50

3.2　强度准则

为判断材料在复杂应力状态下是否发生破坏，需要应用合适的强度准则。强度准则是基于应力状态和破坏原因的分析而提出的关于材料破坏条件的假设，也称为强度理论。在复杂应力状态下，各向同性材料的强度理论有第一、第二、第三、第四强度理论，即最大主应力理论、最大主应变理论、最大剪应力理论、畸变能密度理论(Mises 理论)。这些都是大家熟知的材料力学内容。在应用上述关于各向同性材料的强度准则时，首先应确定构件的危险截面，分析计算危险点处(单元体)的主应力以及相当应力，并与简单加载条件下材料的强度指标相比较，判断材料是否破坏。

复合材料具有强烈的各向异性，即弹性性能和强度性能在不同的方向上可以有很大差别。在复杂应力状态下，单元体的主应力大小和方向，与材料破坏与否并没有直接的联系。在某个方向上应力最大，并不意味着在该方向上发生破坏的可能性最大，沿其他方向的较小的应力分量也有可能是引起材料破坏的主要原因。与复合材料强度行为直接相关的量，是复合材料在主轴方向上的应力、应变分量，以及在主轴方向上的强度指标。应用于复合材料的强度准则有多种，以下介绍常见的几种。

1. 最大应力准则(maximum stress criterion)

对于图 3-2 所示的面内二向受力状态，通过坐标变换，求出在材料主轴方向上的应力 σ_1，σ_2 和 τ_{12}。最大应力准则认为，在材料主轴方向上的各应力分量必须小于各自的强度指标，即

$$\begin{cases} \sigma_1 < X_t & (\text{拉伸}) \\ \sigma_2 < Y_t & (\text{拉伸}) \\ |\sigma_1| < X_c & (\text{压缩}) \\ |\sigma_2| < Y_c & (\text{压缩}) \\ |\tau_{12}| < S & (\text{剪切}) \end{cases} \tag{3.1}$$

上面的关系式中有一个不成立，材料就将发生破坏。最大应力准则不考虑破坏模式之间的相互影响。即在某个方向上的破坏只与沿该方向的应力分量有关，与沿其他方向的应力无关。

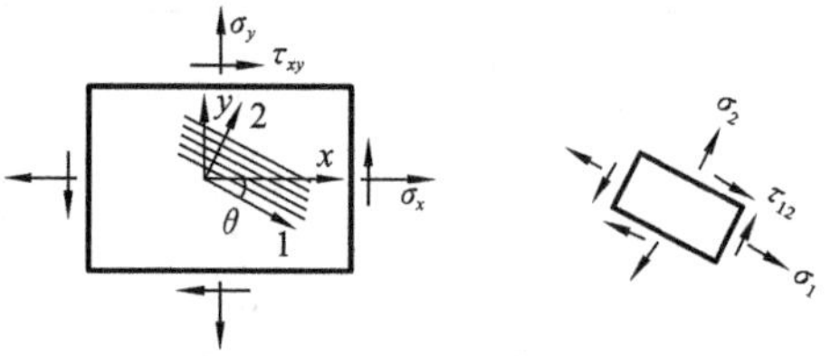

图 3-2 面内受力单元体

条件式(3.1)可以改写为

$$\begin{cases} \sigma_1/X_t < 1 & (\text{拉伸}) \\ \sigma_2/Y_t < 1 & (\text{拉伸}) \\ |\sigma_1/X_c| < 1 & (\text{压缩}) \\ |\sigma_2/Y_c| < 1 & (\text{压缩}) \\ |\tau_{12}/S| < 1 & (\text{剪切}) \end{cases} \tag{3.2}$$

其中第一个和第三个不等式的左边定义为 1 方向的破坏指标(failure index)，记为 F. I. 1，第二个和第四个不等式的左边定义为 2 方向的破坏指标，记为 F. I. 2，第五个不等式的左边定义为 1-2 方向(剪切)的破坏指标，记为 F. I. 12。

对于给定的应力状态和材料类别，在材料主轴方向上的正应力要么为正，要么为负，即存在三个破坏指标，其中任何一个大于 1，就表示会发生破坏。F. I. 1>1 表示发生沿纤维方向的破坏，F. I. 2 >1 表示发生垂直于纤维方向(常称为横方向)的破坏，F. I. 12>1 表示发生在 1-2 方向上的剪切破坏。需要再次强调的是，最大应力准则与材料力学中的最大主应力理论没有任何关联，二者具有完全不同的内涵。

2. 最大应变准则(maximum strain criterion)

最大应变准则与最大应力准则相似，只是将各应力分量换成应变分量，相应的强度指标换成极限应变值，即

$$
\begin{cases}
\varepsilon_1 < \varepsilon_{1t} & (拉伸) \\
\varepsilon_2 < \varepsilon_{2t} & (拉伸) \\
|\varepsilon_1| < \varepsilon_{1c} & (压缩) \\
|\varepsilon_2| < \varepsilon_{2c} & (压缩) \\
|\gamma_{12}| < \gamma_{12}^{u} & (剪切)
\end{cases}
\tag{3.3}
$$

式中：ε_{1t}，ε_{1c}分别是沿纤维方向的拉伸和压缩极限应变(绝对值)；ε_{2t}，ε_{2c}分别是横方向上的拉伸和压缩极限应变(绝对值)；γ_{12}^{u}是剪切极限应变(绝对值)。式(3.3)中只要有一个不成立，材料就将发生破坏。最大应变准则也不考虑破坏模式之间的相互作用。需要指出的是，在某个方向的应力分量为零时，由于泊松效应，该方向的应变分量可以不等于零。

3. 蔡-希尔(Tsai-Hill)准则

该准则考虑材料中各应力分量之间的相互影响，材料不发生破坏的条件是

$$
\text{F. I.} = \left(\frac{\sigma_1}{X}\right)^2 + \left(\frac{\sigma_2}{Y}\right)^2 + \left(\frac{\tau_{12}}{S}\right)^2 - \frac{\sigma_1}{X}\frac{\sigma_2}{X} < 1 \tag{3.4}
$$

破坏指标 F. I. $=1$ 表示材料处于破坏的临界状态，F. I. <1 表示尚未发生破坏，F. I. >1 表示已发生破坏。在小于1的范围内，这个值越接近于1，说明材料越接近破坏。当 σ_1 为拉应力时，对应分母处取 $X=X_t$，否则取 $X=X_c$。同样，当 σ_2 为拉应力时，对应处的 X 或 Y 取拉伸强度指标，反之取压缩强度指标。两个正应力分量同符号时，交互作用项对破坏指标的贡献为负，反之，贡献为正。

与最大应力准则不同，在 Tsai-Hill 准则中，考虑各个应力分量的综合影响，统一定义了一个破坏指标 F. I.，即式(3.4)的左端。应用该准则时，只能判定是否发生破坏，而不能判定发生了何种形式的破坏。由于考虑了应力分量的相互影响，基于最大应力准则判定不破坏的情形，也可能满足 Tsai-Hill 破坏条件。还有一点要说明的是，该准则原则上只适用于 $X_t=X_c$，$Y_t=Y_c$ 的情形。

4. 霍夫曼(Hoffman)准则

根据该准则，材料不发生破坏的条件是

$$
\text{F. I.} = F_1\sigma_1 + F_2\sigma_2 + F_{11}\sigma_1^2 + F_{22}\sigma_2^2 + F_{66}\tau_{12}^2 + 2F_{12}\sigma_1\sigma_2 < 1 \tag{3.5}
$$

其中，各强度参数由强度指标按以下各式确定：

$$
F_1 = \frac{1}{X_t} - \frac{1}{X_c}, \quad F_2 = \frac{1}{Y_t} - \frac{1}{Y_c}, \quad F_{11} = \frac{1}{X_t X_c}
$$

$$
F_{22} = \frac{1}{Y_t Y_c}, \quad F_{66} = \frac{1}{S^2}, \quad F_{12} = -\frac{1}{2X_t X_c}
$$

与 Tsai-Hill 准则类似，该准则也考虑了应力分量之间的相互作用。不同之处在于，该准则从根本上考虑了拉伸强度与压缩强度的区别。

5. 蔡-吴(Tsai-Wu)应力准则

在形式上 Tsai-Wu 应力准则和 Hoffman 准则是完全一样的，即材料不发生破坏

的条件是

$$\text{F. I.}=F_1\sigma_1+F_2\sigma_2+F_{11}\sigma_1^2+F_{22}\sigma_2^2+F_{66}\tau_{12}^2+2F_{12}\sigma_1\sigma_2<1 \tag{3.6}$$

在六个强度参数中,前面五个参数和式(3.5)中的定义一样,只是 F_{12} 的定义有变化:

$$F_{12}=\frac{F_{12}^*}{\sqrt{X_tX_cY_tY_c}} \tag{3.7}$$

系数 F_{12}^* 的值在$-1\sim1$之间,一般取为$-1/2$。

例 3.1 某碳/环氧复合材料单层板受面内载荷作用,如图 3-3 所示,利用 Tsai-Hill 准则判断该板是否发生破坏,如果发生破坏,会是什么破坏模式。已知 $E_1=140$ GPa,$E_2=10$ GPa,$G_{12}=5$ GPa,$\mu_{12}=0.3$,$X_t=1500$ MPa,$X_c=1200$ MPa,$Y_t=50$ MPa,$Y_c=250$ MPa,$S=70$ MPa。

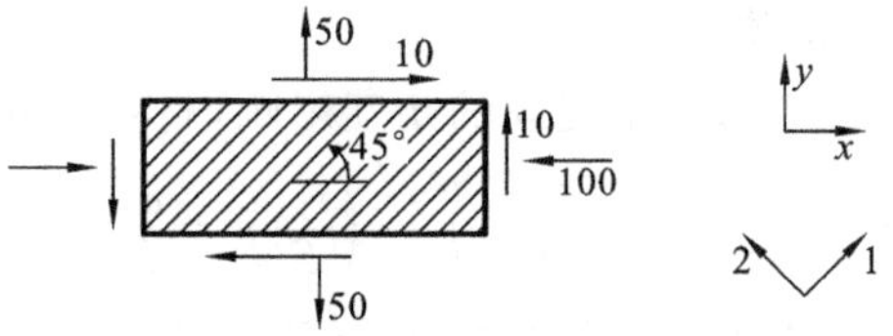

图 3-3 单层板受面内载荷作用(单位:MPa)

解 首先求出在材料主轴方向上的应力分量。因 $\theta=45°$,$m^2=n^2=mn=0.5$,根据应力的坐标变换关系,有

$$\begin{bmatrix}\sigma_1\\\sigma_2\\\tau_{12}\end{bmatrix}=\begin{bmatrix}0.5&0.5&1\\0.5&0.5&-1\\-0.5&0.5&0\end{bmatrix}\begin{bmatrix}-100\\50\\10\end{bmatrix}\text{MPa}=\begin{bmatrix}-15\\-35\\75\end{bmatrix}\text{MPa}$$

由 Tsai-Hill 准则,得到破坏指标为

$$\begin{aligned}\text{F. I.}&=\left(\frac{\sigma_1}{X_c}\right)^2+\left(\frac{\sigma_2}{Y_c}\right)^2+\left(\frac{\tau_{12}}{S}\right)^2-\frac{\sigma_1}{X_c}\frac{\sigma_2}{X_c}\\&=\left(\frac{-15}{1200}\right)^2+\left(\frac{-35}{250}\right)^2+\left(\frac{75}{70}\right)^2-\left(\frac{-15}{1200}\right)\left(\frac{-35}{1200}\right)=1.17>1\end{aligned}$$

所以,该板将发生破坏。为判断破坏模式,需要进一步由最大应力准则计算各个方向对应的破坏指标。结果如下:

$$\text{F. I. }1=15/1200=0.0125$$

$$\text{F. I. }2=35/250=0.14$$

$$\text{F. I. }12=75/70=1.07$$

因此,破坏模式为面内剪切破坏。

例 3.2 单层板受 σ_x 作用,如图 3-4 所示,材料性能参数与例 3.1 相同。按 Tsai-Hill 准则和 Tsai-Wu 准则,求 σ_x 的临界值,并作图示出临界值相对 θ 的变化规律。

解 首先由坐标变换,求材料主轴方向的应力分量,即

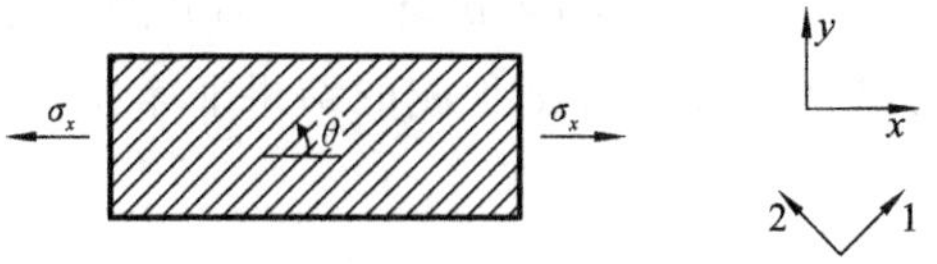

图 3-4　偏轴拉伸

$$\sigma_1=\sigma_x\cos^2\theta$$

$$\sigma_2=\sigma_x\sin^2\theta$$

$$\tau_{12}=-\sigma_x\cos\theta\sin\theta$$

当 θ 在 0°～90°之间变化时，σ_1 和 σ_2 均为正值，所以，由 Tsai-Hill 准则，得

$$\left(\frac{\sigma_1}{X_t}\right)^2+\left(\frac{\sigma_2}{Y_t}\right)^2+\left(\frac{\tau_{12}}{S}\right)^2-\left(\frac{\sigma_1}{X_t}\right)\left(\frac{\sigma_2}{X_t}\right)=1$$

将应力分量 $\sigma_1,\sigma_2,\tau_{12}$ 以及强度指标 X_t,Y_t,S 的值代入，并进行整理后，得

$$\sigma_x^2=1\bigg/\left(\frac{\cos^4\theta}{1500^2}+\frac{\sin^4\theta}{50^2}+\frac{\cos^2\theta\sin^2\theta}{70^2}-\frac{\cos^2\theta\sin^2\theta}{1500^2}\right)$$

这就是临界应力随 θ 变化的规律。

为了应用 Tsai-Wu 准则，首先计算各个强度参数，其结果为

$$F_1=\frac{1}{X_t}-\frac{1}{X_c}=\left(\frac{1}{1500}-\frac{1}{1200}\right)\ \mathrm{MPa}^{-1}=-1.67\times10^{-4}\ \mathrm{MPa}^{-1}$$

$$F_2=\frac{1}{Y_t}-\frac{1}{Y_c}=\left(\frac{1}{50}-\frac{1}{250}\right)\ \mathrm{MPa}^{-1}=1.60\times10^{-2}\ \mathrm{MPa}^{-1}$$

$$F_{11}=\frac{1}{X_tX_c}=\frac{1}{1500\times1200}\ \mathrm{MPa}^{-2}=5.56\times10^{-7}\ \mathrm{MPa}^{-2}$$

$$F_{22}=\frac{1}{Y_tY_c}=\frac{1}{50\times250}\ \mathrm{MPa}^{-2}=8.00\times10^{-5}\ \mathrm{MPa}^{-2}$$

$$F_{66}=\frac{1}{S^2}=\frac{1}{70^2}\ \mathrm{MPa}^{-2}=2.04\times10^{-4}\ \mathrm{MPa}^{-2}$$

$$F_{12}=-\frac{0.5}{\sqrt{1500\times1200\times50\times250}}\ \mathrm{MPa}^{-2}=-3.33\times10^{-6}\ \mathrm{MPa}^{-2}$$

将 $\sigma_1,\sigma_2,\tau_{12}$ 的表达式以及上面求得的各强度参数代入 Tsai-Wu 准则，令破坏指标刚好等于 1，即

$$F_1\sigma_1+F_2\sigma_2+F_{11}\sigma_1^2+F_{22}\sigma_2^2+F_{66}\tau_{12}{}^2+2F_{12}\sigma_1\sigma_2=1$$

整理后得

$$\begin{aligned}&\sigma_x(-1.67\times10^{-4}\cos^2\theta+1.60\times10^{-2}\sin^2\theta)\\&+\sigma_x^2(5.56\times10^{-7}\cos^4\theta+8.00\times10^{-5}\sin^4\theta\\&+1.97\times10^{-4}\cos^2\theta\sin^2\theta)-1=0\end{aligned}$$

对于每个确定的 θ，求解上面的二次方程，可以得到临界应力 σ_x。

由两种破坏准则计算所得的结果如图 3-5 所示。当 $\theta=0°$ 和 90°时，临界应力分

别对应于 X_t 和 Y_t。当 θ 偏离 0°时，临界破坏应力随 θ 的增加急剧下降。该图还表明，采用 Tsai-Hill 准则和 Tsai-Wu 准则预测的结果非常接近，但前者应用起来要简便一些。

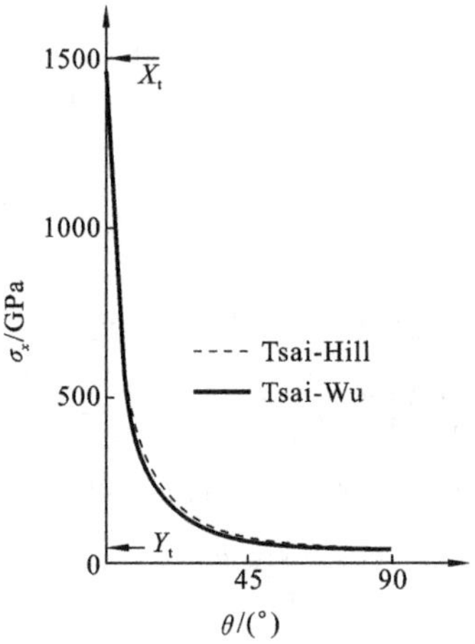

图 3-5　偏轴拉伸破坏应力

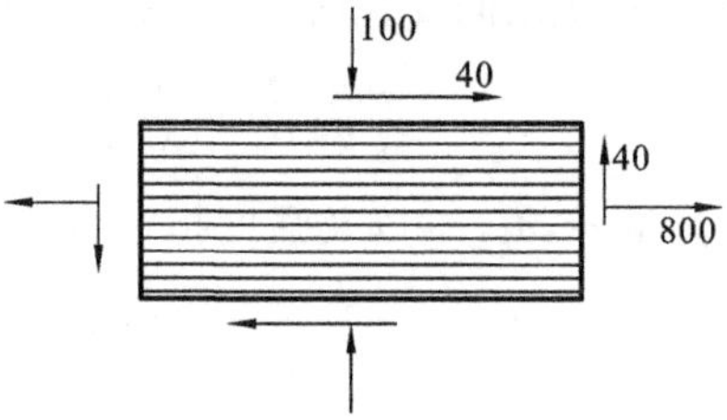

图 3-6　单层板受力状态(单位:MPa)

例 3.3　碳/环氧复合材料单层板受到面内应力作用，如图 3-6 所示，材料性能参数为：$E_1=140$ GPa，$E_2=10$ GPa，$G_{12}=5$ GPa，$\mu_{12}=0.3$，$X_t=1500$ MPa，$X_c=1200$ MPa，$Y_t=50$ MPa，$Y_c=250$ MPa，$S=70$ MPa，$\varepsilon_{1t}=1.05\%$，$\varepsilon_{1c}=0.85\%$，$\varepsilon_{2t}=0.5\%$，$\varepsilon_{2c}=2.5\%$，$\gamma_{12}^u=1.4\%$。分别应用最大应力准则、最大应变准则、Tsai-Hill 准则和 Tsai-Wu 应力准则，计算其破坏指标。

解　求得折减刚度系数矩阵和柔度系数矩阵分别为

$$\boldsymbol{Q}=\begin{bmatrix}140.9 & 3.0 & 0\\ 3.0 & 10.1 & 0\\ 0 & 0 & 5.0\end{bmatrix}\text{ GPa},\quad \boldsymbol{S}=\begin{bmatrix}7.1 & -2.1 & 0\\ -2.1 & 100.0 & 0\\ 0 & 0 & 200\end{bmatrix}\times 10^{-3}\text{ GPa}^{-1}$$

根据受力状态和柔度系数矩阵，求出在材料主轴方向上的应变如下：

$$\begin{bmatrix}\varepsilon_1\\ \varepsilon_2\\ \gamma_{12}\end{bmatrix}=\boldsymbol{S}\begin{bmatrix}800\\ -100\\ 40\end{bmatrix}=\begin{bmatrix}5890\\ -11680\\ 8000\end{bmatrix}\times 10^{-6}$$

Tsai-Wu 准则中各强度参数为

$$F_1=\frac{1}{X_t}-\frac{1}{X_c}=\left(\frac{1}{1500}-\frac{1}{1200}\right)\text{ MPa}^{-1}=-1.67\times 10^{-4}\text{ MPa}^{-1}$$

$$F_2=\frac{1}{Y_t}-\frac{1}{Y_c}=\left(\frac{1}{50}-\frac{1}{250}\right)\text{ MPa}^{-1}=1.60\times 10^{-2}\text{ MPa}^{-1}$$

$$F_{11}=\frac{1}{X_tX_c}=\frac{1}{1500\times 1200}\text{ MPa}^{-2}=5.56\times 10^{-7}\text{ MPa}^{-2}$$

$$F_{22}=\frac{1}{Y_tY_c}=\frac{1}{50\times250}\ \text{MPa}^{-2}=8.00\times10^{-5}\ \text{MPa}^{-2}$$

$$F_{66}=\frac{1}{S^2}=\frac{1}{70^2}\ \text{MPa}^{-2}=2.04\times10^{-4}\ \text{MPa}^{-2}$$

$$F_{12}=-\frac{0.5}{\sqrt{1500\times1200\times50\times250}}\ \text{MPa}^{-2}=-3.33\times10^{-6}\ \text{MPa}^{-2}$$

（1）求最大应力准则下的破坏指标。

$$\text{F. I. }1=800/1500=0.53,\quad \text{F. I. }2=100/250=0.40,\quad \text{F. I. }12=40/70=0.57$$

（2）求最大应变准则下的破坏指标。

$$\text{F. I. }1=5890\times10^{-6}/0.0105=0.56,\quad \text{F. I. }2=11680\times10^{-6}/0.025=0.47$$

$$\text{F. I. }12=8000\times10^{-6}/0.014=0.57$$

（3）求 Tsai-Hill 准则下的破坏指标。

$$\text{F. I.}=(800/1500)^2+(-100/250)^2+(40/70)^2-(800/1500)(-100/1200)=0.82$$

（4）求 Tsai-Wu 应力准则下的破坏指标。

$$\begin{aligned}\text{F. I.}&=-1.67\times10^{-4}\times800+1.6\times10^{-2}\times(-100)\\&\quad+5.56\times10^{-7}\times800^2+8.00\times10^{-5}\times(-100)^2\\&\quad+2.04\times10^{-4}\times40^2+2\times(-3.33)\times10^{-6}\times800\times(-100)\\&=0.28\end{aligned}$$

由上面的例子可以看出，根据不同的强度准则，得出的结果有很大差别。在 3.4 节中将对如何选取合适的强度准则做简要讨论。

3.3　正剪切和负剪切

图 3-7(a)所示为单层板受正剪切作用，即 θ 和 τ_{xy} 均为正的情况。图 3-8(a)所示为单层板受负剪切作用，即 θ 为正，但 τ_{xy} 为负的情况。正剪切和负剪切的作用效果是不相同的。在 $\theta=45°$的特殊情况下：正剪切相当于材料沿纤维方向受拉，而在与纤维垂直的方向上受压，如图 3-7(b)所示；负剪切相当于材料沿纤维方向受压，而在与纤维垂直的方向上受拉，如图 3-8(b)所示。对于第一种情形，复合材料恰好能够发挥其纤维方向拉伸强度大的特长。而对于负剪切作用，复合材料在横方向(基体方

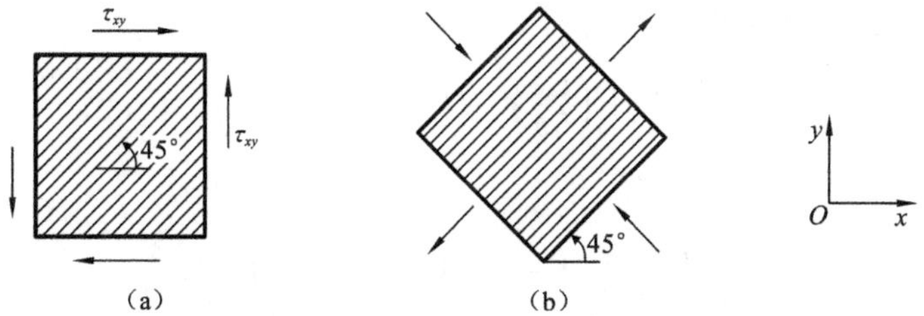

图 3-7　单层板受正剪切作用

向)上不得不承受拉伸应力作用,导致其强度大为降低。

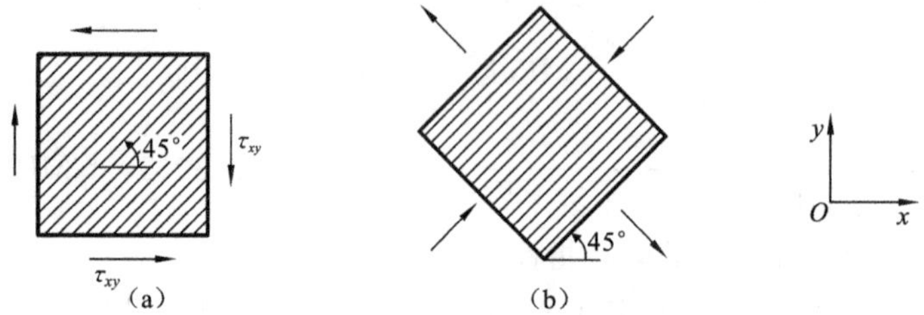

图 3-8　单层板受负剪切作用

若在材料主轴方向上分别存在正剪切和负剪切作用,则这两种剪切作用对复合材料的强度没有影响。其原因请读者自行思考。

例 3.4　对图 3-7 和图 3-8 所示的正、负剪切作用,由 Tsai-Hill 准则,分别确定临界剪切应力 τ_{xy}。单层板性能与例 3.1 相同。

解　对于正剪切的情况,当 $\theta=45°$时,材料在主轴方向上的应力分量为

$$\begin{cases}\sigma_1=\tau_{xy}\\ \sigma_2=-\tau_{xy}\\ \tau_{12}=0\end{cases}$$

根据 Tsai-Hill 准则,有

$$\left(\frac{\tau_{xy}}{1500}\right)^2+\left(\frac{-\tau_{xy}}{250}\right)^2+0-\left(\frac{\tau_{xy}}{1500}\right)\left(\frac{-\tau_{xy}}{1200}\right)=1$$

即

$$\tau_{xy}^2\left(\frac{1}{1500^2}+\frac{1}{250^2}+\frac{1}{1500\times1200}\right)=1$$

解得临界剪应力为

$$\tau_{xy}=242.5\ \text{MPa}$$

对于负剪切的情况,有

$$\begin{cases}\sigma_1=-\tau_{xy}\\ \sigma_2=\tau_{xy}\\ \tau_{12}=0\end{cases}$$

同样由 Tsai-Hill 准则可得

$$\left(\frac{-\tau_{xy}}{1200}\right)^2+\left(\frac{\tau_{xy}}{50}\right)^2-\left(\frac{-\tau_{xy}}{1200}\right)\left(\frac{\tau_{xy}}{1500}\right)=1$$

即

$$\tau_{xy}^2\left(\frac{1}{1200^2}+\frac{1}{50^2}+\frac{1}{1200\times1500}\right)=1$$

解得临界剪应力为

$$\tau_{xy}=49.9\ \text{MPa}$$

可见材料在负剪切作用下的强度大大低于其在正剪切作用下的强度。

如果应用最大应力准则，则正、负剪切作用下的临界应力值分别为 250 MPa、50 MPa，与应用 Tsai-Hill 准则的预测结果十分接近。

3.4　强度准则的选取原则

前面介绍了几种常见的强度准则。对于一般平面应力状态下的复合材料单层板，目前还没有哪一种强度准则适用于所有情况下的强度分析。试验数据也表明：一方面，某种强度准则对某一类型的复合材料可以给出满意的结果，但不能保证该准则同样适用于其他类型的材料；另一方面，对于特定的应力状态适用的某种强度准则，在应力状态发生改变后可能不再适用，即由该准则可能会得出不太精确的预测结果。

通常情况下，应用最大应力准则或最大应变准则是比较简便的。这两个准则既可以用来判定破坏发生与否，又可在破坏发生或将要发生的情况下，用来确定破坏发生的模式。即要么是沿纤维方向的拉、压破坏，要么是横方向上的拉、压破坏，或是 1-2 方向上的剪切破坏。如果破坏条件满足，则判定已发生破坏。若破坏条件不满足，则需要利用其他的考虑应力相互作用的准则进行判定。这是因为，即使单个方向上的应力分量均不超过相应的强度指标，它们共同的效果也有可能使其他强度准则中的破坏指标等于或大于 1。

由最大应力准则或最大应变准则计算的破坏指标与载荷是成比例的，而由其他准则计算所得的破坏指标与载荷则没有这种关系。

最后需指出的是，应用强度准则进行强度分析所需的五个强度指标 X_t，X_c，Y_t，Y_c 以及 S 的值是在特定条件下由试验测得的。复合材料的强度与工作环境密切相关，某些复合材料单层板的强度在特定的温度、湿度条件下将降低。为了考虑这种影响，需要分析湿热环境对强度的影响效果（参见第 6 章），同时还应该引入必要的安全系数，以保障复合材料结构的安全。

3.5　单向复合材料力学性能的试验测定

1. 拉伸与剪切性能

通过设计各种拉伸试验，可以对复合材料的下列力学性能参数进行测定：E_1，E_2，μ_{12}，μ_{21}，G_{12}，X_t，Y_t，S，ε_{1t}，ε_{2t}，γ_{12}^u。其中 ε_{1t}，ε_{2t}和 γ_{12}^u分别是纵向极限应变、横向极限应变和极限剪应变。

表 3-3 所示是三种试样的规格。试样两端粘贴上用较软的材料（如玻璃纤维增强复合材料）做成的矩形衬垫，便于拉伸加载。试样形状如图 3-9 所示。为记录试样的应变，在试样表面中央沿纵向和横向粘贴电阻应变片。试验结果如图 3-10 至图 3-12 所示。各材料参数的定义如下：

表 3-3　拉伸试样的规格

铺设方式	宽度 W/mm	层　数	长度 L/mm
0°	12.7	6～8	229
90°	25.4	8～16	229
$[45°/-45°]_{2s}$	25.4	8	229

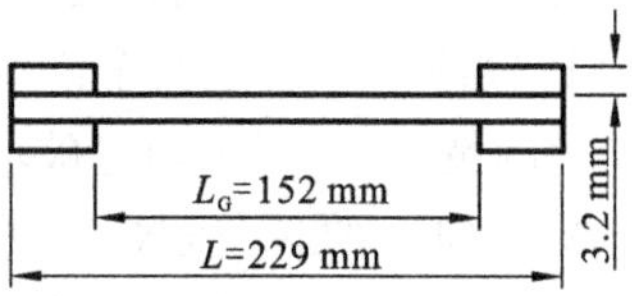

图 3-9　拉伸试样的形状

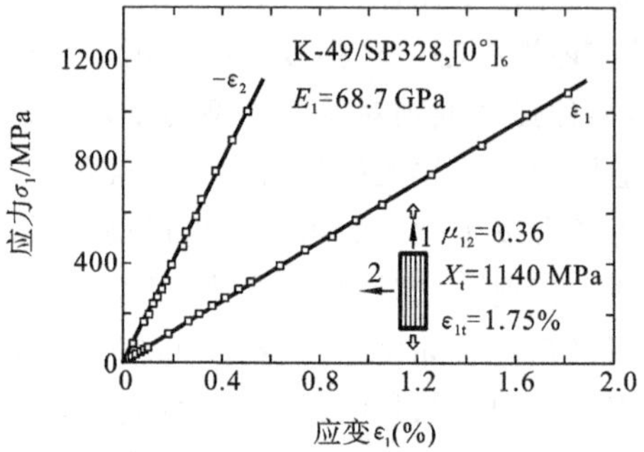

图 3-10　$[0°]_6$ 芳纶/环氧复合材料试样的拉伸曲线

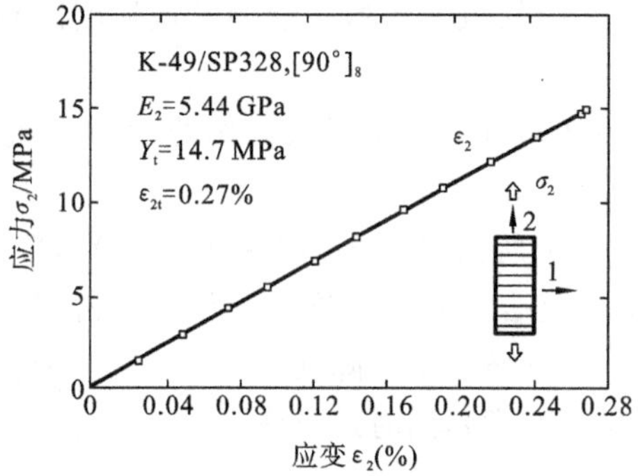

图 3-11　$[90°]_8$ 芳纶/环氧复合材料试样的拉伸曲线

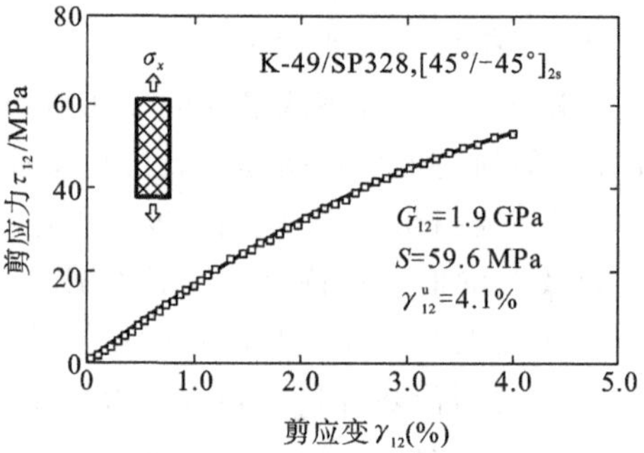

图 3-12　$[45°/-45°]_{2s}$ 芳纶/环氧复合材料试样的拉伸曲线

E_1——σ_1-ε_1 曲线的初始斜率；

μ_{12}——纵向拉伸时的应变比，$\mu_{12}=-\varepsilon_2/\varepsilon_1$；

E_2——σ_2-ε_2 曲线的初始斜率；

μ_{21}——横向拉伸时的应变比，$\mu_{21}=-\varepsilon_1/\varepsilon_2$；

G_{12}——τ_{12}-γ_{12} 曲线的初始斜率。

剪切性能的确定需要利用特殊的铺层结构的层合板试样。由层合板理论(参见第 4 章)知，对$[45°/-45°]_{2s}$层合板试样进行单向拉伸时，45°层或−45°层在其主轴方向上的剪应力和剪应变，由层合板整体坐标系(载荷坐标系)下的应力应变按以下公式求得(参照习题 5.1)：

$$\begin{cases}\tau_{12}=\sigma_x/2\\ \gamma_{12}=|\varepsilon_x|+|\varepsilon_y|\end{cases}\tag{3.8}$$

利用上面的关系，将试验结果进行整理可得到图 3-12 所示的 τ_{12}-γ_{12} 曲线，由此确定 G_{12}，S 和 γ_{12}^{u}。

2. 压缩性能

单层板沿纤维方向受压时，随载荷的增大，在试样的小范围内将发生纤维的局部屈曲而导致破坏，如图 3-13 所示。单层板横向受压时的破坏形式为剪切型断裂，它是由纤维和基体的界面发生脱胶或基体内的裂纹合并造成的。图 3-14 是横向受压剪切破坏的示意图。

通过压缩试验可测量压缩弹性模量 E_{1c}，E_{2c}，压缩极限应变 ε_{1c}，ε_{2c} 等力学性能。由于载荷易发生偏心，试件易失稳及端部易破坏等，压缩试验在技术上不如拉伸试验完备，容易发生结果不稳定的情形。压缩试验采用特制的夹具，试样采用短标距试样，如图 3-15 所示。图 3-16 和图 3-17 所示是压缩曲线的例子。对比同一材料的拉伸与压缩曲线可知，芳纶/环氧复合材料的拉、压弹性模量有相近的值，但压缩强度大大低于拉伸强度。

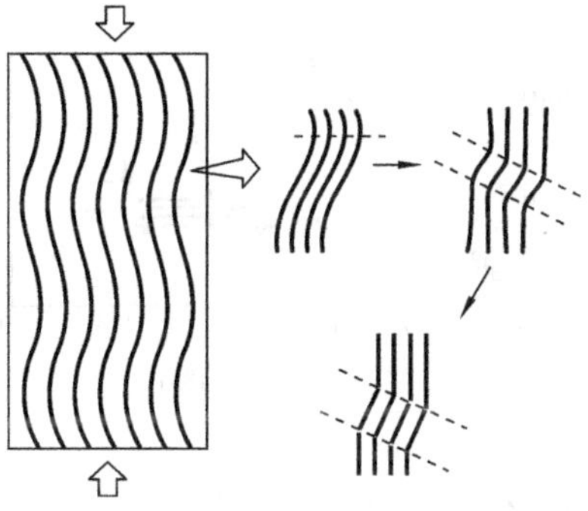

图 3-13　沿纤维方向受压引起局部屈曲

图 3-14　横向受压发生剪切破坏

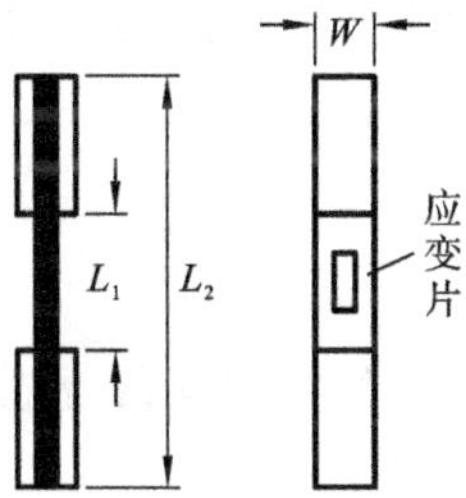

L_1/mm	L_2/mm	W/mm
12.7±1	127±1.5	12.7±0.1 或 6.4±0.1

图 3-15　压缩试样的形状

3. 弯曲性能

采用简支梁三点加载可以测定单向复合材料的弯曲弹性模量和抗弯强度。图 3-18(a)所示为梁试件的加载示意图。跨距与梁的厚度之比(L/H)不小于 32，以保证

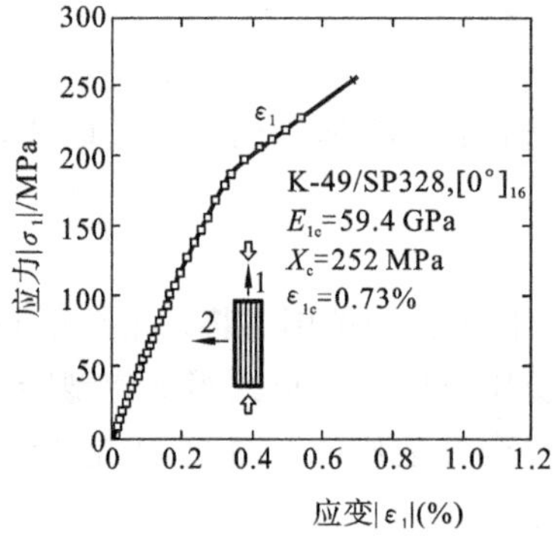

图 3-16　$[0°]_{16}$芳纶/环氧复合材料试样的压缩曲线

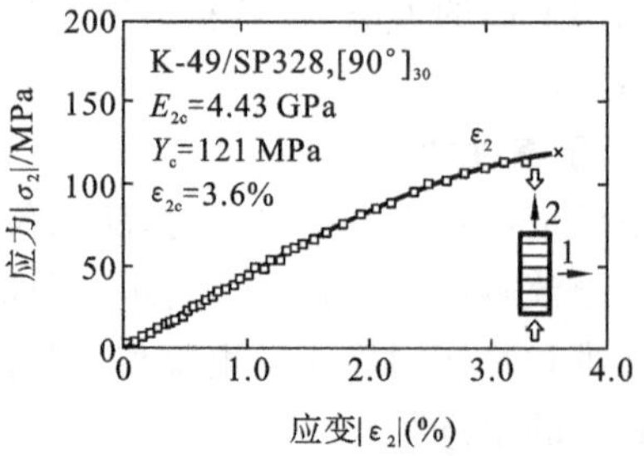

图 3-17　$[90°]_{30}$芳纶/环氧复合材料试样的压缩曲线

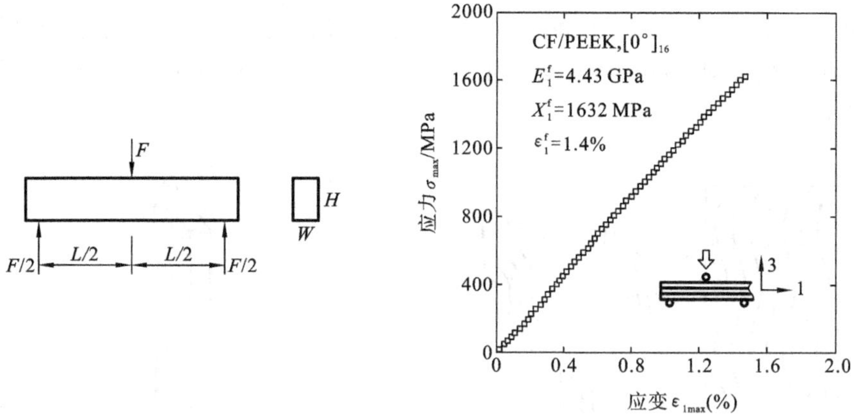

(a)　　(b)

图 3-18　碳/聚醚醚酮$[0°]_{16}$复合材料三点弯曲试验结果

梁的破坏发生在最外层纤维上。

多数材料的拉压弹性模量近似相等,因此由梁的弯曲理论知,最大应力发生在中央截面的最外层,由下式计算:

$$\sigma_{\max}=\frac{MH}{2I}=\frac{3FL}{2WH^2} \tag{3.9}$$

式中:M 是中央截面的弯矩,$M=\frac{FL}{4}$;W 和 H 分别是截面的宽和高;I 是截面对中性轴的惯性矩,$I=\frac{WH^3}{12}$。

通过弯曲试验得到的应力应变关系如图 3-18(b)所示。应力按式(3.9)求得,应变由粘贴在梁中央截面的应变片的读数而得。由图 3-18(b)可直接得到弯曲模量 E_1^f($E_1^f=\sigma_{\max}/\varepsilon$),以及弯曲强度 X_1^f 和极限弯曲应变 ε_1^f。由弯曲试验得到的强度值通常高于由拉伸试验得到的拉伸强度值。

在没有粘贴应变片的情况下，由载荷 F 与中央截面挠度 δ 的关系也可以求得弯曲模量，计算公式为

$$E_1^{\mathrm{f}}=\frac{FL^3}{48I\delta}=\frac{FL^3}{4WH^3\delta} \tag{3.10}$$

4. 几种纤维复合材料的性能

图 3-19 至图 3-24 所示是碳/环氧(T300/N5208)复合材料在各种加载条件下的应力应变曲线。图 3-19 和图 3-20 对应于沿纤维方向发生拉伸和压缩的情况，材料性能由纤维控制，应力应变关系呈线性。如图 3-21 所示，剪切时的应力应变关系呈非线性，材料性能由基体控制。横向拉伸时，强度和断裂应变很小，如图 3-22 所示，横向拉伸时的应力应变关系呈线性。横向压缩时，应变较大。如图3-23 所

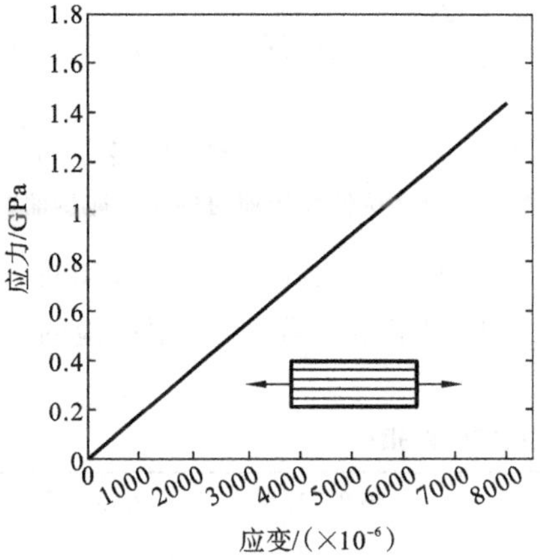

图 3-19　碳/环氧复合材料纵向拉伸时的应力应变曲线

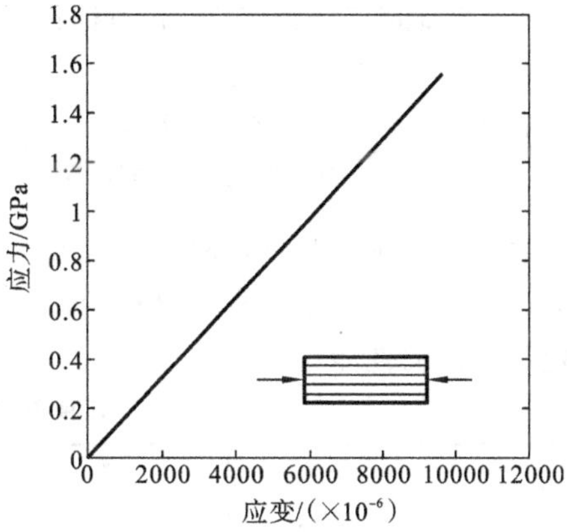

图 3-20　碳/环氧复合材料纵向压缩时的应力应变曲线

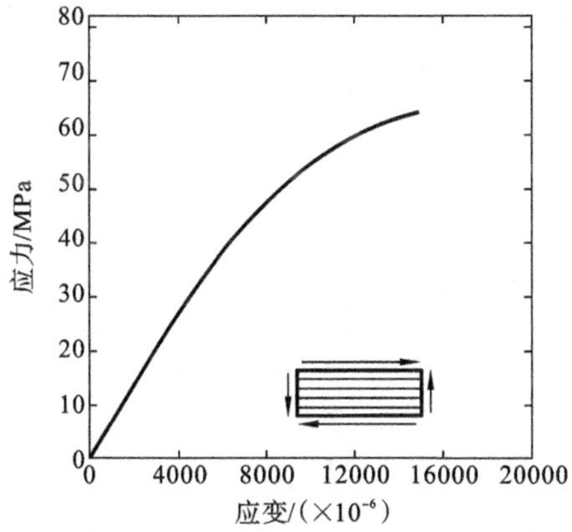

图 3-21　碳/环氧复合材料剪切时的应力应变曲线

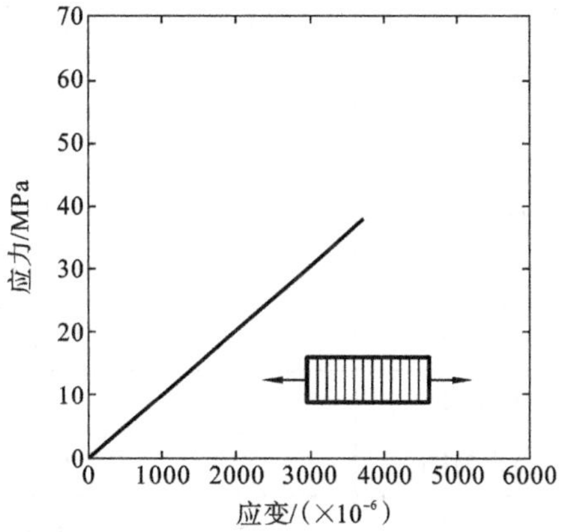

图 3-22　碳/环氧复合材料横向拉伸时的应力应变曲线

示,横向压缩时的应力应变关系呈非线性。角铺设层合板拉伸和压缩时的应力应变关系(见图 3-24)均呈非线性,因加载方向与纤维方向不一致,材料响应受基体性能控制。

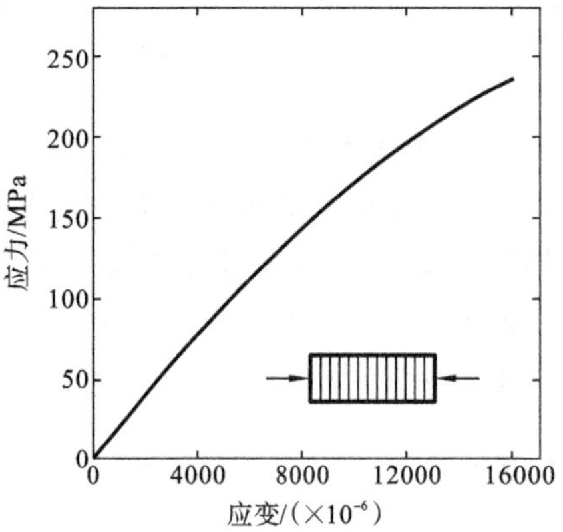

图 3-23　碳/环氧复合材料横向压缩时的应力应变曲线

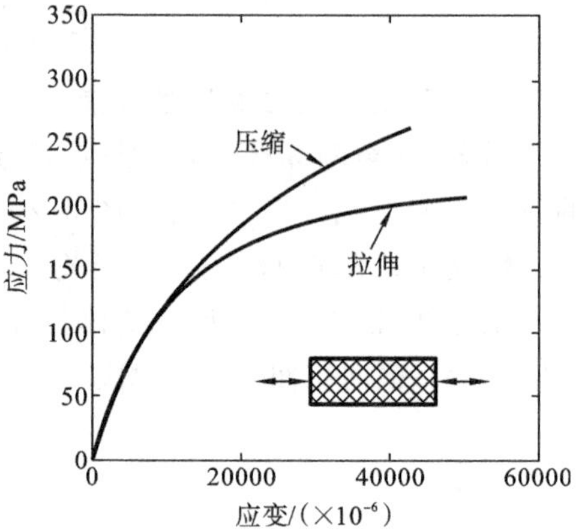

图 3-24　[45°/−45°]碳/环氧复合材料拉伸和压缩时的应力应变曲线

表 3-4 所示为几种(商用)单向复合材料的性能指标(Agarwal et al.,2006),可作为设计分析的参考。实际材料的性能依赖于成型加工条件等,需要用试验的方法测定其准确的性能参数。

表 3-4　几种单向复合材料的性能指标

材　　料	碳/环氧 (T300/N5208)	碳/环氧 (AS/H3501)	硼/环氧 (B4/N5505)	玻璃/环氧 (E 型玻璃/环氧)	芳纶/环氧 (Kevlar49/环氧)
V_f	0.70	0.66	0.50	0.45	0.60
$\rho/(g/cm^3)$	1.60	1.60	2.00	1.80	1.46
E_1/GPa	181.0	138.0	204.0	38.6	76.0
E_2/GPa	10.30	8.96	18.50	8.27	5.50
μ_{12}	0.28	0.30	0.23	0.26	0.34
G_{12}/GPa	7.17	7.10	5.59	4.14	2.30
X_2/MPa	1500	1447	1260	1062	1400
X_c/MPa	1500	1447	2500	610	235
Y_2/MPa	40	51.7	61	31	12
Y_c/MPa	246	206	202	118	53
S/MPa	68	93	67	72	34
$\alpha_1/(\times 10^{-6}\ K^{-1})$	0.02	−0.3	6.10	8.60	−4.00

续表

材　　料	碳/环氧 (T300/N5208)	碳/环氧 (AS/H3501)	硼/环氧 (B4/N5505)	玻璃/环氧 (E型玻璃/环氧)	芳纶/环氧 (Kevlar49/环氧)
$\alpha_2/(\times10^{-6}\ K^{-1})$	22.5	28.1	30.30	22.10	79.0
β_1	0	0	0	0	0
β_2	0.6	0.4	0.6	0.6	0.6

3.6　复合材料单层板强度分析的细观力学方法

3.5 节简要介绍了测定单向复合材料弹性常数和几种强度指标的试验方法。有关复合材料单层板弹性性能的分析和预测，在 2.6 节中也已经进行了讨论。以下介绍由纤维和基体的强度性能来预测复合材料强度的方法，以及单向复合材料典型的破坏模式和破坏原因。

1. 复合材料单层板在 1 方向上的强度分析

复合材料单层板沿纤维方向受拉时，纤维或基体会发生断裂，断面与拉应力相垂直。设基体和纤维均是脆性材料，在线弹性范围内，它们承担的应力与各自的弹性模量成比例。复合材料中的平均应力写为

$$\sigma_1=V_f\sigma_f+(1-V_f)\sigma_m=V_fE_f\varepsilon+(1-V_f)E_m\varepsilon \tag{3.11}$$

$$\varepsilon=\varepsilon_f=\varepsilon_m \tag{3.12}$$

式中：V_f 是纤维的体积分数；σ_f，σ_m 分别表示纤维和基体的应力；ε 是单层板的应变。

设基体和纤维的极限断裂应变分别为 ε_{mu} 和 ε_{fu}，则各自的极限应力（拉伸强度）分别为

$$\sigma_{fu}=E_f\varepsilon_{fu} \tag{3.13}$$

$$\sigma_{mu}=E_m\varepsilon_{mu} \tag{3.14}$$

这里假定纤维或基体始终均保持线弹性直至断裂。

考虑第一种情形，假设 $\varepsilon_{fu}<\varepsilon_{mu}$，则当复合材料的应变达到 ε_{fu} 时，材料将发生拉伸断裂。注意到在 1 方向上受拉时，复合材料单层板，以及其中的基体和纤维都具有相同的应变，由式(3.11)得

$$\sigma_{1u}=V_f\sigma_{fu}+(1-V_f)\sigma_m' \tag{3.15}$$

$$\sigma_m'=E_m\varepsilon_{fu} \tag{3.16}$$

式中：σ_m' 表示在纤维发生断裂的瞬间基体所承受的应力，如图 3-25(a)所示。一旦发生纤维断裂，复合材料就不能再继续承担载荷，应变即刻增大到基体的断裂应变，并发生整体破断，如图 3-25(a)中的水平段所示。值得指出的是，基体的弹性模量一般远小于纤维的弹性模量，因此 σ_m' 远小于 σ_{fu}，这样式(3.15)可以近似写为

$$\sigma_{1u}=V_f\sigma_{fu} \tag{3.17}$$

用式(3.17)得到的近似值与图 3-25(a)所示的水平段高度值相比，仅略微减小。

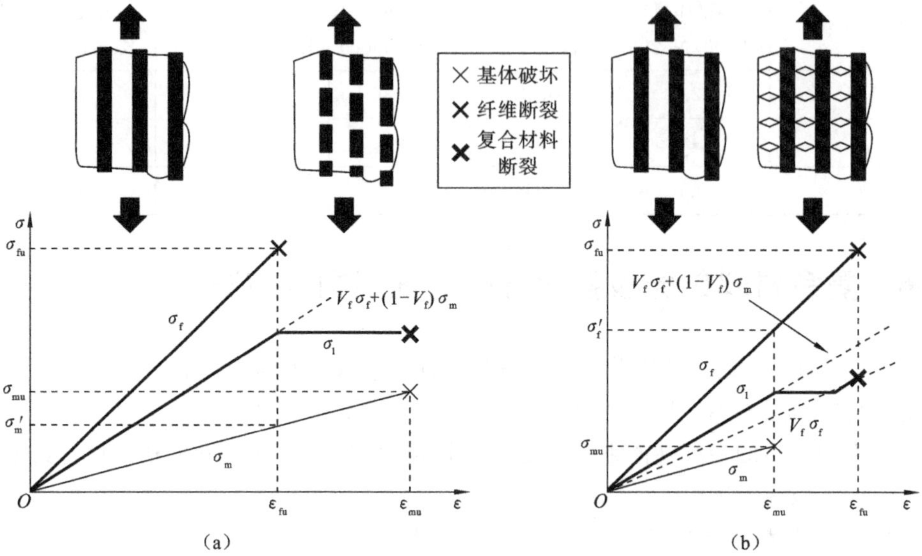

图 3-25　沿纤维方向的拉伸断裂

下面考虑 $\varepsilon_{mu}<\varepsilon_{fu}$ 的情况。当 $\varepsilon=\varepsilon_{mu}$ 时，基体首先发生破坏，在应力应变曲线上出现弯折点(knee)，如图 3-25(b)所示。之后，载荷或复合材料的平均应力出现一个平台段。在这个阶段，随着应变的增大，基体裂纹密度也增大，载荷不断由基体传向纤维。在平台段的末尾，基体裂纹密度达到饱和，载荷全部由纤维承担。应变继续增大到 $\varepsilon=\varepsilon_{fu}$ 时，发生最终断裂。因此，复合材料的强度为

$$\sigma_{1u}=V_f\sigma_{fu}$$

这一结果与式(3.17)相同。若纤维断裂在载荷传递之前就发生，则复合材料的强度为

$$\sigma_{1u}=V_f\sigma_f'+(1-V_f)\sigma_{mu} \tag{3.18}$$

$$\sigma_f'=E_f\varepsilon_{mu} \tag{3.19}$$

式中：σ_f' 是基体首先发生破坏的瞬间纤维所承担的应力。

2. 复合材料单层板纤维方向强度的影响因素

前面关于复合材料单层板在 1 方向上的强度分析和预测公式的推导，是建立在诸多假设的基础上的，包括一些隐含的假设。当有些假设与实际情况不相符时，会导致分析和预测结果不合理或不准确。复合材料强度和刚度的影响因素可以列举如下：① 纤维方向的偏离；② 纤维强度的分散性；③ 某些纤维的非连续性；④ 界面条件；⑤ 残余应力。

因复合材料在实际制作成型过程中存在工艺误差，会有某些纤维的方向偏离预定方向。复合材料中的纤维若偏离了载荷方向，则会直接改变纤维和基体之间的载荷分担情况，不能最大限度地发挥纤维的承载作用，导致复合材料在 1 方向上的刚度

和强度降低。降低的程度与偏离角度的大小和偏离的纤维数目有关。若只有极少量的纤维偏离载荷方向，则对刚度或强度的预测公式不需做修正。

纤维强度对复合材料的强度起着主导作用。纤维直径不完全相同，或表面处理工艺存在的差异，会导致纤维强度具有分散性，需要运用统计理论进行建模和分析。

复合材料沿纤维方向受力时，载荷是通过基体传递到纤维上的。若纤维长度远大于应力传递发生区域的尺寸，可以将纤维视作无限长的连续纤维，无须考虑端部效应，即连续纤维的应力沿着长度方向是一个常量。若存在非连续的纤维，其力学行为就不符合 2.6 节中的预测结果，如式(2.41)、式(2.42)，实际的纤维应力较小。因此，对式(2.41)中的 σ_f 和式(3.15)中的 V_f 需要进行修正。只有当非连续纤维的长度均大于某临界值，且不考虑纤维方向的偏离时，才可以不用修正。还需指出的是，非连续纤维的端部，或加载过程中发生纤维断裂的局部区域，由于应力集中会产生微裂纹，并出现应力的再分布。裂纹顺着纤维方向或在与纤维垂直的方向上都有可能扩展，前者会导致纤维与基体的界面剥离，后者会导致其他纤维的断裂。微裂纹发生在何处，以及沿着哪个方向扩展，都具有随机性，应基于适当的统计模型进行分析和预测。

纤维和基体的界面条件对复合材料的性能有很大影响。载荷由基体传向纤维，正是因为界面的作用。载荷通过界面传递的机理，在非连续纤维的情形下更为重要。界面条件决定了局部微裂纹(纤维断裂处)的扩展模式。界面强度高，则微裂纹不会顺着纤维方向扩展，载荷传递机理继续有效。纤维即使发生断裂，也仍然会在一定程度上发挥承载的作用。另一方面，要改善复合材料的断裂韧性，需要适当降低界面强度。

因复合材料的制作成型工艺特点，在组分材料内以及界面处会存在残余应力。由于纤维和基体材料的热膨胀系数不同，复合材料制作成型的环境温度和使用温度也不相同，复合材料一般存在残余热应力。各单层板作为一个整体，其热膨胀性能具有方向性。在层合板中，各单层板的铺设方向不相同，同样会导致单层板内以及层间的热应力。

3. 复合材料单层板破坏模式

沿纤维方向受拉时，复合材料的破坏表现为三种模式：① 纤维的脆性断裂(见图 3-26(a))；② 伴随纤维拔出的脆性断裂(见图 3-26(b))；③ 伴随界面脱黏或基体开裂的脆性断裂(见图 3-26(c))。是否出现纤维拔出现象，与界面强度以及载荷传递机理有关。

沿纤维方向受压时，复合材料的破坏也表现为三种模式：① 由泊松效应导致的与纤维垂直的方向上的拉伸破坏(见图 3-27(a))；② 纤维纵向屈曲(见图 3-27(b))，此时基体的变形主要表现为纤维方向的压缩应变，这种情况在纤维体积分数很小时才有可能发生；③ 剪切型屈曲(见图 3-27(c))，基体主要发生剪切变形，各纤维变形相互协调。其中以第三种破坏模式最为常见。

在横方向上受拉时，复合材料的破坏主要表现为基体断开，断面与载荷方向垂直。断面上可能伴随少部分的界面脱黏或纤维劈裂现象。

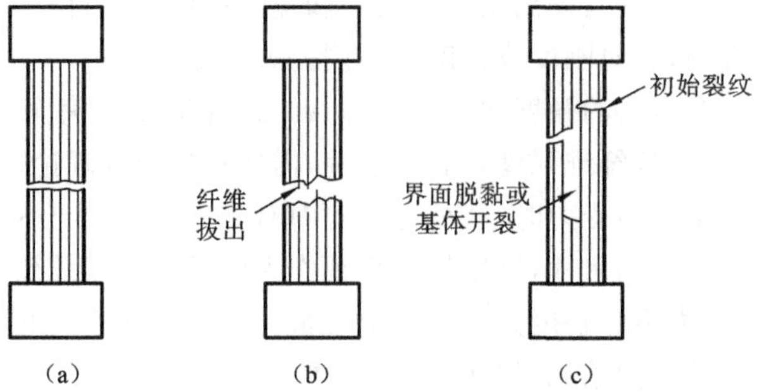

图 3-26　沿纤维方向拉伸时的破坏模式

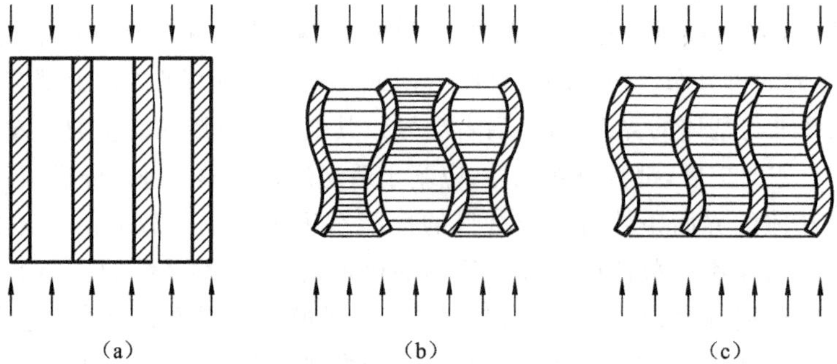

图 3-27　沿纤维方向压缩时的破坏模式

在横方向上受压时，表现为基体的剪切破坏，或伴随少许界面脱黏现象。断面与载荷方向大致成 45°，类似于脆性金属材料受压时的破坏模式。

在受到面内剪切作用时，复合材料的破坏主要表现为基体的剪切破坏。

3.7　短纤维复合材料的载荷传递理论

连续纤维复合材料的特点是，沿纤维方向有很高的强度和刚度，而在与纤维垂直方向上的刚度和强度都很低。若在实际使用环境中，各方向上都存在应力且大小相当，则单向复合材料就不是合理的选择，应选用由纤维方向不同的单层板叠合而成的层合板。层合板的缺点有：相邻的单层板方向不同，弹性性能不匹配，由此产生的层间应力容易引发层间破坏；其表层的横方向强度弱，容易形成破坏起点；耐蚀环境的问题未得到彻底解决；等等。随机分布短纤维复合材料具有各向同性，可以有效克服上述缺点。此外，单向短纤维复合材料虽然沿纤维方向的性能不及连续纤维复合材料，但具有加工成型方便、加工成本和材料成本较低等优点，在强度或刚度要求不高的场合应用较广。

本书讨论的主要对象是连续纤维（长纤维）复合材料。复合材料沿纤维方向受力时，载荷是通过基体传递到纤维上的。复合材料一旦发生局部的纤维断裂，出现非连续的纤维，则载荷传递机理和效果都将发生改变。此外，由于制作工艺等原因，复合材料在使用之前就可能存在非连续纤维。因此，研究短纤维复合材料的应力传递和分布，对于深入理解长纤维复合材料的破坏行为也是必要的。

以下介绍关于应力传递的近似理论——剪滞分析(shear lag analysis)理论。考虑图 3-28 中单元体在纤维方向上的平衡，有

$$\pi r^2 \sigma_f + 2\pi r \mathrm{d}z\tau = \pi r^2(\sigma_f + \mathrm{d}\sigma_f) \tag{3.20}$$

即

$$\frac{\mathrm{d}\sigma_f}{\mathrm{d}z} = \frac{2\tau}{r} \tag{3.21}$$

式(3.21)表明，纤维应力变化率与界面的剪应力成比例。将式(3.21)积分，得

$$\sigma_f = \sigma_{f0} + \frac{2}{r}\int_0^z \tau \mathrm{d}z \approx \frac{2}{r}\int_0^z \tau \mathrm{d}z \tag{3.22}$$

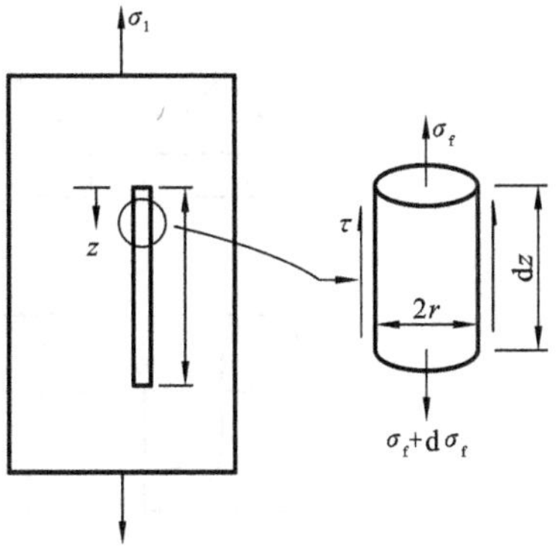

图 3-28　纤维单元体的平衡

式中：σ_{f0} 表示纤维端部的应力，多数情况下可以忽略。假定包围纤维的基体材料应力应变关系符合刚性-完全塑性假设，即剪应力恒等于其屈服应力 τ_y，则由式(3.22)可得出以下结果：

$$\sigma_f = \frac{2\tau_y z}{r} \tag{3.23}$$

最大应力发生在纤维长度的中间($z=l/2$)处，即

$$\sigma_{f\max} = \frac{\tau_y l}{r} \tag{3.24}$$

随着纤维长度的增加，最大应力增大，但不会超过承受应力相同、体积分数相等的连续纤维复合材料中的纤维应力，即(参见式(2.47))

$$\sigma_{f\max} = \frac{E_f}{E_1}\sigma_1 \tag{3.25}$$

纤维的载荷传递长度 l_t 定义为达到上述最大应力所需的最小纤维长度。令式(3.24)和式(3.25)的右端相等，得

$$\frac{l_t}{d} = \frac{(E_f/E_1)\sigma_1}{2\tau_y} \tag{3.26}$$

式中：d 是纤维直径。可以看出，传递长度与复合材料承受的应力有关。将式(3.26)右端的分子用纤维拉伸强度来替换，则可定义临界纤维长度，即

$$l_c = \frac{\sigma_{fu} d}{2\tau_y} \tag{3.27}$$

临界纤维长度是短纤维复合材料的重要材料参数，是载荷传递长度的上限值，对材料强度有重要影响。

复合材料在承受给定应力时，不同纤维长度下的应力变化情况如图 3-29 所示。纤维应力从端部的零线性增大到中间截面的最大值。纤维长度较小时，各截面处的纤维

应力较小,从而将影响复合材料的刚度和强度。当纤维长度大于载荷传递长度时,在纤维的中间段出现一平台,平台高度对应于连续纤维复合材料的纤维应力。若纤维长度远大于载荷传递长度,则复合材料性能趋近于连续纤维复合材料。

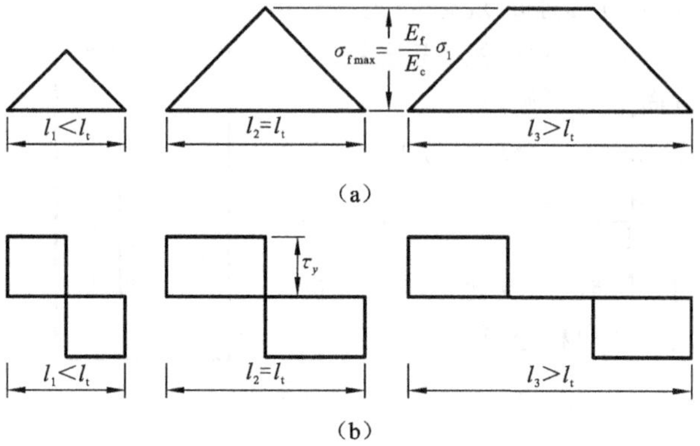

图 3-29　不同纤维长度下的应力分布情况

(a) 纤维应力　(b) 界面剪应力

平均纤维应力定义为

$$\bar{\sigma}_f = \frac{1}{l}\int_0^l \sigma_f \mathrm{d}z \tag{3.28}$$

式(3.28)中的积分项等于图 3-29 中纤维应力分布图的面积,经过演算得

$$\begin{cases} \bar{\sigma}_f = \frac{1}{2}\sigma_{f\max} = \frac{\tau_y l}{d} & (l \leqslant l_t) \\ \bar{\sigma}_f = \sigma_{f\max}\left(1 - \frac{l_t}{2l}\right) & (l > l_t) \end{cases} \tag{3.29}$$

通过有限元建模分析,可以得到更为准确的纤维应力随坐标 z 的非线性变化规律。但平均纤维应力与上述近似解的结果差别很小。平均纤维应力和最大纤维应力之比随纤维长度增加而变化的情况见表 3-5。从表 3-5 可看出,当纤维长度为载荷传递长度的 50 倍时,平均纤维应力达到最大应力的 99%,复合材料的性能与连续纤维复合材料的性能几乎相同。

表 3-5　平均纤维应力和最大纤维应力之比

l/l_t	$\bar{\sigma}_f/\sigma_{f\max}$
1	0.50
2	0.75
5	0.90
10	0.95
50	0.99
100	0.995

用平均纤维应力替换式(3.11)中的纤维应力，得到单向短纤维增强复合材料的应力公式如下：

$$\sigma_1 = V_f \bar{\sigma}_f + V_m \sigma_m \tag{3.30}$$

将式(3.29)代入，得到不同情形下的应力公式。利用 3.6 节的方法可以进一步对强度进行预测。

习　　题

3.1　有一复合材料单层板，其强度参数为 $X_t = X_c = 1000$ MPa，$Y_t = 100$ MPa，$Y_c = 200$ MPa，$S = 40$ MPa，偏轴受二向应力作用，$\sigma_x = 160$ MPa，$\sigma_y = 60$ MPa，$\tau_{xy} = 20$ MPa，$\theta = 30°$。用 Tsai-Hill 准则判断其是否安全。

3.2　复合材料单层板的强度参数同上题。单层板受偏轴拉伸作用，$\theta = 45°$。分别利用 Tsai-Wu 应力准则、Tsai-Hill 准则、最大应力准则求其拉伸极限应力。

3.3　预测碳/环氧单向复合材料的强度。已知 $E_f = 230$ GPa，$\sigma_{fu} = E_f \varepsilon_{fu} = 3000$ MPa，$E_m = 3.5$ GPa，$\sigma_{mu} = E_m \varepsilon_{mu} = 100$ MPa，$V_f = 60\%$。

3.4　单向复合材料偏轴角度为 45°，受面内应力作用，$\sigma_x = 30$ MPa，$\sigma_y = 0$，$\tau_{xy} = 10$ MPa，强度指标 $X_t = 500$ MPa，$X_c = 350$ MPa，$Y_t = 25$ MPa，$Y_c = 75$ MPa，$S = 35$ MPa。利用 Tsai-Hill 准则，求其破坏指标。若剪应力方向改变，其他条件不变，结果会怎样？

3.5　碳/环氧复合材料单层板偏轴角度为 45°，受正剪切作用，分别利用 Tsai-Hill 准则、最大应力准则、Tsai-Wu 准则求单层板的极限剪应力。强度指标 $X_t = 1725$ MPa，$X_c = 1350$ MPa，$Y_t = 40$ MPa，$Y_c = 275$ MPa，$S = 95$ MPa。若偏轴角度为 30°，其他条件不变，结果又如何？

3.6　交织纤维单层板 $X_t = X_c = 600$ MPa，$Y_t = Y_c = 550$ MPa，$S = 90$ MPa，受偏轴拉伸作用。利用 Tsai-Hill 准则，求不同偏轴角度下的拉伸强度。根据计算结果，绘出强度与偏轴角度的关系曲线。

3.7　碳/环氧复合材料性能参数与例 3.3 相同，纤维方向与 x 轴成 θ 夹角，承受正剪切作用。对于不同的纤维角度，分别利用 Tsai-Wu 应力准则和 Tsai-Hill 准则，求极限切应力。根据计算结果，绘出极限剪应力与偏轴角度的关系曲线。

3.8　若在材料主轴方向分别作用正剪切和负剪切载荷，问两种情形对于复合材料的强度有无影响，为什么？

3.9　复合材料杆件由两种纤维以及基体构成，组分材料性能参数列于表 3-6 中。

(1) 设杆件截面面积为 10 cm^2，若每种组分材料都不发生破坏，求杆件所能承受的最大载荷；

(2) 求杆件的极限载荷；

表 3-6　组分材料性能参数

材　　料	密度/(g/cm^3)	质量分数 W_t(%)	E/GPa	σ_u/GPa
黏结剂	1.3	35	3.5	0.06
纤维 A	2.5	45	70	1.4
纤维 B	1.6	20	6	0.45

(3) 判断哪一种组分材料最后破坏；

(4) 画出杆件的载荷-应变曲线。

3.10 杆件需要承受 2.0 kN 的载荷，分别考虑：(1) 钢杆；(2) 碳/环氧复合材料(纤维体积分数为 65%)杆。材料性能指标列于表 3-7 中，已知后者单位质量的价格是前者的 5 倍。按质量最小标准，应选用钢材还是复合材料？若按价格最低标准，结果又如何？

表 3-7 材料性能指标

材　　料	密度/(g/cm^3)	E/GPa	σ_u/GPa
钢	7.8	210	0.45
碳纤维	1.8	230	3.0
环氧树脂	1.3	3	0.05

3.11 玻璃/环氧单向复合材料承受面内应力作用，已知：

$$\sigma_x = 50\ \text{MPa},\quad \sigma_y = -25\ \text{MPa},\quad \tau_{xy} = 50\ \text{MPa}$$

纤维方向与 x 方向成 60°角，复合材料的弹性常数和强度指标如下：

$$E_1 = 38.6\ \text{GPa},\quad E_2 = 8.27\ \text{GPa},\quad G_{12} = 4.14\ \text{GPa},\quad \mu_{12} = 0.26$$

$$X_t = 1062\ \text{MPa},\quad X_c = 610\ \text{MPa},\quad Y_t = 31\ \text{MPa},\quad Y_c = 118\ \text{MPa},\quad S = 72\ \text{MPa}$$

分别利用最大应力准则、最大应变准则、Tsai-Hill 准则，判断材料是否会发生破坏。

3.12 推导公式(3.29)。

3.13 推导单向短纤维复合材料的强度预测公式。确认当纤维长度远大于其临界长度时，预测结果符合连续纤维复合材料的式(3.15)。提示：纤维长度小于临界长度时，平均纤维应力与长度成比例，且未能达到纤维的极限应力，复合材料发生基体破坏，即利用式(3.29)中的第一式和式(3.18)求解；纤维长度大于临界长度时，发生纤维破坏，即利用式(3.29)中的第二式和式(3.15)求解。

第 4 章　层合板的刚度分析

在实际工程和各种应用中，复合材料都是以层合板的形式出现的。根据薄板理论和铺层结构形式，可以推导出层合板的本构关系，即内力与变形的关系。对于实际工程中广泛采用的对称层合板，其面内和面外响应是相互独立的，非对称层合板则存在着拉-弯耦合现象。对称层合板具有面内（或面外）正交各向异性时，在其主轴方向上不会产生拉-剪（或弯-扭）耦合效应。为方便材料的性能评估和工程设计，分别定义了对称层合板的面内及面外工程弹性常数，推导了利用拉伸刚度或弯曲刚度计算工程弹性常数的公式。

4.1　薄板变形假设

层合板是由单层板按一定顺序和角度层叠起来的。为了分析层合板的刚度，需要做以下的假设：

（1）变形很小，且材料服从胡克定律。

（2）层与层之间理想黏结，无缝隙，黏结层的厚度可忽略不计。因此，层与层之间没有相互错动，变形沿厚度是连续的。

（3）层合板很薄，层合板中变形前垂直于中面的直线段，变形后仍然保持为直线且垂直于中面，该线段长度不变，即 $\varepsilon_z=0$。薄板的变形如图 4-1 所示。

第三个假设称为直法线假设。由 $\varepsilon_z=\partial w/\partial z=0$，得到 w 与 z 无关。设中面的挠度为 $w_0(x,y)$，则任意一点的挠度为

$$w=w(x,y)=w_0(x,y)$$

任意点 D 沿 x 方向的变形量可写成

$$u=u_0+z\beta=u_0-z\frac{\partial w_0}{\partial x}$$

因此沿 x 方向的应变为

$$\varepsilon_x=\frac{\partial u}{\partial x}=\frac{\partial u_0}{\partial x}-z\frac{\partial^2 w_0}{\partial x^2}$$

同理可得

$$\varepsilon_y=\frac{\partial v_0}{\partial y}-z\frac{\partial^2 w_0}{\partial y^2}$$

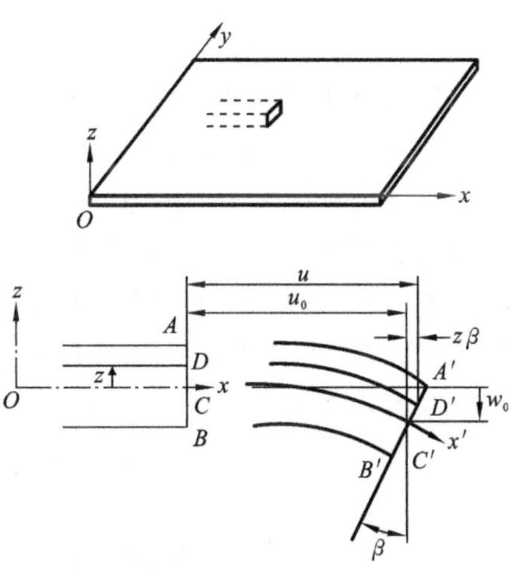

图 4-1　薄板的变形

$$\gamma_{xy}=\frac{\partial u_0}{\partial y}+\frac{\partial v_0}{\partial x}-2z\,\frac{\partial^2 w_0}{\partial x\partial y}$$

将这些关系合写成矩阵形式,得

$$\begin{bmatrix}\varepsilon_x\\ \varepsilon_y\\ \gamma_{xy}\end{bmatrix}=\begin{bmatrix}\varepsilon_x^0\\ \varepsilon_y^0\\ \gamma_{xy}^0\end{bmatrix}+z\begin{bmatrix}K_x\\ K_y\\ K_{xy}\end{bmatrix}\tag{4.1}$$

式中:

$$\begin{bmatrix}\varepsilon_x^0\\ \varepsilon_y^0\\ \gamma_{xy}^0\end{bmatrix}=\begin{bmatrix}\dfrac{\partial u_0}{\partial x}\\ \dfrac{\partial v_0}{\partial y}\\ \dfrac{\partial u_0}{\partial y}+\dfrac{\partial v_0}{\partial x}\end{bmatrix},\quad \begin{bmatrix}K_x\\ K_y\\ K_{xy}\end{bmatrix}=\begin{bmatrix}-\dfrac{\partial^2 w_0}{\partial x^2}\\ -\dfrac{\partial^2 w_0}{\partial y^2}\\ -2\,\dfrac{\partial^2 w_0}{\partial x\partial y}\end{bmatrix}$$

$\varepsilon_x^0,\varepsilon_y^0,\gamma_{xy}^0$是层合板中面的正应变或剪应变,$K_x,K_y,K_{xy}$是中面的弯曲挠曲率或扭曲率。应指出的是,负号含在 K 的定义中,使得式(4.1)显示相加的形式。若 K 的定义里不带负号,则式(4.1)第二项为减号。

4.2 层合板本构关系的推导

由式(4.1)知,层合板中任一点的应变分为两项,即常数项和随 z 增大而线性增大的项。根据参考坐标系下单层板的应力应变关系式(2.22),可求得层合板中第 k 层的应力,即

$$\begin{bmatrix}\sigma_x\\ \sigma_y\\ \tau_{xy}\end{bmatrix}_k=\begin{bmatrix}\bar{Q}_{11} & \bar{Q}_{12} & \bar{Q}_{16}\\ & \bar{Q}_{22} & \bar{Q}_{26}\\ \text{sym.} & & \bar{Q}_{66}\end{bmatrix}_k\left\{\begin{bmatrix}\varepsilon_x^0\\ \varepsilon_y^0\\ \gamma_{xy}^0\end{bmatrix}+z\begin{bmatrix}K_x\\ K_y\\ K_{xy}\end{bmatrix}\right\}\tag{4.2}$$

每个单层的纤维方向不同,用带有下标 k 的 $\bar{Q}$ 来表示其刚度矩阵。此外,z 是变量,每一单层对应不同的 z,而 $\varepsilon_x^0,\varepsilon_y^0,\gamma_{xy}^0,K_x,K_y,K_{xy}$ 对每一层都一样,不用下标区别。以下计算层合板截面上的内力。

设层合板单位宽度上的合内力(拉、压或剪力)为(N_x,N_y,N_{xy}),单位宽度上的合内力矩(弯矩或扭矩)为(M_x,M_y,M_{xy}),如图 4-2、图 4-3 所示。内力矩方向和图 4-1 所示的变形相协调。有的书上关于内力矩正方向的定义不一样,注意不要出错。合内力及合内力矩由各单层的应力沿层合板厚度积分而得到,即

$$(N_x,N_y,N_{xy})=\int_{-h/2}^{h/2}(\sigma_x,\sigma_y,\tau_{xy})\,\mathrm{d}z\tag{4.3}$$

$$(M_x,M_y,M_{xy})=\int_{-h/2}^{h/2}(\sigma_x,\sigma_y,\tau_{xy})\,z\mathrm{d}z\tag{4.4}$$

将式(4.2)代入式(4.3)、式(4.4),积分后得

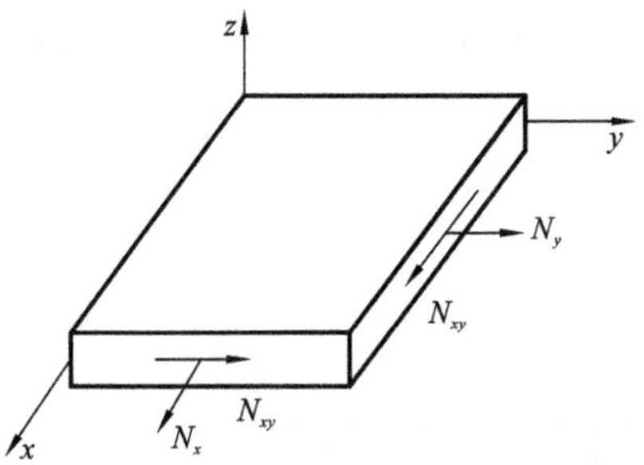

图 4-2　层合板的合内力

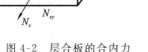

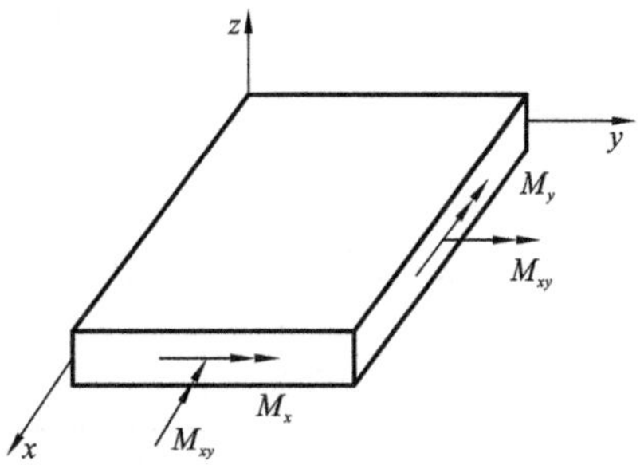

图 4-3　层合板的合内力矩

$$\begin{bmatrix} N_x \\ N_y \\ N_{xy} \end{bmatrix} = \begin{bmatrix} A_{11} & A_{12} & A_{16} \\ & A_{22} & A_{26} \\ \text{sym.} & & A_{66} \end{bmatrix} \begin{bmatrix} \varepsilon_x^0 \\ \varepsilon_y^0 \\ \gamma_{xy}^0 \end{bmatrix} + \begin{bmatrix} B_{11} & B_{12} & B_{16} \\ & B_{22} & B_{26} \\ \text{sym.} & & B_{66} \end{bmatrix} \begin{bmatrix} K_x \\ K_y \\ K_{xy} \end{bmatrix} \tag{4.5}$$

$$\begin{bmatrix} M_x \\ M_y \\ M_{xy} \end{bmatrix} = \begin{bmatrix} B_{11} & B_{12} & B_{16} \\ & B_{22} & B_{26} \\ \text{sym.} & & B_{66} \end{bmatrix} \begin{bmatrix} \varepsilon_x^0 \\ \varepsilon_y^0 \\ \gamma_{xy}^0 \end{bmatrix} + \begin{bmatrix} D_{11} & D_{12} & D_{16} \\ & D_{22} & D_{26} \\ \text{sym.} & & D_{66} \end{bmatrix} \begin{bmatrix} K_x \\ K_y \\ K_{xy} \end{bmatrix} \tag{4.6}$$

式中：

$$A_{ij} = \int_{-h/2}^{h/2} (\bar{Q}_{ij})_k \mathrm{d}z \tag{4.7}$$

$$B_{ij} = \int_{-h/2}^{h/2} (\bar{Q}_{ij})_k z \mathrm{d}z \tag{4.8}$$

$$D_{ij} = \int_{-h/2}^{h/2} (\bar{Q}_{ij})_k z^2 \mathrm{d}z \tag{4.9}$$

式(4.5)、式(4.6)可合在一起写成如下简洁形式：

$$\begin{Bmatrix} \boldsymbol{N} \\ \cdots \\ \boldsymbol{M} \end{Bmatrix} = \begin{bmatrix} \boldsymbol{A} & \boldsymbol{B} \\ \boldsymbol{B} & \boldsymbol{D} \end{bmatrix} \begin{Bmatrix} \boldsymbol{\varepsilon}^0 \\ \cdots \\ \boldsymbol{K} \end{Bmatrix} \tag{4.10}$$

以上公式构成层合板的基本关系，即本构关系。

若 $\boldsymbol{N}$,$\boldsymbol{M}$ 已知，则由式(4.10)可以求得 $\boldsymbol{\varepsilon}^0$ 以及 $\boldsymbol{K}$，进而可对层合板进行应力和变形分析。A_{ij} 是联系合内力与中面应变的刚度系数，统称为拉伸刚度；D_{ij} 是联系合内力矩、弯曲率及扭曲率的刚度系数，称为弯曲刚度；而 B_{ij} 表示拉伸、弯曲之间有耦合关系，称为耦合刚度。在层合板构造确定后，这些刚度系数可由式(4.7)至式(4.9)计算得到。下面说明 A_{ij},B_{ij},D_{ij} 的具体计算方法。

定义层合板中各单层的坐标 z_k 如图 4-4 所示。式(4.7)至式(4.9)的积分结果如下：

$$\begin{aligned} A_{ij} &= \int_{-h/2}^{h/2} (\bar{Q}_{ij})_k \mathrm{d}z = \int_{z_0}^{z_1} (\bar{Q}_{ij})_1 \mathrm{d}z + \int_{z_1}^{z_2} (\bar{Q}_{ij})_2 \mathrm{d}z + \cdots + \int_{z_{n-1}}^{z_n} (\bar{Q}_{ij})_n \mathrm{d}z \\ &= \sum_{k=1}^{n} (\bar{Q}_{ij})_k (z_k - z_{k-1}) \end{aligned} \tag{4.11}$$

$$B_{ij} = \frac{1}{2}\sum_{k=1}^{n}(\bar{Q}_{ij})_k(z_k^2 - z_{k-1}^2) \tag{4.12}$$

$$D_{ij} = \frac{1}{3}\sum_{k=1}^{n}(\bar{Q}_{ij})_k(z_k^3 - z_{k-1}^3) \tag{4.13}$$

式中：$(\bar{Q}_{ij})_k$ 表示第 k 层单层板的变换刚度系数。

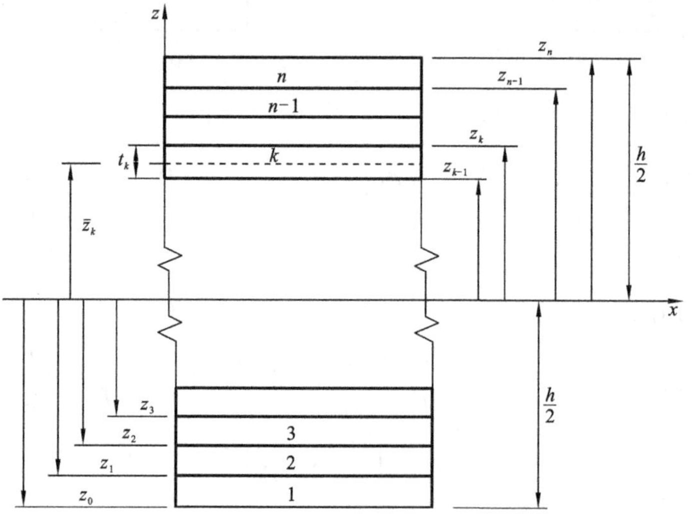

图 4-4　各层坐标 z_k 的定义

第 k 层的中面坐标记为 $\bar{z}_k$，$\bar{z}_k=(z_{k-1}+z_k)/2$，第 k 层的厚度记为 t_k，$t_k=z_k-z_{k-1}$，则 A，B，D 各刚度系数的计算公式可变换成如下形式：

$$A_{ij} = \sum_{k=1}^{n} t_k(\bar{Q}_{ij})_k \tag{4.14}$$

$$B_{ij} = \sum_{k=1}^{n} t_k\bar{z}_k(\bar{Q}_{ij})_k \tag{4.15}$$

$$D_{ij} = \sum_{k=1}^{n}\left[t_k\bar{z}_k^2 + \frac{1}{12}t_k^3\right]\cdot(\bar{Q}_{ij})_k \tag{4.16}$$

上述刚度系数是在直法线假设前提下推导出来的，以上内容即为经典层合板理论(classical lamination theory)。

4.3　反对称层合板与拉-弯耦合

以下在没有特别说明的情况下，认为各单层的材料和厚度均相同。考虑由两块单层板组成的$(\theta/-\theta)$层合板。两单层板的纤维方向相对层合板 x 轴分别倾斜 θ 角和 $-\theta$ 角，如图 4-5 所示。该层合板关于中面非对称，但关于 $x(y)$ 轴旋转对称，这种构造的层合板称为反对称(anti-symmetry)层合板。$(\theta/-\theta)$层合板又称为角铺设层合板或斜交层合板。同样，$(\theta/-\theta/\theta/-\theta)$层合板也是反对称层合板。

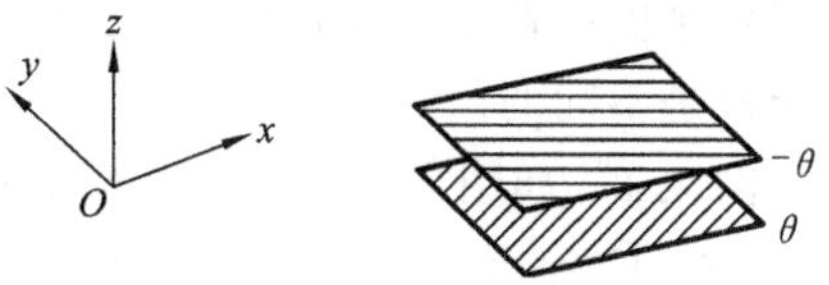

图 4-5　反对称结构

$(\theta/-\theta)$层合板中各单层的 $\bar{Q}_{ij}$ 按式(2.23)计算。将它们代入式(4.14)至式(4.16)可求出层合板的刚度系数。注意到 $\bar{Q}_{11}$，$\bar{Q}_{12}$，$\bar{Q}_{22}$，$\bar{Q}_{66}$ 是 θ 的偶函数，$\bar{Q}_{16}$，$\bar{Q}_{26}$ 是 θ 的奇函数，有

$$A_{16}=A_{26}=D_{16}=D_{26}=0 \tag{4.17}$$

$$B_{11}=B_{12}=B_{22}=B_{66}=0 \tag{4.18}$$

因此，式(4.5)和式(4.6)分别变为

$$\begin{bmatrix}N_x\\N_y\\N_{xy}\end{bmatrix}=\begin{bmatrix}A_{11}&A_{12}&0\\A_{12}&A_{22}&0\\0&0&A_{66}\end{bmatrix}\begin{bmatrix}\varepsilon_x^0\\\varepsilon_y^0\\\gamma_{xy}^0\end{bmatrix}+\begin{bmatrix}0&0&B_{16}\\0&0&B_{26}\\B_{16}&B_{26}&0\end{bmatrix}\begin{bmatrix}K_x\\K_y\\K_{xy}\end{bmatrix} \tag{4.19}$$

$$\begin{bmatrix}M_x\\M_y\\M_{xy}\end{bmatrix}=\begin{bmatrix}0&0&B_{16}\\0&0&B_{26}\\B_{16}&B_{26}&0\end{bmatrix}\begin{bmatrix}\varepsilon_x^0\\\varepsilon_y^0\\\gamma_{xy}^0\end{bmatrix}+\begin{bmatrix}D_{11}&D_{12}&0\\D_{12}&D_{22}&0\\0&0&D_{66}\end{bmatrix}\begin{bmatrix}K_x\\K_y\\K_{xy}\end{bmatrix} \tag{4.20}$$

由式(4.17)至式(4.20)可知：

(1) 因 $A_{16}=A_{26}=0$，层合板在面内具有正交各向异性，没有拉-剪耦合效应。

(2) 因 $D_{16}=D_{26}=0$，层合板具有弯曲正交各向异性，不存在弯-扭耦合效应。

(3) 面内载荷与面外变形，或面外载荷与面内变形之间存在耦合效应。比如 N_x 不仅会导致正应变 ε_x^0 和 ε_y^0，还会导致面外变形 K_{xy}。M_x 不仅会导致弯曲变形 K_x 和 K_y，而且会导致面内变形 ε_x^0，ε_y^0。

(4) 在 $\theta=45°$ 的特殊情况下，有 $A_{11}=A_{22}$，$D_{11}=D_{22}$，$B_{16}=B_{26}$，此时，在两互相垂直方向上的面内刚度相等，面外刚度也相等。

另一特殊的反对称结构是(0°/90°)，这种结构的层合板称为正交层合板。通过类似的分析和计算，得到该层合板的本构关系如下：

$$\begin{bmatrix}N_x\\N_y\\N_{xy}\end{bmatrix}=\begin{bmatrix}A_{11}&A_{12}&0\\A_{12}&A_{11}&0\\0&0&A_{66}\end{bmatrix}\begin{bmatrix}\varepsilon_x^0\\\varepsilon_y^0\\\gamma_{xy}^0\end{bmatrix}+\begin{bmatrix}B_{11}&0&0\\0&-B_{11}&0\\0&0&0\end{bmatrix}\begin{bmatrix}K_x\\K_y\\K_{xy}\end{bmatrix} \tag{4.21}$$

$$\begin{bmatrix}M_x\\M_y\\M_{xy}\end{bmatrix}=\begin{bmatrix}B_{11}&0&0\\0&-B_{11}&0\\0&0&0\end{bmatrix}\begin{bmatrix}\varepsilon_x^0\\\varepsilon_y^0\\\gamma_{xy}^0\end{bmatrix}+\begin{bmatrix}D_{11}&D_{12}&0\\D_{12}&D_{11}&0\\0&0&D_{66}\end{bmatrix}\begin{bmatrix}K_x\\K_y\\K_{xy}\end{bmatrix} \tag{4.22}$$

从式(4.21)和式(4.22)知道，正交层合板在拉伸刚度和弯曲刚度上具有与(45°/−45°)层合板相同的特征，即在面内具有正交各向异性，且两互相垂直方向上的拉伸刚度相等，同时，具有弯曲正交各向异性，且两互相垂直方向上的弯曲刚度相等。由

于耦合刚度系数不为零,该层合板也存在拉-弯耦合效应,但发生耦合的位置与斜交层合板是不同的。

例 4.1　如图 4-6 所示,碳/环氧单层板的厚度为 0.125 mm,弹性常数为:$E_1=140$ GPa,$E_2=10$ GPa,$G_{12}=5$ GPa,$\mu_{12}=0.3$。计算(45°/−45°)层合板的刚度系数。

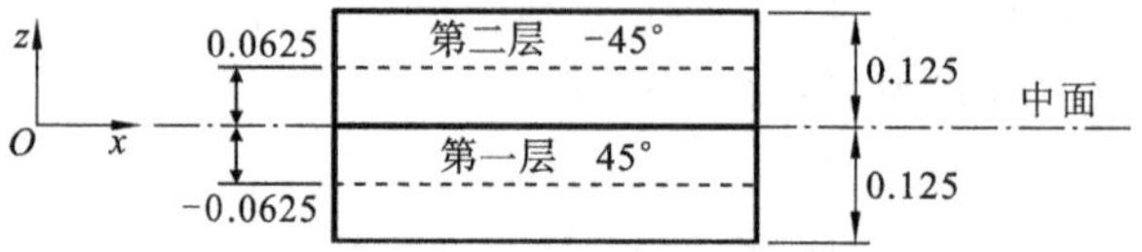

图 4-6　(45°/−45°)层合板坐标值

解　折减刚度系数矩阵以及变换后的刚度系数矩阵分别为

$$\boldsymbol{Q}=\begin{bmatrix}140.9 & 3.0 & 0\\ 3.0 & 10.1 & 0\\ 0 & 0 & 5.0\end{bmatrix}\text{GPa},\quad \overline{\boldsymbol{Q}}_{\pm 45^\circ}=\begin{bmatrix}44.3 & 34.3 & \pm 32.7\\ 34.3 & 44.3 & \pm 32.7\\ \pm 32.7 & \pm 32.7 & 36.3\end{bmatrix}\text{GPa}$$

单层板刚度系数以及相关坐标值列于表 4-1、表 4-2。

表 4-1　刚度系数　(单位:GPa)

层　号	角　度	$\overline{Q}_{11}$	$\overline{Q}_{22}$	$\overline{Q}_{66}$	$\overline{Q}_{12}$	$\overline{Q}_{16}$	$\overline{Q}_{26}$
一	45°	44.3	44.3	36.3	34.3	32.7	32.7
二	−45°	44.3	44.3	36.3	34.3	−32.7	−32.7

表 4-2　各单层相关坐标值

层　号	角　度	t_k/mm	$\bar{z}_k$/mm	$t_k\bar{z}_k$/mm^2	$t_k\bar{z}_k^2+\frac{1}{12}t_k^3$/mm^3
一	45°	0.125	−0.0625	−0.00781	0.00065
二	−45°	0.125	0.0625	0.00781	0.00065

将以上结果代入式(4.14)至式(4.16),得到刚度系数的计算结果如下:

$$\boldsymbol{A}=\begin{bmatrix}11.1 & 8.6 & 0\\ 8.6 & 11.1 & 0\\ 0 & 0 & 9.1\end{bmatrix}\text{kN/mm},\quad \boldsymbol{B}=\begin{bmatrix}0 & 0 & -0.51\\ 0 & 0 & -0.51\\ -0.51 & -0.51 & 0\end{bmatrix}\text{kN}$$

$$\boldsymbol{D}=\begin{bmatrix}0.0576 & 0.0446 & 0\\ 0.0446 & 0.0576 & 0\\ 0 & 0 & 0.0472\end{bmatrix}\text{kN}\cdot\text{mm}$$

可以看出,该层合板分别在面内和面外具有正交各向异性,不存在拉-剪耦合效应,也不存在弯-扭耦合效应。但耦合刚度系数中,B_{16} 和 B_{26} 不为 0,这表示存在拉-弯耦合效应。如,在 x 方向的拉伸会引起面外的扭曲变形(K_{xy})。此例中 1 轴与 x 轴夹角为 45°,$B_{16}=B_{26}$。在其他情况下,这一关系不成立。

考虑以下两种层合板：(45°/45°/−45°/−45°)层合板 A，(45°/−45°/45°/−45°)层合板 B。单层板性能和例 4.1 中相同。通过计算发现，层合板 B 的耦合刚度系数 B_{16}，B_{26} 的大小只有层合板 A 的一半。对于角铺设反对称层合板，θ 层、$-\theta$ 层交替排列相对于同一角度扎堆排列的情况，有利于减轻拉-弯耦合效应。

例 4.2　计算(0°/90°)层合板的刚度系数。单层板条件与例 4.1 相同。

解　折减刚度系数矩阵以及变换后的刚度系数矩阵分别为

$$\boldsymbol{Q}=\begin{bmatrix}140.9 & 3.0 & 0\\ 3.0 & 10.1 & 0\\ 0 & 0 & 5.0\end{bmatrix}\text{GPa},\quad \bar{\boldsymbol{Q}}_{0^\circ}=\boldsymbol{Q},\quad \bar{\boldsymbol{Q}}_{90^\circ}=\begin{bmatrix}10.1 & 3.0 & 0\\ 3.0 & 140.9 & 0\\ 0 & 0 & 5.0\end{bmatrix}\text{GPa}$$

各单层相关坐标值见表 4-2。将以上结果代入公式(4.14)至式(4.16)，计算得

$$\boldsymbol{A}=\begin{bmatrix}18.9 & 0.8 & 0\\ 0.8 & 18.9 & 0\\ 0 & 0 & 1.3\end{bmatrix}\text{kN/mm},\quad \boldsymbol{B}=\begin{bmatrix}-1.0 & 0 & 0\\ 0 & 1.0 & 0\\ 0 & 0 & 0\end{bmatrix}\text{kN}$$

$$\boldsymbol{D}=\begin{bmatrix}0.0982 & 0.0039 & 0\\ 0.0039 & 0.0982 & 0\\ 0 & 0 & 0.0065\end{bmatrix}\text{kN}\cdot\text{mm}$$

可以看出，该层合板分别在面内以及面外具有正交各向异性。在耦合刚度系数中，B_{11} 和 B_{22} 相差一负号，大小相等。在 x 方向上的拉伸不仅会引起沿 x，y 方向的变形，还会导致弯曲变形(K_x)。

考虑以下两种层合板：(0°/0°/90°/90°)层合板 A，(0°/90°/0°/90°)层合板 B。单层板性能和例 4.1 中的相同。计算发现，前者的耦合刚度系数 $B_{11}=-B_{22}=-4.1$ kN，后者的耦合刚度系数 $B_{11}=-B_{22}=-2.0$ kN。对于正交反对称层合板，当 0°层和 90°层交替排列时，与同一角度扎堆排列相比，耦合刚度系数较小。

4.4　对称层合板

图 4-7 所示是由四个单层板构成的$(\theta/-\theta)_s$ 层合板。该层合板关于中面上下对称，即对于层合板中面以上的某一单层，在中面以下相同距离处存在纤维角相同的单层。对称层合板不论坐标如何选取，总有

$$B_{ij}=0$$

因为对称层合板相对中面对称单层板的中面坐标相差一负号，而相对层合板中面对称的两单层板，其厚度 t_k 以及变换刚度系数$(\bar{Q}_{ij})_k$ 是相同的，所以，上下两侧的贡献刚好抵消，由式(4.15)即可得到 $B_{ij}=0$。层合板的本构关系为

$$\begin{bmatrix}N_x\\ N_y\\ N_{xy}\end{bmatrix}=\begin{bmatrix}A_{11} & A_{12} & A_{16}\\ & A_{22} & A_{26}\\ \text{sym.} & & A_{66}\end{bmatrix}\begin{bmatrix}\varepsilon_x^0\\ \varepsilon_y^0\\ \gamma_{xy}^0\end{bmatrix}\tag{4.23}$$

$$\begin{bmatrix} M_x \\ M_y \\ M_{xy} \end{bmatrix} = \begin{bmatrix} D_{11} & D_{12} & D_{16} \\ & D_{22} & D_{26} \\ \text{sym.} & & D_{66} \end{bmatrix} \begin{bmatrix} K_x \\ K_y \\ K_{xy} \end{bmatrix} \tag{4.24}$$

即对称层合板不存在拉-弯耦合效应。面内载荷与面外载荷的作用效果是独立的，可以分别单独处理。

对于图 4-7 所示的角铺设对称层合板，经进一步分析知道，对于 θ 层和 $-\theta$ 层，$\bar{Q}_{11}$，$\bar{Q}_{12}$，$\bar{Q}_{22}$，以及 $\bar{Q}_{66}$ 这几个量不变化，而 $\bar{Q}_{16}$ 和 $\bar{Q}_{26}$ 刚好相差一负号，因此，由式(4.14)可得，$A_{16}=A_{26}=0$。但弯曲刚度系数并不存在类似的关系。本构关系表示为

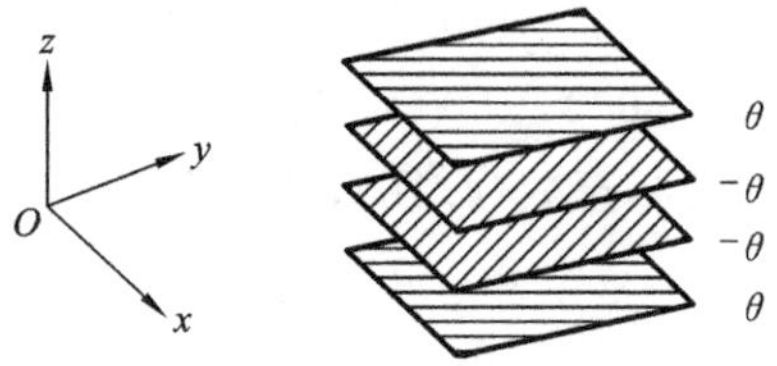

图 4-7　角铺设对称层合板

$$\begin{bmatrix} N_x \\ N_y \\ N_{xy} \end{bmatrix} = \begin{bmatrix} A_{11} & A_{12} & 0 \\ A_{12} & A_{22} & 0 \\ 0 & 0 & A_{66} \end{bmatrix} \begin{bmatrix} \varepsilon_x^0 \\ \varepsilon_y^0 \\ \gamma_{xy}^0 \end{bmatrix} \tag{4.25}$$

弯曲载荷下的关系仍然如式(4.24)所示。

角铺设(斜交)对称层合板具有面内正交各向异性，不存在拉-剪耦合效应，但它不具备弯曲正交各向异性，即一般情况下存在弯-扭耦合效应。由 4.3 节知道，角铺设反对称层合板的特点是：在面内和面外都具有正交各向异性，但存在拉-弯耦合效应。

在 $\theta=45°$ 的特殊情况下，即对于 $(45°/-45°)_s$ 层合板，通过分析可知 $A_{11}=A_{22}$，$D_{11}=D_{22}$。即在两垂直方向上的面内刚度、面外刚度均相等，但弯-扭耦合效应依然存在。将式(4.24)的第一行展开后得到

$$M_x = D_{11}K_x + D_{12}K_y + D_{16}K_{xy}$$

弯矩 M_x 不仅会导致弯曲变形(K_x，K_y)，还会导致扭转变形(K_{xy})，如图 4-8 所示。

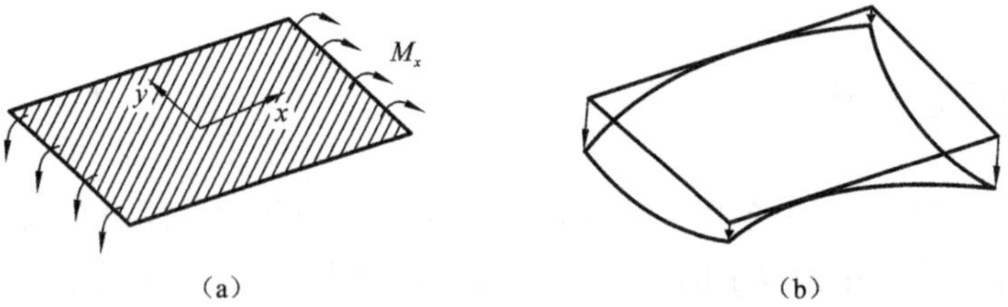

图 4-8　弯-扭耦合

例 4.3　考虑 $(0°/90°)_s$ 对称层合板，单层厚 0.125 mm，弹性常数 $E_1=140$ GPa，$E_2=10$ GPa，$G_{12}=5$ GPa，$\mu_{12}=0.3$，如图 4-9 所示。求拉伸刚度和弯曲刚度。

解　首先由单层板的弹性常数求折减刚度系数。其结果为

$$\boldsymbol{Q} = \begin{bmatrix} 140.9 & 3.0 & 0 \\ 3.0 & 10.1 & 0 \\ 0 & 0 & 5.0 \end{bmatrix} \text{GPa}$$

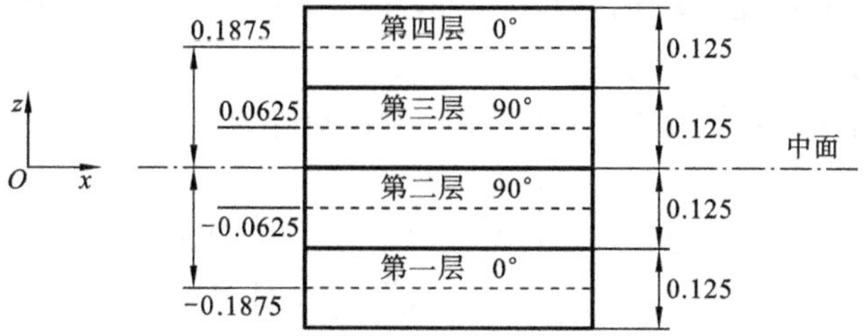

图 4-9　$(0°/90°)_s$ 层合板

变换刚度矩阵分别为

$$\bar{Q}_{0°}=Q,\quad \bar{Q}_{90°}=\begin{bmatrix}10.1 & 3.0 & 0\\ 3.0 & 140.9 & 0\\ 0 & 0 & 5.0\end{bmatrix}\text{GPa}$$

求得拉伸刚度为

$$A_{11}=2\times(0.125\times140.9+0.125\times10.1)\ \text{kN/mm}=37.8\ \text{kN/mm}$$

$$A_{22}=2\times(0.125\times10.1+0.125\times140.9)\ \text{kN/mm}=37.8\ \text{kN/mm}$$

$$A_{12}=2\times(0.125\times3.0+0.125\times3.0)\ \text{kN/mm}=1.5\ \text{kN/mm}$$

$$A_{66}=2\times(0.125\times5.0+0.125\times5.0)\ \text{kN/mm}=2.5\ \text{kN/mm}$$

$$A_{16}=A_{26}=0$$

为求弯曲刚度，首先求出相关的几何量如表 4-3 所示。

表 4-3　层合板的各几何量(一)

层　　号	$\theta/(°)$	t_k/mm	$\bar{z}_k$/mm	$t_k\bar{z}_k^2+\frac{t_k^3}{12}$/mm^3
一	0	0.125	−0.1875	0.00456
二	90	0.125	−0.0625	0.00065
三	90	0.125	0.0625	0.00065
四	0	0.125	0.1875	0.00456

因此有

$$D_{11}=2\times(0.00456\times140.9+0.00065\times10.1)\ \text{kN}\cdot\text{mm}=1.2981\ \text{kN}\cdot\text{mm}$$

$$D_{22}=2\times(0.00456\times10.1+0.00065\times140.9)\ \text{kN}\cdot\text{mm}=0.2753\ \text{kN}\cdot\text{mm}$$

$$D_{12}=2\times(0.00456\times3.0+0.00065\times3.0)\ \text{kN}\cdot\text{mm}=0.0313\ \text{kN}\cdot\text{mm}$$

$$D_{66}=2\times(0.00456\times5.0+0.00065\times5.0)\ \text{kN}\cdot\text{mm}=0.0521\ \text{kN}\cdot\text{mm}$$

$$D_{16}=D_{26}=0$$

在该例中，因不论是 0°层还是 90°层，均有 $\bar{Q}_{16}=\bar{Q}_{26}=0$，所以，$D_{16}=D_{26}=0$，具有弯曲正交各向异性。

例 4.4　有(45°/45°/45°/45°)对称层合板，即该层合板所有单层纤维方向相同。

单层厚 0.125 mm,弹性常数 $E_1=140$ GPa,$E_2=10$ GPa,$G_{12}=5$ GPa,$\mu_{12}=0.3$,求拉伸刚度和弯曲刚度。

解 折减刚度系数与例 4.3 相同,变换刚度矩阵为

$$\bar{\boldsymbol{Q}}_{45^\circ}=\begin{bmatrix}44.3 & 34.3 & 32.7\\34.3 & 44.3 & 32.7\\32.7 & 32.7 & 36.3\end{bmatrix}\text{GPa}$$

代入式(4.14)和式(4.16)计算后得

$$\boldsymbol{A}=\begin{bmatrix}22.2 & 17.2 & 16.4\\17.2 & 22.2 & 16.4\\16.4 & 16.4 & 18.2\end{bmatrix}\text{kN/mm}$$

$$\boldsymbol{D}=\begin{bmatrix}0.4616 & 0.3574 & 0.3407\\0.3574 & 0.4616 & 0.3407\\0.3407 & 0.3407 & 0.3782\end{bmatrix}\text{kN}\cdot\text{mm}$$

因此,在面内存在拉-剪耦合效应,在面外存在弯-扭耦合效应。

例 4.5 考虑$(45^\circ/-45^\circ)_s$ 对称层合板,单层厚 0.125 mm,弹性常数与例4.4中的相同,求拉伸刚度和弯曲刚度。

解 折减刚度系数与上例相同,变换刚度矩阵为

$$\bar{\boldsymbol{Q}}_{\pm45^\circ}=\begin{bmatrix}44.3 & 34.3 & \pm32.7\\34.3 & 44.3 & \pm32.7\\\pm32.7 & \pm32.7 & 36.3\end{bmatrix}\text{GPa}$$

代入式(4.14)和式(4.16)计算得

$$\boldsymbol{A}=\begin{bmatrix}22.2 & 17.2 & 0\\17.2 & 22.2 & 0\\0 & 0 & 18.2\end{bmatrix}\text{kN/mm}$$

$$\boldsymbol{D}=\begin{bmatrix}0.4616 & 0.3574 & 0.2557\\0.3574 & 0.4616 & 0.2557\\0.2557 & 0.2557 & 0.3782\end{bmatrix}\text{kN}\cdot\text{mm}$$

在面内具有正交各向异性,不存在拉-剪耦合效应,而在面外存在弯-扭耦合效应。

考虑两种铺设结构的层合板:$(45^\circ/45^\circ/45^\circ/45^\circ/-45^\circ/-45^\circ/-45^\circ/-45^\circ)_s$ 层合板 A,$(45^\circ/-45^\circ/45^\circ/-45^\circ/45^\circ/-45^\circ/45^\circ/-45^\circ)_s$ 层合板 B。计算发现,两者的弯曲刚度分别为

$$\boldsymbol{D}_A=\begin{bmatrix}29.5 & 22.9 & 16.3\\22.9 & 29.5 & 16.3\\16.3 & 16.3 & 24.2\end{bmatrix}\text{kN}\cdot\text{mm},\quad \boldsymbol{D}_B=\begin{bmatrix}29.5 & 22.9 & 4.1\\22.9 & 29.5 & 4.1\\4.1 & 4.1 & 24.2\end{bmatrix}\text{kN}\cdot\text{mm}$$

后者的 D_{16},D_{26} 均约为前者的 1/4。这说明,45°和−45°层交替排列,相对于同一角度扎堆排列,可使层合板的弯-扭耦合效应大大减轻。此外,相对于例 4.5 中的结构,层

合板B的厚度增加了4倍，D_{16}/D_{11}的值由0.2557/0.4616=0.554变为4.1/29.5=0.139，即增大厚度将使得耦合项的影响减弱。

4.5　层合板的主轴

本书第2章已指出，单向复合材料具有正交各向异性。式(2.5)是单向材料沿主轴方向的应力应变关系式，该式中$Q_{16}=Q_{26}=0$。类似地，若对称层合板在参考坐标系下的拉伸刚度$A_{16}=A_{26}=0$，则将该方向定义为层合板的面内主轴方向。在主轴方向上不存在拉-剪耦合效应。如图4-7所示对称层合板，其面内本构关系表达为式(4.25)所示的形式，因此，图4-7中的x，y轴是该层合板的主轴。类似地，若$D_{16}=D_{26}=0$，则定义了弯曲的主轴方向，此时，弯曲和扭转互不影响。

实际使用中，大都不希望出现拉-剪耦合效应。当对称层合板具有正交各向异性，且内力分量作用在主轴方向上时，可以避免耦合现象的发生。

对于对称层合板，虽然面内问题与面外问题相互独立，不会出现拉-弯耦合效应，即在面内载荷作用下，层合板整体不发生面外变形，但由于各单层的变形相互制约，变形协调的要求将使层合板产生层间应力。关于层间应力对层合板强度的不利影响，将在第5章论述。

4.6　准各向同性板

一般的层合板是各向异性的。若层合板$A_{16}=A_{26}=0$或$D_{16}=D_{26}=0$，则其具有正交各向异性。在许多情况下，各向异性会带来不便，某些特殊的利用这种性质进行材料(结构)设计的情形除外。

图4-10所示为由六层单层板制成的层合板，每层厚度是$t/6$，相对x轴按0°，60°，−60°的顺序层叠，且关于层合板中面对称。任取x轴，各单层板相对x轴的纤维方向角依次为

$$\theta_1=-\alpha,\quad \theta_2=\frac{\pi}{3}-\alpha,\quad \theta_3=-\frac{\pi}{3}-\alpha$$

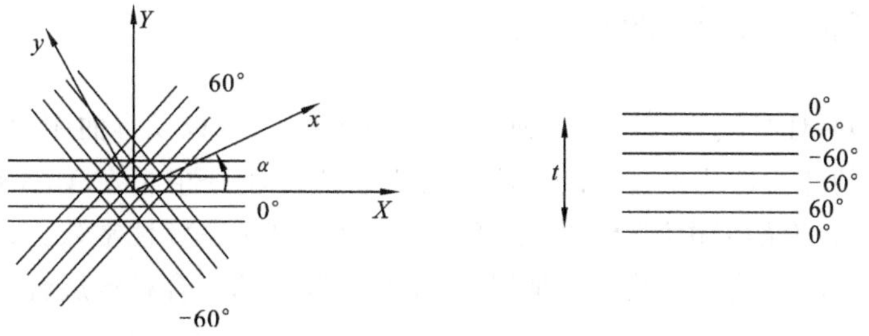

图4-10　准各向同性板

由式(4.14)计算 A_{11}，得

$$A_{11}=2\times(t/6)[(\bar{Q}_{11})_1+(\bar{Q}_{11})_2+(\bar{Q}_{11})_3]$$

变换刚度系数 $\bar{Q}_{ij}$ 由式(2.23)计算，即

$$\bar{Q}_{11}=m^4Q_{11}+2m^2n^2(Q_{12}+2Q_{66})+n^4Q_{22}$$
$$\bar{Q}_{12}=m^2n^2(Q_{11}+Q_{22}-4Q_{66})+(m^4+n^4)Q_{12}$$
$$\bar{Q}_{22}=n^4Q_{11}+2m^2n^2(Q_{12}+2Q_{66})+m^4Q_{22}$$
$$\bar{Q}_{16}=m^3n(Q_{11}-Q_{12})+mn^3(Q_{12}-Q_{22})-2mn(m^2-n^2)Q_{66}$$
$$\bar{Q}_{26}=mn^3(Q_{11}-Q_{12})+m^3n(Q_{12}-Q_{22})+2mn(m^2-n^2)Q_{66}$$
$$\bar{Q}_{66}=m^2n^2(Q_{11}+Q_{22}-2Q_{12}-2Q_{66})+(m^4+n^4)Q_{66}$$

其中 $\bar{Q}_{11}$ 的第一项包含 m^4，计算三个单层的 m^4 之和，得

$$\sum_{i=1}^{3}m_i^4=\cos^4\alpha+\cos^4\left(\frac{\pi}{3}-\alpha\right)+\cos^4\left(\frac{\pi}{3}+\alpha\right)=\frac{9}{8}$$

同样可以得到下面的计算结果：

$$\sum_{i=1}^{3}n_i^4=\frac{9}{8},\quad \sum_{i=1}^{3}m_i^2n_i^2=\frac{3}{8}$$

因此，A_{11} 的值与 α 角无关，即给定单层板的折减刚度系数后，A_{11} 是一常数。同理，A_{12}，A_{22}，A_{66} 的值也与 α 无关，均为常数。通过演算还可以得到

$$\sum_{i=1}^{3}m_i^3n_i=0,\quad \sum_{i=1}^{3}m_in_i^3=0$$

因此有 $A_{16}=A_{26}=0$。由此看来，层合板的拉伸刚度系数均与 α 角无关，即层合板的本构关系在任意方向上是一样的。这种性质称为准各向同性(quasi-isotropy)。它是属于结构构成形式上的一种性质，与材料本来的各向同性是有区别的。就强度而言该材料不是各向同性的，就弯曲变形而言也不一定具有各向同性。

飞机上常用的$(0°/\pm45°/90°)_s$ 层合板也是一种准各向同性板。一般地，按π/n $(n\geqslant3)$的等角度差依次层叠得到的对称层合板都是准各向同性板。玻璃纤维增强复合材料中短纤维随机排列制成的板也是准各向同性板($n=\infty$)，实际上这种板已退化为各向同性板。

4.7　层合板的工程弹性常数

层合板的弹性性能体现在拉伸刚度 A_{ij}、耦合刚度 B_{ij} 以及弯曲刚度 D_{ij} 之中。但是，评价材料的弹性性能更直观的方法是得出它的工程弹性常数，如弹性模量、剪切模量等。下面讨论如何由层合板的刚度系数来计算其工程弹性常数。讨论的对象限于对称层合板，因为除了少数特殊情况外，工程实际中的复合材料层合板基本上是对称层合板。

对称层合板的耦合刚度系数为零，所以，只需讨论拉伸刚度 A、弯曲刚度 D 与弹

性常数的关系。纤维角一定的某单层板在层合板中的层叠位置的改变对拉伸刚度不会产生影响，但对弯曲刚度的贡献是不相同的，因为弯曲刚度不仅与单层板自身的性质有关，还与单层板距离层合板中面的高度有关。

1. 面内弹性常数

考虑对称层合板受面内拉伸内力 N_x 的情况，如图 4-11 所示。设 $\boldsymbol{A}$ 的逆矩阵为 $\boldsymbol{a}$，则由本构关系 $\boldsymbol{N}=\boldsymbol{A}\boldsymbol{\varepsilon}^0$ 得到 $\boldsymbol{\varepsilon}^0=\boldsymbol{a}\boldsymbol{N}$，展开后得

$$\begin{cases}\varepsilon_x^0=a_{11}N_x\\ \varepsilon_y^0=a_{12}N_x\\ \gamma_{xy}^0=a_{13}N_x\end{cases} \tag{4.26}$$

式中：N_x 是层合板在单位宽度上的拉伸内力。层合板的总厚度记为 t，则平均应力为 $\sigma_x=N_x/t$，根据弹性模量的定义，x 方向的弹性模量为

$$E_x=\sigma_x/\varepsilon_x^0=1/(ta_{11}) \tag{4.27}$$

同样，根据泊松比的定义，有

$$\mu_{xy}=-\varepsilon_y^0/\varepsilon_x^0=-a_{12}/a_{11} \tag{4.28}$$

与单层板偏轴拉伸的情形类似（参照式（2.29）），层合板的剪切耦合系数按下式定义和计算：

$$m_x=-\gamma_{xy}^0/\varepsilon_x^0=-a_{13}/a_{11} \tag{4.29}$$

用相同的办法，可求得 y 方向的三个弹性常数，其结果为

$$E_y=1/(ta_{22}) \tag{4.30}$$

$$\mu_{yx}=-a_{12}/a_{22} \tag{4.31}$$

$$m_y=-a_{23}/a_{22} \tag{4.32}$$

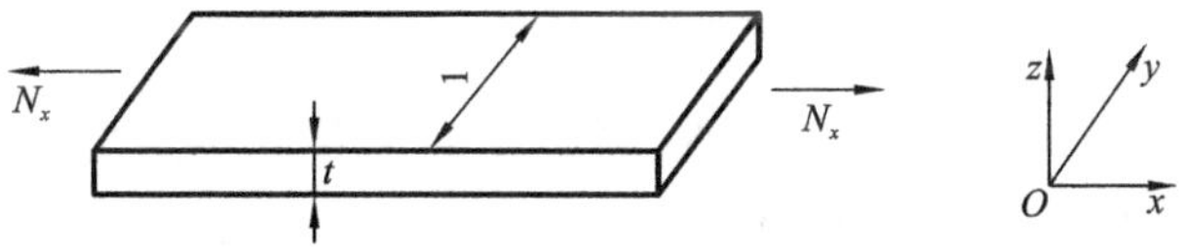

图 4-11　对称层合板受 N_x 作用

对于层合板，由功的互等定理可得

$$\frac{\mu_{xy}}{E_x}=\frac{\mu_{yx}}{E_y} \tag{4.33}$$

这一关系很容易由式（4.27）、式（4.28）、式（4.30）、式（4.31）等得到。

下面考虑层合板受面内剪切作用的情况，如图 4-12 所示。由本构方程，得

$$\begin{cases}\varepsilon_x^0=a_{13}N_{xy}\\ \varepsilon_y^0=a_{23}N_{xy}\\ \gamma_{xy}^0=a_{33}N_{xy}\end{cases} \tag{4.34}$$

式中：N_{xy} 是层合板在宽度方向上的剪切内力。

因剪应力 $\tau_{xy}=N_{xy}/t$，由剪切弹性模量的定义，得

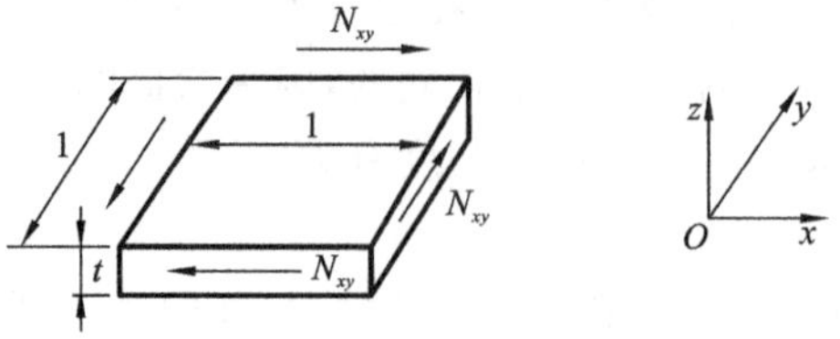

图 4-12　对称层合板受 N_{xy} 作用

$$G_{xy}=\tau_{xy}/\gamma_{xy}^0=1/(ta_{33}) \tag{4.35}$$

2. 弯曲弹性常数

由各向同性材料梁的理论知，弯矩 M、曲率 K 与弹性模量 E 的关系为

$$M/K=EI$$

式中：I 是横截面相对于中性轴的惯性矩。

对于层合板，仍然沿用上面的关系来定义弯曲弹性常数。考虑对称层合板($B_{ij}=0$)受弯矩 M_x 作用的情况，如图 4-13 所示，M_x 和曲率 K 都取绝对值。设矩阵 $\boldsymbol{D}$ 的逆矩阵为 $\boldsymbol{d}$，则由本构关系 $\boldsymbol{M}=\boldsymbol{DK}$，得到 $\boldsymbol{K}=\boldsymbol{dM}$，展开后得

$$\begin{cases}K_x=d_{11}M_x\\K_y=d_{12}M_x\\K_{xy}=d_{13}M_x\end{cases} \tag{4.36}$$

定义

$$M_x/K_x=E_xI \tag{4.37}$$

将式(4.36)和 $I=t^3/12$ 代入，可以求出 E_x，即

$$E_x=12/(t^3d_{11}) \tag{4.38}$$

泊松比按下式定义和计算：

$$\mu_{xy}=-K_y/K_x=-d_{12}/d_{11} \tag{4.39}$$

而弯-扭耦合系数按下式定义和计算：

$$m_x=-K_{xy}/K_x=-d_{13}/d_{11} \tag{4.40}$$

用完全相同的方法，可求出 y 方向的三个常数，即

$$E_y=12/(t^3d_{22})$$
$$\mu_{yx}=-d_{12}/d_{22}$$
$$m_y=-d_{23}/d_{22}$$

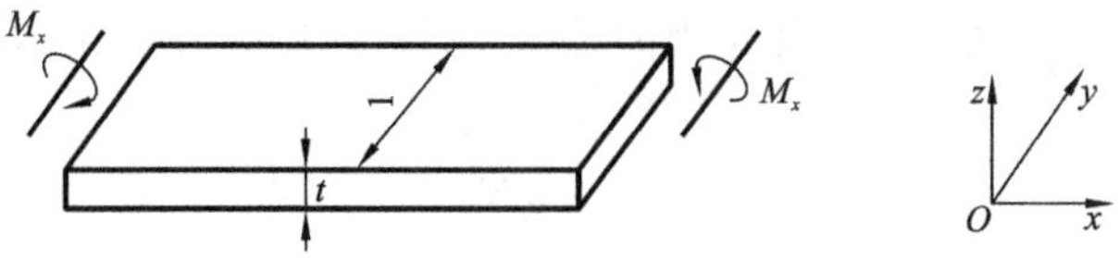

图 4-13　对称层合板受弯矩 M_x 作用

最后考虑层合板受扭矩 M_{xy} 作用的情况，如图 4-14 所示。由本构方程得

$$\begin{cases}K_x = d_{13}M_{xy}\\ K_y = d_{23}M_{xy}\\ K_{xy} = d_{33}M_{xy}\end{cases} \tag{4.41}$$

定义

$$M_{xy}/K_{xy} = G_{xy}I \tag{4.42}$$

则求得剪切弹性模量为

$$G_{xy} = 12/(t^3 d_{33}) \tag{4.43}$$

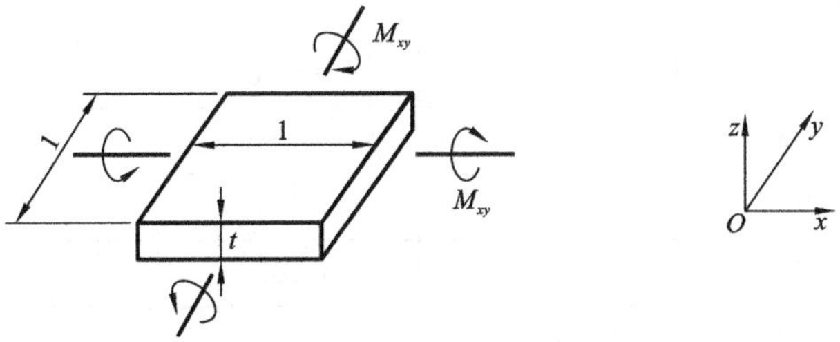

图 4-14　层合板受 M_{xy} 作用

例 4.6　求$(45°/-45°)_s$对称层合板的工程弹性常数。单层板性能与例4.1中相同，层合板的构造以及尺寸如图 4-15 所示。

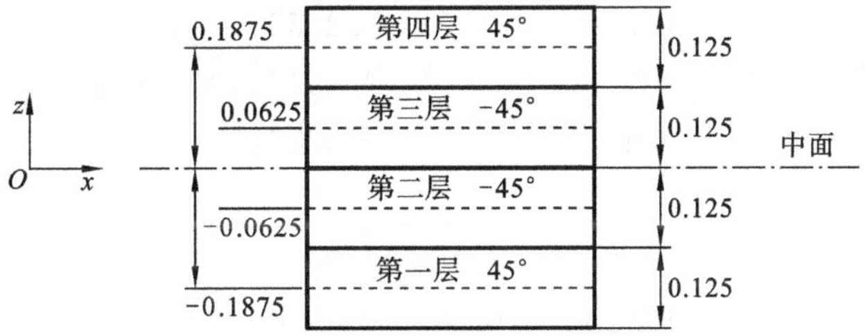

图 4-15　$(45°/-45°)_s$层合板几何尺寸

解　刚度系数矩阵为

$$\boldsymbol{Q} = \begin{bmatrix}140.9 & 3.0 & 0\\ 3.0 & 10.1 & 0\\ 0 & 0 & 5.0\end{bmatrix}\text{GPa}$$

当$\theta=45°$时，$m^2=n^2=0.5, m^4=n^4=m^2n^2=m^3n=mn^3=0.25$；当$\theta=-45°$时，除了含$m$或$n$的奇次幂的项改变符号$(m^3n=mn^3=-0.25)$外，其他项结果相同。计算变换刚度矩阵得

$$\bar{\boldsymbol{Q}}_{\pm 45°} = \begin{bmatrix}44.3 & 34.3 & \pm 32.7\\ & 44.3 & \pm 32.7\\ \text{sym.} & & 36.3\end{bmatrix}\text{GPa}$$

拉伸刚度按 $A_{ij}=\sum t_k(\bar{Q}_{ij})_k$ 计算，其结果为

$$\boldsymbol{A}=\begin{bmatrix}22.2 & 17.2 & 0\\ & 22.2 & 0\\ \text{sym.} & & 18.2\end{bmatrix}\text{kN/mm}$$

为求弯曲刚度，首先求得式(4.16)中的各几何量，如表 4-4 所示。

表 4-4　层合板的各几何量(二)

层　号	$\theta/(°)$	t_k/mm	$\bar{z}_k$/mm	$t_k\bar{z}_k^2+\frac{t_k^3}{12}$/mm^3
1	45	0.125	−0.1875	0.00456
2	−45	0.125	−0.0625	0.00065
3	−45	0.125	0.0625	0.00065
4	45	0.125	0.1875	0.00456

因此有

$$D_{11}=2\times(0.00456\times44.3+0.00065\times44.3)\ \text{kN}\cdot\text{mm}=0.4616\ \text{kN}\cdot\text{mm}$$

$$D_{16}=2\times[0.00456\times32.7+0.00065\times(-32.7)]\ \text{kN}\cdot\text{mm}=0.2557\ \text{kN}\cdot\text{mm}$$

同样求得 D_{12}，D_{22}，D_{26}，D_{66} 的值，即可得

$$\boldsymbol{D}=\begin{bmatrix}0.4616 & 0.3574 & 0.2557\\ & 0.4616 & 0.2557\\ \text{sym.} & & 0.3782\end{bmatrix}\text{kN}\cdot\text{mm}$$

对 $\boldsymbol{A}$，$\boldsymbol{D}$ 求逆，得

$$\boldsymbol{a}=\begin{bmatrix}0.1127 & -0.0873 & 0\\ -0.0873 & 0.1127 & 0\\ 0 & 0 & 0.0549\end{bmatrix}\text{mm/kN}$$

$$\boldsymbol{d}=\begin{bmatrix}5.87 & -3.75 & -1.43\\ -3.75 & 5.87 & -1.43\\ -1.43 & -1.43 & 4.59\end{bmatrix}(\text{kN}\cdot\text{mm})^{-1}$$

求得面内弹性常数为

$$E_x=1/(ta_{11})=1/(0.5\times0.1127)\ \text{GPa}=17.7\ \text{GPa}$$

$$E_y=1/(ta_{22})=1/(0.5\times0.1127)\ \text{GPa}=17.7\ \text{GPa}$$

$$G_{xy}=1/(ta_{33})=1/(0.5\times0.0549)\ \text{GPa}=36.4\ \text{GPa}$$

$$\mu_{xy}=-a_{12}/a_{11}=-(-0.0873)/0.1127=0.77$$

$$\mu_{yx}=-a_{12}/a_{22}=-(-0.0873)/0.1127=0.77$$

$$m_x=-a_{13}/a_{11}=0$$

$$m_y=-a_{23}/a_{22}=0$$

弯曲弹性常数为

$$E_x=12/(t^3d_{11})=12/(0.5^3\times5.87)\ \text{GPa}=16.4\ \text{GPa}$$

$$E_y=12/(t^3d_{22})=12/(0.5^3\times5.87)\ \text{GPa}=16.4\ \text{GPa}$$

$$G_{xy}=12/(t^3d_{33})=12/(0.5^3\times4.59)\ \text{GPa}=20.9\ \text{GPa}$$

$$\mu_{xy}=-d_{12}/d_{11}=-(-3.75)/5.87=0.64$$

$$\mu_{yx}=-d_{12}/d_{22}=-(-3.75)/5.87=0.64$$

$$m_x=-d_{13}/d_{11}=-(-1.43)/5.87=0.24$$

$$m_y=-d_{23}/d_{22}=-(-1.43)/5.87=0.24$$

从计算结果可以看出：① 该层合板在面内具有正交各向异性，即没有拉-剪耦合效应（$m_x=m_y=0$），x，y 轴是层合板的主轴。② 在面外不具有正交各向异性，存在弯-扭耦合效应。③ 与单层板剪切模量（5 GPa）相比，层合板具有很大的剪切模量（36.4 GPa），即这种形式的层合板具有很强的抵抗剪切变形的能力。

对于（0°/0°/0°/0°）层合板，经分析计算发现，其工程弹性常数与单层板完全一样，且面内和面外的工程弹性常数没有区别，在面内和面外都具有正交各向异性，x、y 是层合板的主轴。对于例 4.4 中的（45°/45°/45°/45°）层合板，通过计算可以得到如下结论：① 面内和面外的弹性常数相同；② 在面内以及面外，存在拉-剪耦合以及弯-扭耦合效应；③ x 方向的弹性模量、泊松比，以及剪切耦合系数，分别与 y 方向的相等。

实际使用中，一般不希望出现拉-剪耦合效应。通过调整铺设角度，很容易实现面内的正交各向异性，以避免出现拉-剪耦合效应。如例 4.6 中的$(45°/-45°)_s$对称层合板，没有拉-剪耦合效应，但弯-扭耦合效应仍然存在。例 4.3 中的$(0°/90°)_s$正交层合板，同时具有面内和面外的正交各向异性，剪切耦合系数均等于零。同时，该层合板的剪切模量和单层板相同，面内弹性模量 $E_x=E_y$，其大小约等于单层板两个主轴方向模量的均值。

3. 面内弹性常数的近似估计

通过以下方法，可以对层合板的工程弹性常数进行简便快速的估计。

$$\text{模量}=\sum(\text{单层模量}\times\text{厚度})/\sum(\text{单层厚度})\tag{4.44}$$

例 4.7　考虑例 4.3 中的$(0°/90°)_s$正交层合板，估计其弹性模量和剪切模量。

解　按标准的计算方法得到的结果是：$E_x=E_y=75.5$ GPa，$G_{xy}=5.0$ GPa。按 2.4 节的方法，考虑每个单层对 x 方向弹性模量的贡献。

对于 0°层：$E_x=E_1=140$ GPa，单层厚度为 0.125 mm。

对于 90°层：$E_x=E_2=10$ GPa，单层厚度为 0.125 mm。

整个层合板的模量根据式(4.44)估计为

$$\begin{aligned}E_x&=(140\times0.125+10\times0.125+10\times0.125+140\times0.125)/(4\times0.125)\ \text{GPa}\\&=75.0\ \text{GPa}\end{aligned}$$

$$E_y = E_x$$

$$G_{xy} = (5\times 0.125 + 5\times 0.125 + 5\times 0.125 + 5\times 0.125)/(4\times 0.125)\ \text{GPa} = 5.0\ \text{GPa}$$

对于$(0°/45°/-45°/90°)_s$层合板的面内弹性模量，标准方法计算的结果为$E_x = E_y = 54.1$ GPa，$G_{xy} = 20.7$ GPa，近似估计结果为$E_x = E_y = 44.1$ GPa，$G_{xy} = 7.0$ GPa。弹性模量近似程度较好，但剪切模量结果差异较大。对于此例中的45°或−45°层，按式(4.44)单独考虑其贡献时，拉-剪耦合效应使得弹性模量降低，导致估计结果偏保守。该例中层合板实际上不存在剪切耦合效应，因45°和−45°层的拉-剪耦合效应相互抵消掉了。

4.8　层合板的柔度计算

层合板的本构关系如式(4.10)所示，层合板内各处的应变随坐标z线性变化，按式(4.1)计算。要计算层合板内各单层板的应力应变，首先要求解出层合板的中面应变和中面曲率，即反向求解式(4.10)。

若是对称层合板，其耦合刚度矩阵$\boldsymbol{B}$恒等于零，式(4.10)变为

$$\boldsymbol{N} = \boldsymbol{A}\boldsymbol{\varepsilon}^0 \tag{4.45}$$

$$\boldsymbol{M} = \boldsymbol{D}\boldsymbol{K} \tag{4.46}$$

由此解得

$$\boldsymbol{\varepsilon}^0 = \boldsymbol{A}^{-1}\boldsymbol{N} = \boldsymbol{a}\boldsymbol{N} \tag{4.47}$$

$$\boldsymbol{K} = \boldsymbol{D}^{-1}\boldsymbol{M} = \boldsymbol{d}\boldsymbol{M} \tag{4.48}$$

这样就只需求解两个3×3矩阵的逆矩阵，计算较容易进行。若层合板是非对称的，其耦合刚度矩阵$\boldsymbol{B}$一般不为零，直接反演式(4.10)，需要求解6×6矩阵的逆矩阵，计算困难。为此，考虑以下的分阶段求逆的方法。将式(4.10)展开，得

$$\boldsymbol{N} = \boldsymbol{A}\boldsymbol{\varepsilon}^0 + \boldsymbol{B}\boldsymbol{K} \tag{4.49}$$

$$\boldsymbol{M} = \boldsymbol{B}\boldsymbol{\varepsilon}^0 + \boldsymbol{D}\boldsymbol{K} \tag{4.50}$$

由式(4.49)将应变表达为

$$\boldsymbol{\varepsilon}^0 = \boldsymbol{A}^{-1}\boldsymbol{N} - \boldsymbol{A}^{-1}\boldsymbol{B}\boldsymbol{K} \tag{4.51}$$

代入式(4.50)，即

$$\boldsymbol{M} = \boldsymbol{B}\boldsymbol{A}^{-1}\boldsymbol{N} + (\boldsymbol{D} - \boldsymbol{B}\boldsymbol{A}^{-1}\boldsymbol{B})\boldsymbol{K} \tag{4.52}$$

将式(4.51)和式(4.52)合写为

$$\begin{bmatrix} \boldsymbol{\varepsilon}^0 \\ \cdots \\ \boldsymbol{M} \end{bmatrix} = \begin{bmatrix} \boldsymbol{A}^* & \vdots & \boldsymbol{B}^* \\ \cdots & & \cdots \\ \boldsymbol{C}^* & \vdots & \boldsymbol{D}^* \end{bmatrix} \begin{bmatrix} \boldsymbol{N} \\ \cdots \\ \boldsymbol{K} \end{bmatrix} \tag{4.53}$$

式中：

$$\boldsymbol{A}^* = \boldsymbol{A}^{-1} \tag{4.54}$$

$$\boldsymbol{B}^* = -\boldsymbol{A}^{-1}\boldsymbol{B} \tag{4.55}$$

$$\boldsymbol{C}^{*}=\boldsymbol{B}\boldsymbol{A}^{-1}=-\boldsymbol{B}^{*\mathrm{T}} \tag{4.56}$$

$$\boldsymbol{D}^{*}=\boldsymbol{D}-\boldsymbol{B}\boldsymbol{A}^{-1}\boldsymbol{B} \tag{4.57}$$

将式(4.53)展开，先解出 $\boldsymbol{K}$，然后解出 $\boldsymbol{\varepsilon}^0$，最后经整理得

$$\begin{Bmatrix}\boldsymbol{\varepsilon}^0\\ \cdots\\ \boldsymbol{K}\end{Bmatrix}=\begin{bmatrix}\boldsymbol{A}' & \boldsymbol{B}'\\ \boldsymbol{C}' & \boldsymbol{D}'\end{bmatrix}\begin{Bmatrix}\boldsymbol{N}\\ \cdots\\ \boldsymbol{M}\end{Bmatrix} \tag{4.58}$$

式中各柔度矩阵分别为：

$$\boldsymbol{A}'=\boldsymbol{A}^{*}+\boldsymbol{B}^{*}\boldsymbol{D}^{*-1}\boldsymbol{B}^{*\mathrm{T}} \tag{4.59}$$

$$\boldsymbol{B}'=\boldsymbol{B}^{*}\boldsymbol{D}^{*-1} \tag{4.60}$$

$$\boldsymbol{C}'=\boldsymbol{B}'^{\mathrm{T}} \tag{4.61}$$

$$\boldsymbol{D}'=\boldsymbol{D}^{*-1} \tag{4.62}$$

采用上述分阶段求逆的方法，只需要求解两个 3×3 矩阵即 $\boldsymbol{A}$ 和 $\boldsymbol{D}^{*}$ 的逆矩阵。至于 3×3 矩阵的相乘运算，它不会带来计算上的麻烦。

例 4.8　考虑(0°/45°)层合板，各单层板在主轴方向上的刚度系数相同，但厚度不同，如图 4-16 所示。底部 0°层的厚度为 5 mm，而上部 45°层的厚度是 3 mm，求其柔度矩阵。已知单层板的刚度系数

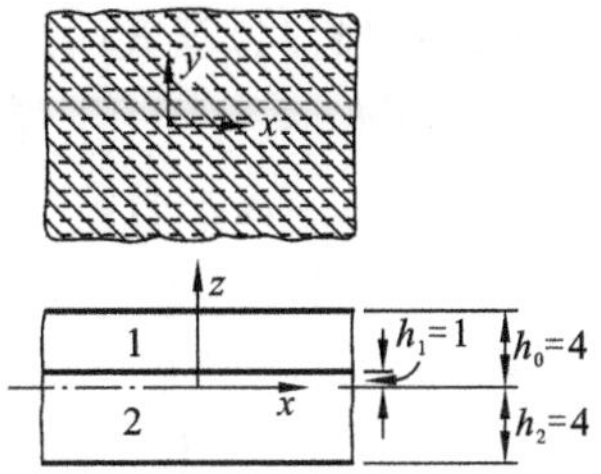

图 4-16　非对称层合板几何尺寸

$$\boldsymbol{Q}=\begin{bmatrix}20 & 0.7 & 0\\ 0.7 & 2.0 & 0\\ 0 & 0 & 0.7\end{bmatrix}\text{GPa}$$

解　0°层和 45°层的变换刚度矩阵分别为

$$\bar{\boldsymbol{Q}}_{0^\circ}=\begin{bmatrix}20 & 0.7 & 0\\ 0.7 & 2.0 & 0\\ 0 & 0 & 0.7\end{bmatrix}\text{GPa},\quad \bar{\boldsymbol{Q}}_{45^\circ}=\begin{bmatrix}6.55 & 5.15 & 4.50\\ 5.15 & 6.55 & 450\\ 4.50 & 4.50 & 5.15\end{bmatrix}\text{GPa}$$

(1) 注意各单层板厚度的不同，底部 0°层边界坐标为(−4,1)，上部 45°层坐标为(1,4)，计算刚度矩阵。

$$\begin{aligned}A_{ij}&=\sum_{k=1}^{N}t_k(\bar{Q}_{ij})_k\\ &=(\bar{Q}_{ij})_{0^\circ}[1-(-4)]+(\bar{Q}_{ij})_{45^\circ}(4-1)\\ &=5(\bar{Q}_{ij})_{0^\circ}+3(\bar{Q}_{ij})_{45^\circ}\end{aligned}$$

$$\begin{aligned}B_{ij}&=\frac{1}{2}\sum_{k=1}^{N}(\bar{Q}_{ij})_k(z_k^2-z_{k-1}^2)\\ &=\frac{1}{2}(\bar{Q}_{ij})_{0^\circ}[1^2-(-4)^2]+\frac{1}{2}(\bar{Q}_{ij})_{45^\circ}(4^2-1^2)\\ &=7.5[(\bar{Q}_{ij})_{45^\circ}-(\bar{Q}_{ij})_{0^\circ}]\end{aligned}$$

$$D_{ij}=\frac{1}{3}\sum_{k=1}^{N}(\bar{Q}_{ij})_k(z_k^3-z_{k-1}^3)$$
$$=\frac{1}{3}(\bar{Q}_{ij})_{0^\circ}(1^3-(-4)^3)+\frac{1}{3}(\bar{Q}_{ij})_{45^\circ}(4^3-1^3)$$
$$=21.67(\bar{Q}_{ij})_{0^\circ}+21(\bar{Q}_{ij})_{45^\circ}$$

$$\boldsymbol{A}=\begin{bmatrix}119.6 & 18.9 & 13.5\\ 18.9 & 29.6 & 13.5\\ 13.5 & 13.5 & 18.9\end{bmatrix}\ \text{kN/mm}$$

$$\boldsymbol{B}=\begin{bmatrix}-100.9 & 33.4 & 33.8\\ 33.4 & 34.1 & 33.8\\ 33.8 & 33.8 & 33.4\end{bmatrix}\ \text{kN}$$

$$\boldsymbol{D}=\begin{bmatrix}571.0 & 123.0 & 94.5\\ 123.0 & 181.0 & 94.5\\ 94.5 & 94.5 & 123.0\end{bmatrix}\ \text{kN}\cdot\text{mm}$$

(2) 按式(4.54)至式(4.57)计算 $\boldsymbol{A}^*$,$\boldsymbol{B}^*$,$\boldsymbol{C}^*$,$\boldsymbol{D}^*$,结果如下:

$$\boldsymbol{A}^*=10^{-2}\begin{bmatrix}0.95 & -0.44 & -0.36\\ -0.44 & 5.21 & -3.41\\ -0.36 & -3.41 & 7.99\end{bmatrix}\ \text{mm/kN}$$

$$\boldsymbol{B}^*=\begin{bmatrix}1.224 & -0.044 & -0.050\\ -1.032 & -0.479 & -0.475\\ -1.926 & -1.415 & -1.392\end{bmatrix}\ \text{mm}$$

$$\boldsymbol{C}^*=\begin{bmatrix}-1.224 & 1.032 & 1.926\\ 0.044 & 0.479 & 1.415\\ 0.050 & 0.475 & 1.392\end{bmatrix}\ \text{mm}=-\boldsymbol{B}^{*\mathrm{T}}$$

$$\boldsymbol{D}^*=\begin{bmatrix}347.95 & 63.61 & 36.68\\ 63.61 & 115.38 & 29.57\\ 36.68 & 29.57 & 58.75\end{bmatrix}\ \text{kN}\cdot\text{mm}$$

(3) 按式(4.59)至式(4.62)计算 $\boldsymbol{A}'$,$\boldsymbol{B}'$,$\boldsymbol{C}'$,$\boldsymbol{D}'$,结果如下:

$$\boldsymbol{D}'=\begin{bmatrix}0.0033 & -0.0015 & -0.0013\\ -0.0015 & 0.0106 & -0.0044\\ -0.0013 & -0.0044 & 0.0201\end{bmatrix}\ (\text{kN}\cdot\text{mm})^{-1}$$

$$\boldsymbol{B}'=\begin{bmatrix}0.0041 & -0.0021 & -0.0024\\ -0.0021 & -0.0015 & -0.0060\\ -0.0024 & -0.0060 & -0.0192\end{bmatrix}\ \text{kN}^{-1}=\boldsymbol{C}'^{\mathrm{T}}$$

$$\boldsymbol{A}'=\begin{bmatrix}0.0148 & -0.0065 & -0.0053\\ -0.0065 & 0.0578 & -0.0196\\ -0.0053 & -0.0196 & 0.1197\end{bmatrix}\ \text{mm/kN}$$

除了根据式(4.54)至式(4.62)分段求逆的方法之外，直接对 6×6 的刚度矩阵求逆，也可以得到相同的结果。此例中，$\boldsymbol{A}'$，$\boldsymbol{B}'$，$\boldsymbol{C}'$，$\boldsymbol{D}'$均为对称矩阵。一般情况下，$\boldsymbol{A}'$，$\boldsymbol{D}'$是对称矩阵，$\boldsymbol{B}'$，$\boldsymbol{C}'$不一定是对称矩阵，但满足关系 $\boldsymbol{B}'=\boldsymbol{C}'^{\mathrm{T}}$。

习　题

4.1　求$(0°/90°)_s$碳/环氧层合板的面内弹性常数 E_x，E_y，μ_{xy}，G_{xy}。已知 $E_1=140$ GPa，$E_2=7$ GPa，$G_{12}=4.5$ GPa，$\mu_{12}=0.32$。

4.2　比较图 4-17(a)，(b)所示两种准各向同性板沿 x 方向的弯曲刚度 D_{11}。

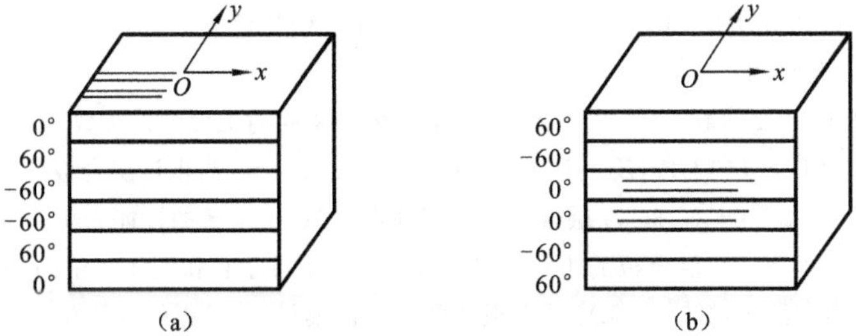

图 4-17　两种准各向同性板

4.3　玻璃纤维增强复合材料交织纤维板在主轴方向上的弹性常数为 $E_G=23$ GPa，$\mu_G=0.17$，碳纤维增强复合材料交织纤维板在主轴方向上的弹性常数为$E_C=50$ GPa，$\mu_C=0.1$，厚度均为 t。比较$(\mathrm{GFRP/CFRP})_s$层合板和$(\mathrm{CFRP/GFRP})_s$层合板的弯曲刚度系数 D_{11}。

4.4　确定非对称双金属梁的拉伸刚度矩阵、耦合刚度矩阵和弯曲刚度矩阵。两金属层等厚度，均为 t，总厚度为 $2t$。

4.5　推导$(\mathrm{M1/M2})_s$对称双金属梁的拉伸和弯曲刚度表达式，各单层厚度 $t/4$。由此计算(铝/钢)$_s$层合板的工程弹性常数。已知单层板厚度为 0.125 mm，钢和铝的弹性模量分别为 200 GPa，70 GPa，泊松比均为 0.3。

4.6　已知 T300/5208 单层板的厚度为 0.2 mm，求(30°/−30°)反对称层合板的刚度系数 A_{ij}，B_{ij}，D_{ij}。单层板性能参数如下：$E_1=181$ GPa，$E_2=10.3$ GPa，$G_{12}=7.17$ GPa，$\mu_{12}=0.28$。

4.7　求$(30°/-30°)_s$对称层合板的刚度系数。单层板的性能同题 4.6。

4.8　证明$(\theta/-\theta/\theta/-\theta)$反对称层合板的刚度系数 $D_{16}=D_{26}=0$。各单层厚度相同。

4.9　若对称层合板 $A_{16}=A_{26}=0$，证明以下关系成立：

$$E_x=(A_{11}A_{22}-A_{12}^2)/A_{22}t$$

$$E_y=(A_{11}A_{22}-A_{12}^2)/A_{11}t$$

$$\mu_{xy}=A_{12}/A_{22},\quad \mu_{yx}=A_{12}/A_{11},\quad G_{xy}=A_{66}/t$$

对于准各向同性板，拉伸刚度系数还应满足什么条件?

4.10　考虑两种特殊的反对称层合板：(0°/0°/90°/90°)层合板 A，(0°/90°/0°/90°)层合板 B。单层板性能和例 4.1 中的相同。比较其耦合刚度系数 B_{11}。

4.11　比较两种反对称层合板，即(45°/45°/−45°/−45°)层合板 A 和(45°/−45°/45°/−45°)层合板 B 的耦合刚度系数 B_{16}。单层板性能和例 4.1 中的相同。

4.12 证明式(4.16)和式(4.13)是等价的。

4.13 证明$(0°/\pm45°/90°)_s$层合板是一种准各向同性板。

4.14 计算三种对称层合板的拉伸刚度和弯曲刚度矩阵,单层板性能与例4.4中的相同。三种层合板分别为:$(45°/45°/45°/45°/-45°/-45°/-45°/-45°)_s$层合板A,$(45°/45°/-45°/-45°/45°/45°/-45°/-45°)_s$层合板B,$(45°/-45°/45°/-45°/45°/-45°/45°/-45°)_s$层合板C。

4.15 (1) 证明:$(90°/0°)_s$层合板和$(0°/90°)_s$层合板拉伸刚度矩阵相同,弯曲刚度矩阵1方向和2方向对调。

(2) 对于例4.3中的$(0°/90°)_s$层合板,求其工程弹性常数。

4.16 证明:(0°/0°/0°/0°)层合板的工程弹性常数(拉伸以及弯曲两种情况)和单层板的弹性常数相同。

4.17 对于例4.5中的$(45°/-45°)_s$层合板,求其工程弹性常数。若将45°和−45°铺设角度位置互换,结果会怎样?

4.18 证明:(45°/45°/45°/45°)层合板与45°单层板有相同的工程弹性常数。若单层板在主轴方向上的性能参数为$E_1=140$ GPa,$E_2=10$ GPa,$G_{12}=5$ GPa,$\mu_{12}=0.3$,求该层合板的弹性常数。

4.19 计算$(0°/45°/-45°/90°)_s$层合板的工程弹性常数,单层板的性能和例4.1中的相同。

4.20 计算$(30°/45°)_s$层合板的工程弹性常数,单层板的性能和例4.1中的相同。

4.21 用近似方法求$(45°/-45°)_s$层合板的面内弹性模量,单层板的性能和例4.1中的相同。

4.22 用近似方法求$(0°/45°/-45°/90°)_s$层合板的面内弹性模量,单层板的性能和例4.1中的相同。

4.23 证明式(4.54)至式(4.62)成立。

4.24 证明式(4.59)中的柔度矩阵$\boldsymbol{A}'$、式(4.62)中的柔度矩阵$\boldsymbol{D}'$为对称矩阵。

4.25 柔度矩阵$\boldsymbol{A}'$、$\boldsymbol{B}'$、$\boldsymbol{C}'$、$\boldsymbol{D}'$的量纲分别是什么?

4.26 计算例4.1中(45°/−45°)层合板的柔度系数矩阵$\boldsymbol{A}'$,$\boldsymbol{B}'$,$\boldsymbol{C}'$,$\boldsymbol{D}'$。

4.27 计算例4.2中(0°/90°)层合板的柔度系数矩阵$\boldsymbol{A}'$,$\boldsymbol{B}'$,$\boldsymbol{C}'$,$\boldsymbol{D}'$。

4.28 对于习题4.26和4.27,利用MATLAB等软件,直接对6×6的刚度矩阵求逆运算,验证所得结果与由降阶求解公式所得的结果相等。

4.29 利用(4.54)～(4.57),证明:

$$\boldsymbol{A}'=\boldsymbol{A}^{-1}+\boldsymbol{A}^{-1}(\boldsymbol{A}\boldsymbol{B}^{-1}\boldsymbol{D}\boldsymbol{B}^{-1}-\boldsymbol{I})^{-1}$$

$$\boldsymbol{B}'=-(\boldsymbol{D}\boldsymbol{B}^{-1}\boldsymbol{A}-\boldsymbol{B})^{-1}$$

第5章 层合板的强度分析和计算方法

层合板是否破坏，判定的标准有首层破坏准则(FPF)和最终层破坏准则(LPF)。前者给出首层破坏对应的强度，计算相对容易。后者需要模拟层合板的逐次破坏过程，计算较为复杂。本章结合几个典型算例，详述了强度预测的分析方法和步骤。根据不同的刚度退化假设以及载荷是否重新分布的假设，给出了不同的极限强度预测值。工程实际中，采用较保守的预测方法是首选，极限强度的简易估计方法也值得参考。本章最后介绍了层合板自由边界处的层间应力与分层破坏的关系。适当改变边界处几何尺寸形状，或采用边界增强等措施，可以产生一定的脱层抑制效果。

5.1 层合板的应力与强度分析

层合板受力后，除了产生单层板面内应力外，由于层与层之间相互约束的作用，也会产生较复杂的面外应力。面内应力或面外应力达到一定的临界值时，会引发层合板某种形式的破坏。面外应力的求解比较困难，对此将在后面说明。本节介绍层合板内各单层板的面内应力的求解方法。

考虑对称层合板受拉伸内力 N_x 作用的情况。设 x，y 轴是层合板的主轴(参照4.5节)，则本构关系由式(4.25)表示。由此解出中面应变为

$$\begin{cases} \varepsilon_x^0 = \dfrac{A_{22}}{A_{11}A_{22}-A_{12}^2}N_x \\ \varepsilon_y^0 = -\dfrac{A_{12}}{A_{11}A_{22}-A_{12}^2}N_x \\ \gamma_{xy}^0 = 0 \end{cases} \tag{5.1}$$

由式(5.1)确定的应变也是层合板中各单层的应变，即在此情况下，层合板参考坐标系下各处的应变不随位置发生改变。知道了应变，则由单层板的应力应变关系，可以求出各个单层板的应力分量

$$\begin{bmatrix} \sigma_x \\ \sigma_y \\ \tau_{xy} \end{bmatrix} = \begin{bmatrix} \bar{Q}_{11} & \bar{Q}_{12} & \bar{Q}_{16} \\ & \bar{Q}_{22} & \bar{Q}_{26} \\ \text{sym.} & & \bar{Q}_{66} \end{bmatrix} \begin{bmatrix} \varepsilon_x^0 \\ \varepsilon_y^0 \\ \gamma_{xy}^0 \end{bmatrix} \tag{5.2}$$

由于各个单层纤维方向不同，在 Oxy 坐标系下的弹性模量是不一样的。因此，虽然应变沿高度没有变化，但应力分量沿高度是变化的。应变分量 $\varepsilon_x = \varepsilon_x^0$ 和应力分量 σ_x 的分布示意图如图5-1所示。根据式(5.2)确定了各单层板内的应力分量后，利用单层板的

强度准则和分析方法,就可以判定层合板内哪些单层有可能发生破坏。

关于层合板的强度有两种基本的考虑方法。一种方法是:层合板内任何一层发生破坏,则认定层合板破坏。此即首层破坏(first ply failure,FPF)准则。另一种考虑是:层合板内某个单层破坏后,层合板还可继续承担载荷,只有在所有单层破坏之后,才认定层合板破坏。此即最终层破坏(last ply failure,LPF)准则。对于压力容器等结构,单层的破坏加上分层断裂会引发泄漏,应采用 FPF 准则。工程中许多结构件都不允许发生单层破坏。单层破坏会导致整个层合板的刚度下降,如图 5-2 所示。图中曲线斜率发生变化的地方称为弯折点或角点。

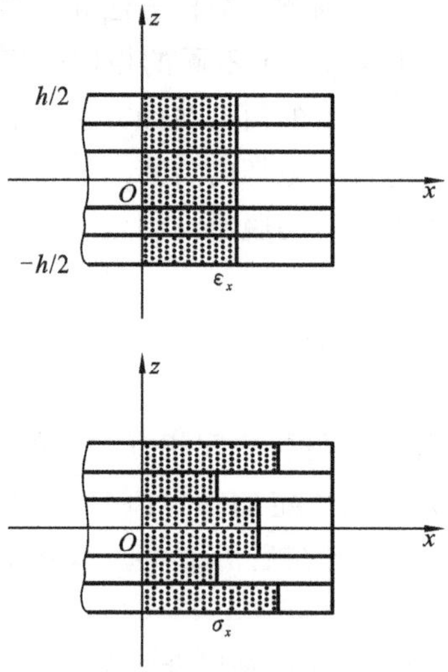

图 5-1　层合板内的应变和应力

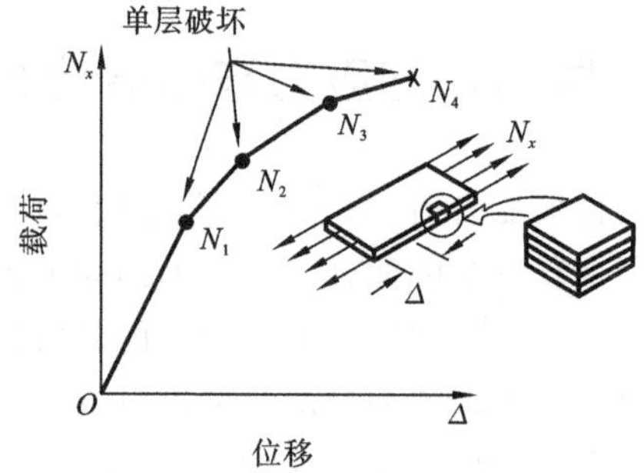

图 5-2　层合板中各单层板逐次破坏

5.2　层合板的破坏形态

层合板结构多种多样,破坏机理是非常复杂的。根据基本的破坏形态可分为基体开裂、纤维断裂,以及分层破坏。前两种破坏是由面内的应力分量引起的,后一种破坏起因于面外应力(层间应力)。

考虑(0°/90°/90°/0°)正交层合板受单轴拉伸的情况,这时,各单层沿纤维方向的剪应力为零,因此,只可能发生轴向或横向破坏。随着外载增加,首先在 90°层发生基体开裂(见图 5-3(a)),由于载荷大部分由 0°层承担(约 85%),90°层基体开裂并不会引起 0°层拉伸应力的很大变化;此后,随着载荷继续增大,0°层的横向收缩受到 90°层的限制,使得横向拉伸应力 σ_2 增大,导致平行纤维方向裂纹的发生(见图 5-3(b)),同时,90°层内基体裂纹密度增大。当载荷达到纤维方向的断裂临界值 σ_{1u}时,发生层合板整体断裂。

层间应力是引发层合板断裂的另一原因。单层板之间的载荷传递是通过层间剪

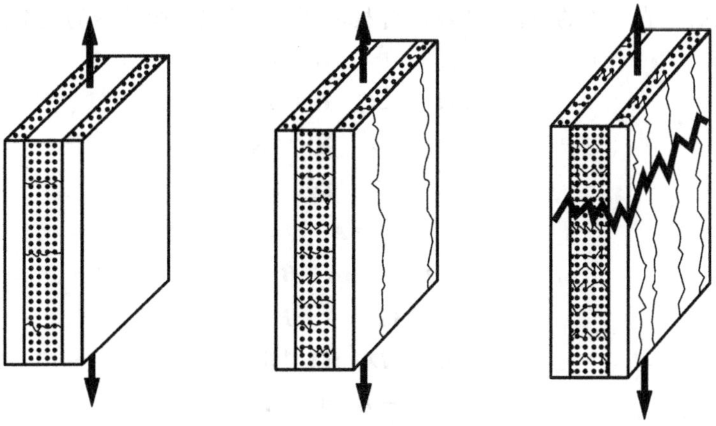

图 5-3　正交层合板破坏示意图

应力来实现的。因此,(面外)剪应力可能引起层间裂纹的发生。图 5-4 是面外剪应力引发分层破坏的示意图。层间应力发生在自由边界的附近,是一种局部效应。当试样宽度较小时,层间应力对强度的影响较大。随着试样宽度的增加,层间应力的影响迅速减小。

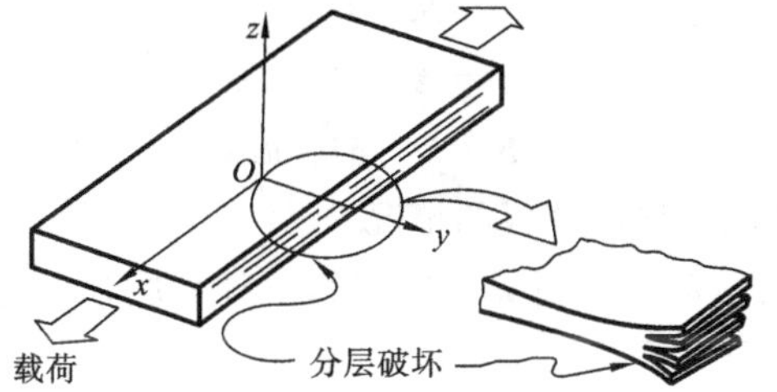

图 5-4　自由边界处分层破坏

5.3　首层破坏强度

对于一般的层合板结构,确定首层破坏强度的基础是分析各单层的应力,然后利用强度准则进行判断和计算。5.1 节针对对称层合板受 N_x 作用的情况做了简要的说明。一般情况下首层破坏强度的分析步骤如下。

(1) 根据层合板铺层结构,计算刚度 A_{ij},B_{ij} 和 D_{ij}。

$$\begin{cases} A_{ij} = \sum_{k} t_k (\bar{Q}_{ij})_k \\ B_{ij} = \sum_{k} t_k \bar{z}_k (\bar{Q}_{ij})_k \\ D_{ij} = \sum_{k} \left[t_k (\bar{z}_k)^2 + \frac{t_k^3}{12} \right] (\bar{Q}_{ij})_k \end{cases} \tag{5.3}$$

(2) 按 4.8 节介绍的方法,计算层合板的柔度,得到本构关系的反演形式,即

$$\begin{bmatrix} \boldsymbol{N} \\ \boldsymbol{M} \end{bmatrix} = \begin{bmatrix} \boldsymbol{A} & \boldsymbol{B} \\ \boldsymbol{C} & \boldsymbol{D} \end{bmatrix} \begin{bmatrix} \boldsymbol{\varepsilon}^0 \\ \boldsymbol{K} \end{bmatrix} \tag{5.4}$$

$$\begin{bmatrix} \boldsymbol{\varepsilon}^0 \\ \boldsymbol{K} \end{bmatrix} = \begin{bmatrix} \boldsymbol{A}' & \boldsymbol{B}' \\ \boldsymbol{C}' & \boldsymbol{D}' \end{bmatrix} \begin{bmatrix} \boldsymbol{N} \\ \boldsymbol{M} \end{bmatrix} \tag{5.5}$$

$$\boldsymbol{A}^* = \boldsymbol{A}^{-1}$$

$$\boldsymbol{B}^* = -\boldsymbol{A}^{-1}\boldsymbol{B}$$

$$\boldsymbol{C}^* = \boldsymbol{B}\boldsymbol{A}^{-1} = -\boldsymbol{B}^{*\mathrm{T}}$$

$$\boldsymbol{D}^* = \boldsymbol{D} - \boldsymbol{B}\boldsymbol{A}^{-1}\boldsymbol{B}$$

$$\boldsymbol{A}' = \boldsymbol{A}^* + \boldsymbol{B}^*\boldsymbol{D}^{*-1}\boldsymbol{B}^{*\mathrm{T}}$$

$$\boldsymbol{B}' = \boldsymbol{B}^*\boldsymbol{D}^{*-1}, \quad \boldsymbol{C}' = \boldsymbol{B}'^{\mathrm{T}}, \quad \boldsymbol{D}' = \boldsymbol{D}^{*-1}$$

式中:$\boldsymbol{N} = [N_x \quad N_y \quad N_{xy}]^{\mathrm{T}}$ 是单位宽度合内力;$\boldsymbol{M} = [M_x \quad M_y \quad M_{xy}]^{\mathrm{T}}$ 是单位宽度弯矩(扭矩);$\boldsymbol{\varepsilon}^0 = [\varepsilon_x \quad \varepsilon_y \quad \gamma_{xy}]^{\mathrm{T}}$ 是层合板中面应变;$\boldsymbol{K} = [K_x \quad K_y \quad K_{xy}]^{\mathrm{T}}$ 是中面弯曲率(扭曲率)。

若是对称层合板,$B_{ij}=0$,因此式(5.4)、式(5.5)分别变为

$$\begin{cases} \boldsymbol{N} = \boldsymbol{A}\boldsymbol{\varepsilon}^0 \\ \boldsymbol{M} = \boldsymbol{D}\boldsymbol{K} \end{cases} \tag{5.6}$$

$$\begin{cases} \boldsymbol{\varepsilon}^0 = \boldsymbol{A}^{-1}\boldsymbol{N} = \boldsymbol{a}\boldsymbol{N} \\ \boldsymbol{K} = \boldsymbol{D}^{-1}\boldsymbol{M} = \boldsymbol{d}\boldsymbol{M} \end{cases} \tag{5.7}$$

以下无特别申明,均考虑对称层合板的情况。

(3) 由式(5.5)或式(5.7)求得 $\boldsymbol{\varepsilon}^0$ 和 $\boldsymbol{K}$ 后,可计算层合板内任一点(任一单层)的应变,即

$$\begin{bmatrix} \varepsilon_x \\ \varepsilon_y \\ \gamma_{xy} \end{bmatrix} = \begin{bmatrix} \varepsilon_x^0 \\ \varepsilon_y^0 \\ \gamma_{xy}^0 \end{bmatrix} + z \begin{bmatrix} K_x \\ K_y \\ K_{xy} \end{bmatrix} \tag{5.8}$$

$$\begin{bmatrix} \varepsilon_1 \\ \varepsilon_1 \\ \gamma_{12} \end{bmatrix} = \begin{bmatrix} m^2 & n^2 & mn \\ n^2 & m^2 & -mn \\ -2mn & 2mn & m^2-n^2 \end{bmatrix} \begin{bmatrix} \varepsilon_x \\ \varepsilon_y \\ \gamma_{xy} \end{bmatrix} \tag{5.9}$$

(4) 求层合板内任一单层的应力。

$$\begin{bmatrix} \sigma_1 \\ \sigma_2 \\ \tau_{12} \end{bmatrix} = \begin{bmatrix} Q_{11} & Q_{12} & 0 \\ Q_{12} & Q_{22} & 0 \\ 0 & 0 & Q_{66} \end{bmatrix} \begin{bmatrix} \varepsilon_1 \\ \varepsilon_2 \\ \gamma_{12} \end{bmatrix} \tag{5.10}$$

$$Q_{11} = E_1/(1-\mu_{12}\mu_{21}), \quad Q_{12} = \mu_{12}Q_{11}$$

$$Q_{22} = E_2/(1-\mu_{12}\mu_{21}), \quad Q_{66} = G_{12}$$

(5) 将由式(5.10)求得的单层主轴方向的应力分量代入适当的强度准则,计算

出相应的破坏指标(F. I.)，确定首层破坏强度。

例 5.1　考虑$(0°/90°)_s$碳/环氧正交层合板，其受拉伸内力 N_x 作用。单层板性能参数 $E_1=140$ GPa，$E_2=10$ GPa，$G_{12}=5$ GPa，$\mu_{12}=0.3$，$X_t=1500$ GPa，$X_c=1200$ MPa，$Y_t=50$ MPa，$Y_c=250$ MPa，$S=70$ MPa，$t_p=0.125$ mm；$N_x=100$ N/mm。判断各层是否破坏，并确定首层破坏强度。若 N_x 改为压缩作用，结果如何？

解　由弹性性能参数求出单层板刚度系数矩阵，以及层合板的拉伸刚度矩阵和柔度矩阵分别为

$$\boldsymbol{Q}=\begin{bmatrix}140.9 & 3.0 & 0\\ 3.0 & 10.1 & 0\\ 0 & 0 & 5.0\end{bmatrix}\text{ GPa}$$

$$\boldsymbol{A}=\begin{bmatrix}37.8 & 1.5 & 0\\ 1.5 & 37.8 & 0\\ 0 & 0 & 2.5\end{bmatrix}\text{ kN/mm}$$

$$\boldsymbol{a}=\begin{bmatrix}0.0265 & -0.0011 & 0\\ -0.0011 & 0.0265 & 0\\ 0 & 0 & 0.4000\end{bmatrix}\text{ mm/kN}$$

求得应变为

$$\begin{bmatrix}\varepsilon_x^0\\ \varepsilon_y^0\\ \gamma_{xy}^0\end{bmatrix}=\boldsymbol{a}\begin{bmatrix}100\\ 0\\ 0\end{bmatrix}=\begin{bmatrix}2650\\ -110\\ 0\end{bmatrix}\times 10^{-6}$$

0°层主轴方向的应变就等于上面的应变，对于 90°层主轴方向的应变只需将 ε_x^0 和 ε_y^0 的位置互换就行。

求得 0°层应力为

$$\begin{bmatrix}\sigma_1\\ \sigma_2\\ \tau_{12}\end{bmatrix}=\boldsymbol{Q}\begin{bmatrix}2650\\ -110\\ 0\end{bmatrix}\times 10^{-6}=\begin{bmatrix}373\\ 7\\ 0\end{bmatrix}\text{ MPa}$$

由最大应力准则求破坏指标：

$$\text{F. I. }(1)=373/1500=0.25$$

$$\text{F. I. }(2)=7/50=0.14$$

$$\text{F. I. }(12)=0/70=0$$

90°层应力和破坏指标分别为

$$\begin{bmatrix}\sigma_1\\ \sigma_2\\ \tau_{12}\end{bmatrix}=\boldsymbol{Q}\begin{bmatrix}-110\\ 2650\\ 0\end{bmatrix}\times 10^{-6}=\begin{bmatrix}-7\\ 26\\ 0\end{bmatrix}\text{ MPa}$$

$$\text{F. I. }(1)=7/1200=0.01$$

$$F.I.(2)=26/50=0.52$$

$$F.I.(12)=0/70=0$$

从计算结果看出,90°层横方向的破坏指标最大,但小于 1。所以在 $N_x=100$ N/mm 作用下,没有哪一层会发生破坏,层合板可以承担更大的载荷。由最大应力准则求得的破坏指标与载荷成比例,因此,为使最大的破坏指标刚好等于 1,将 N_x 扩大 1/0.52 倍,这样可求得首层破坏的临界载荷为

$$N_{xc}=100/0.52\ \text{N/mm}=192\ \text{N/mm}$$

整个层合板厚 $h=0.125\times 4$ mm$=0.5$ mm,所以,破坏强度为

$$\sigma_{xc}=N_{xc}/h=384\ \text{MPa}$$

根据对称性,这里所指的首层破坏实际上是两个 90°层同时破坏。

若 N_x 改为压缩作用,则 0°层应力将改变方向,大小不变,有

$$\begin{bmatrix}\sigma_1\\\sigma_2\\\tau_{12}\end{bmatrix}=\begin{bmatrix}-373\\-7\\0\end{bmatrix}\text{MPa},\quad \begin{bmatrix}F.I.1\\F.I.2\\F.I.12\end{bmatrix}=\begin{bmatrix}373/1200=0.311\\7/250=0.028\\0\end{bmatrix}$$

同样,90°层应力也改变符号,有

$$\begin{bmatrix}\sigma_1\\\sigma_2\\\tau_{12}\end{bmatrix}=\begin{bmatrix}7\\-26\\0\end{bmatrix}\text{MPa},\quad \begin{bmatrix}F.I.1\\F.I.2\\F.I.12\end{bmatrix}=\begin{bmatrix}7/1500=0.005\\26/250=0.104\\0\end{bmatrix}$$

首层破坏的临界载荷为

$$N_{xc}=100/0.311\ \text{N/mm}=322\ \text{N/mm}$$

例 5.2 层合板与上例完全相同,受单位宽度弯矩 $M_x=10$ N · mm/mm 作用,规定向下弯时 M_x 为正。问:是否有单层破坏发生?

解 根据公式求层合板弯曲刚度矩阵和柔度矩阵,分别如下:

$$\boldsymbol{D}=\begin{bmatrix}1.2981 & 0.0313 & 0\\0.0313 & 0.2753 & 0\\0 & 0 & 0.0521\end{bmatrix}\text{kN}\cdot\text{mm}$$

$$\boldsymbol{d}=\begin{bmatrix}0.77 & -0.09 & 0\\-0.09 & 3.64 & 0\\0 & 0 & 19.19\end{bmatrix}(\text{kN}\cdot\text{mm})^{-1}$$

求得层合板中面曲率为

$$\begin{bmatrix}K_x\\K_y\\K_{xy}\end{bmatrix}=\boldsymbol{d}\begin{bmatrix}10\\0\\0\end{bmatrix}=\begin{bmatrix}7700\\-900\\0\end{bmatrix}\times 10^{-6}\ \text{mm}^{-1}$$

第一层(0°层)底面的位置坐标 $z=-0.25$ mm,因此

$$\begin{bmatrix}\varepsilon_x\\\varepsilon_y\\\gamma_{xy}\end{bmatrix}=z\begin{bmatrix}K_x\\K_y\\K_{xy}\end{bmatrix}=\begin{bmatrix}-1925\\225\\0\end{bmatrix}\times 10^{-6}$$

应变随高度呈线性分布，如图 5-5 所示。各单层的应变以各层中面处的应变作为代表。

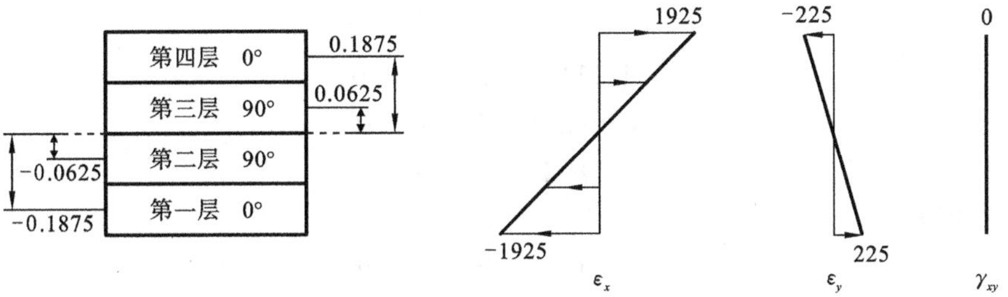

图 5-5　应变分布

第一层（0°层）中面位置坐标 $z=-0.1875$ mm，因此有

$$\begin{bmatrix}\varepsilon_x\\ \varepsilon_y\\ \gamma_{xy}\end{bmatrix}=z\begin{bmatrix}K_x\\ K_y\\ K_{xy}\end{bmatrix}=\begin{bmatrix}-1444\\ 169\\ 0\end{bmatrix}\times10^{-6},\quad \begin{bmatrix}\varepsilon_1\\ \varepsilon_2\\ \gamma_{12}\end{bmatrix}=\begin{bmatrix}\varepsilon_x\\ \varepsilon_y\\ \gamma_{xy}\end{bmatrix}$$

第二层（90°层）中面位置坐标 $z=-0.0625$ mm，相应的应变为

$$\begin{bmatrix}\varepsilon_x\\ \varepsilon_y\\ \gamma_{xy}\end{bmatrix}=z\begin{bmatrix}K_x\\ K_y\\ K_{xy}\end{bmatrix}=\begin{bmatrix}-481\\ 56\\ 0\end{bmatrix}\times10^{-6},\quad \begin{bmatrix}\varepsilon_1\\ \varepsilon_2\\ \gamma_{12}\end{bmatrix}=\begin{bmatrix}56\\ -481\\ 0\end{bmatrix}\times10^{-6}$$

第三、第四层的应变分别与第二、第一层相差一负号，大小相等。以下求各层的应力分量和破坏指标。

第一层：

$$\begin{bmatrix}\sigma_1\\ \sigma_2\\ \tau_{12}\end{bmatrix}_1=\boldsymbol{Q}\begin{bmatrix}-1444\\ 169\\ 0\end{bmatrix}\times10^{-6}=\begin{bmatrix}-203\\ -3\\ 0\end{bmatrix}\ \text{MPa}$$

$$\text{F. I. }(1)=203/1200=0.17$$

$$\text{F. I. }(2)=3/250=0.01$$

$$\text{F. I. }(12)=0$$

第二层：

$$\begin{bmatrix}\sigma_1\\ \sigma_2\\ \tau_{12}\end{bmatrix}_2=\boldsymbol{Q}\begin{bmatrix}56\\ -481\\ 0\end{bmatrix}\times10^{-6}=\begin{bmatrix}6\\ -5\\ 0\end{bmatrix}\ \text{MPa}$$

$$\text{F. I. }(1)=6/1500=0.01$$

$$\text{F. I. }(2)=5/250=0.02$$

$$\text{F. I. }(12)=0$$

第三层：

$$\begin{bmatrix}\sigma_1\\ \sigma_2\\ \tau_{12}\end{bmatrix}_3=\boldsymbol{Q}\begin{bmatrix}-56\\ 481\\ 0\end{bmatrix}\times 10^{-6}=\begin{bmatrix}-6\\ 5\\ 0\end{bmatrix}\ \mathrm{MPa}$$

$$\mathrm{F.\,I.}(1)=6/1200=0.01$$

$$\mathrm{F.\,I.}(2)=5/50=0.01$$

$$\mathrm{F.\,I.}(12)=0$$

第四层:

$$\begin{bmatrix}\sigma_1\\ \sigma_2\\ \tau_{12}\end{bmatrix}_4=\boldsymbol{Q}\begin{bmatrix}1444\\ -169\\ 0\end{bmatrix}\times 10^{-6}=\begin{bmatrix}203\\ 3\\ 0\end{bmatrix}\ \mathrm{MPa}$$

$$\mathrm{F.\,I.}(1)=203/1500=0.14$$

$$\mathrm{F.\,I.}(2)=3/50=0.06$$

$$\mathrm{F.\,I.}(12)=0$$

最大破坏指标 0.17 出现在第一层,因此,求得临界载荷为

$$M_{xc}=10/0.17\ \mathrm{N\cdot mm/mm}=58.8\ \mathrm{N\cdot mm/mm}$$

这里的首层破坏是第一层(底层)的压缩破坏。由于载荷关于层合板中面非对称,第四层并不发生破坏。

5.4 最终层破坏强度

1. 单层破坏引起载荷的重新分布

5.3 节关于首层破坏强度的分析计算思路是,根据具体的载荷形式,首先假定一个载荷值,如 N_0。由最大应力准则,计算各单层的破坏指标,并找出最大破坏指标 $(\mathrm{F.\,I.})_{\max}$。最大破坏指标所在的单层最危险,即最容易发生破坏。基于最大应力准则得到的破坏指标与载荷成比例,因此,发生首层破坏的载荷确定为 $N_0/(\mathrm{F.\,I.})_{\max}$。即在 N_0 作用下,若最大破坏指标小于 1,说明尚未发生单层的破坏,载荷可以增加 $N_0/(\mathrm{F.\,I.})_{\max}$,使得最危险的单层刚好发生破坏。反之,则应减小 $N_0/(\mathrm{F.\,I.})_{\max}$。若采用 Tsai-Hill 准则等其他强度理论,可以类似地求出首层破坏强度。要注意的是,这时破坏指标与载荷并不成比例,计算载荷放大倍数或减小载荷时不能照搬上面的方法。

发生某单层的破坏后,剩余的材料有可能继续承担较大的载荷。为计算层合板的极限载荷,需要对首层破坏发生之后的结构进行分析。

一旦发生首层破坏,层合板整体刚度会下降,同时载荷将重新分布,各单层板的应力也将重新分布。因此,在发生首层破坏之后,需要计算层合板的剩余刚度,从而确定载荷重新分布后导致的各单层板的应力。继续增加外载,当层合板内的另一单层达到相应的极限应力时,就发生第二层破坏,层合板刚度再次下降,载荷又一次发

生重新分布……这个过程反复进行，直至发生最后一个单层的破坏。由此确定层合板的极限载荷，或最终层破坏强度。

2. 刚度修正方法

对发生破坏的单层板，有两种刚度修正的方法。

第一种方法称为完全破坏假定：只要发生单层板的破坏，不管是何种破坏模式，该层所有刚度均消失，即 $E_1=0,E_2=0,G_{12}=0$。但该层的厚度以及在层合板中的位置保持不变，即单层发生破坏后，其应变仍然与层合板保持协调。因为刚度为零，所以其应力必为零。

第二种方法称为部分破坏假定：当发生基体拉压破坏或剪切破坏时，令 $E_2=0$，$G_{12}=0$，但 E_1 保持不变；当发生纤维断裂时，所有刚度都为零，即 $E_1=0,E_2=0,G_{12}=0$。需要指出的是，由于复合材料内各种破坏模式相互影响，并且很难定量描述这种影响，作为一种保守估计，应该首选第一种刚度修正的方法，即按照完全破坏假定来计算。

3. 层合板最终强度的分析计算步骤

以对称层合板受 x 方向的拉伸作用为例，说明最终层破坏强度的计算步骤。

(1) 按 5.3 节介绍的方法确定首层破坏的极限载荷 N_1^*。

(2) 将已发生破坏的单层刚度系数设为零，重新计算层合板的刚度和柔度。

(3) 考虑到发生破坏的单层应力释放，载荷重新分布，根据修正后的刚度，计算 N_1^* 作用下各单层板的破坏指标，检查其他层是否破坏。若破坏，则再次修正刚度和柔度；若未破坏，则进入下一步。

(4) 增加载荷，使其刚好引发第二层破坏，求得第二层破坏的极限载荷 N_2^*。回到第(2)步。

(5) 重复上述过程，直至最终层发生破坏，得到最终的极限载荷。

例 5.3　考虑共有八层的 $(0°/45°/-45°/90°)_s$ 碳/环氧准各向同性板，受拉伸内力 N_x 作用，应用最大应力准则和完全破坏假定，求该层合板的极限载荷。已知单层板性能参数 $E_1=140$ GPa，$E_2=10$ GPa，$G_{12}=5$ GPa，$\mu_{12}=0.3$，$X_t=1500$ MPa，$X_c=1200$ MPa，$Y_t=50$ MPa，$Y_c=250$ MPa，$S=70$ MPa，单层板厚度 $t_p=0.125$ mm，拉伸内力 $N_x=100$ N/mm。

解　(1) 求首层破坏极限载荷。参照例 5.1，写出刚度矩阵：

$$\boldsymbol{Q}=\begin{bmatrix}140.9 & 3.0 & 0\\ 3.0 & 10.1 & 0\\ 0 & 0 & 5.0\end{bmatrix}\text{GPa}$$

单层板变换刚度矩阵分别为

$$\bar{\boldsymbol{Q}}_{0°}=\begin{bmatrix}140.9 & 3.0 & 0\\ 3.0 & 10.1 & 0\\ 0 & 0 & 5.0\end{bmatrix}\text{GPa}$$

$$\bar{\boldsymbol{Q}}_{90^\circ}=\begin{bmatrix}10.1 & 3.0 & 0\\ 3.0 & 140.9 & 0\\ 0 & 0 & 5.0\end{bmatrix}\ \text{GPa}$$

$$\bar{\boldsymbol{Q}}_{\pm45^\circ}=\begin{bmatrix}44.3 & 34.3 & \pm32.7\\ 34.3 & 44.3 & \pm32.7\\ \pm32.7 & \pm32.7 & 36.3\end{bmatrix}\ \text{GPa}$$

层合板拉伸刚度矩阵和柔度矩阵分别为

$$\boldsymbol{A}=\begin{bmatrix}59.9 & 18.7 & 0\\ 18.7 & 59.9 & 0\\ 0 & 0 & 20.7\end{bmatrix}\ \text{kN/mm}$$

$$\boldsymbol{a}=\begin{bmatrix}0.0185 & -0.0058 & 0\\ -0.0058 & 0.0185 & 0\\ 0 & 0 & 0.0483\end{bmatrix}\ \text{mm/kN}$$

整个层合板厚度为 8×0.125 mm=1 mm,所以初始弹性模量为

$$E_x=1/(ta_{11})=1/(1\times0.0185)\ \text{GPa}=54.1\ \text{GPa}$$

假设 $N_x=100$ N/mm,则层合板中面应变为

$$\begin{bmatrix}\varepsilon_x^0\\ \varepsilon_y^0\\ \gamma_{xy}^0\end{bmatrix}=\boldsymbol{a}\begin{bmatrix}100\\ 0\\ 0\end{bmatrix}=\begin{bmatrix}1850\\ -580\\ 0\end{bmatrix}\times10^{-6}$$

0°层(第一和第八层)主轴方向应变、应力及破坏指标分别为

$$\begin{bmatrix}\varepsilon_1\\ \varepsilon_2\\ \gamma_{12}\end{bmatrix}=\begin{bmatrix}1850\\ -580\\ 0\end{bmatrix}\times10^{-6},\qquad \begin{bmatrix}\sigma_1\\ \sigma_2\\ \tau_{12}\end{bmatrix}=\boldsymbol{Q}\begin{bmatrix}\varepsilon_1\\ \varepsilon_2\\ \gamma_{12}\end{bmatrix}=\begin{bmatrix}259\\ -0.3\\ 0\end{bmatrix}\ \text{MPa}$$

$$\text{F. I.}(1)=259/1500=0.17$$

$$\text{F. I.}(2)=0.3/250=0.01$$

$$\text{F. I.}(12)=0$$

45°层(第二和第七层)主轴方向应变、应力及破坏指标分别为

$$\begin{bmatrix}\varepsilon_1\\ \varepsilon_2\\ \gamma_{12}\end{bmatrix}=\begin{bmatrix}0.5 & 0.5 & 0.5\\ 0.5 & 0.5 & -0.5\\ -1 & 1 & 0\end{bmatrix}\begin{bmatrix}1850\\ -580\\ 0\end{bmatrix}\times10^{-6}=\begin{bmatrix}635\\ 635\\ -2430\end{bmatrix}\times10^{-6}$$

$$\begin{bmatrix}\sigma_1\\ \sigma_2\\ \tau_{12}\end{bmatrix}=\boldsymbol{Q}\begin{bmatrix}\varepsilon_1\\ \varepsilon_2\\ \gamma_{12}\end{bmatrix}=\begin{bmatrix}91\\ 8\\ -12\end{bmatrix}\ \text{MPa}$$

$$\text{F. I.}(1)=91/1500=0.06$$

$$\text{F. I.}(2)=8/50=0.16$$

$$\text{F.I.}(12)=12/70=0.17$$

对于$-45°$层(第三和第六层),其主轴方向剪应变及剪应力与$45°$层相差一负号,其他不变,因此三个破坏指标不变。

$90°$层(第四和第五层)主轴方向应变、应力及破坏指标分别为

$$\begin{bmatrix}\varepsilon_1\\ \varepsilon_2\\ \gamma_{12}\end{bmatrix}=\begin{bmatrix}-580\\ 1850\\ 0\end{bmatrix}\times10^{-6},\quad \begin{bmatrix}\sigma_1\\ \sigma_2\\ \tau_{12}\end{bmatrix}=\begin{bmatrix}-76\\ 17\\ 0\end{bmatrix}\ \text{MPa}$$

$$\text{F.I.}(1)=76/1200=0.06$$

$$\text{F.I.}(2)=17/50=0.34$$

$$\text{F.I.}(12)=0$$

将上述结果列于表 5-1 中,所有结果关于层合板中面对称,只需列出第一至第四层。

表 5-1　$N_x=100$ N/mm **作用下各单层应力和破坏指标**

层　号	$\theta/(°)$	σ_1	σ_2	τ_{12}	F.I.(1)	F.I.(2)	F.I.(12)
一	0	259	−0.3	0	0.17	0.01	0
二	45	91	8	−12	0.06	0.16	0.17
三	−45	91	8	12	0.06	0.16	0.17
四	90	−76	17	0	0.06	0.34	0

从表 5-1 可知,最大破坏指标是 0.34,对应 $90°$层横向拉伸,所以,首层破坏载荷为

$$N_x=100/0.34\ \text{N/mm}=294\ \text{N/mm}$$

(2) 求第二层破坏极限载荷。

首层($90°$层)破坏发生后,按完全破坏假定,令该层 $E_1=0$,$E_2=0$,$G_{12}=0$,因此,$\bar{\boldsymbol{Q}}_{90°}=\boldsymbol{0}$。重新计算层合板拉伸刚度和柔度矩阵,结果如下:

$$\boldsymbol{A}_1=\begin{bmatrix}57.4 & 17.9 & 0\\ 17.9 & 24.7 & 0\\ 0 & 0 & 19.4\end{bmatrix}\ \text{kN/mm}$$

$$\boldsymbol{a}_1=\begin{bmatrix}0.0225 & -0.0163 & 0\\ -0.0163 & 0.0523 & 0\\ 0 & 0 & 0.0515\end{bmatrix}\ \text{mm/kN}$$

$$E_x=1/(ta_{11})=1/(1\times0.0225)\ \text{GPa}=44.4\ \text{GPa}$$

首层破坏发生后,层合板整体刚度降低,且载荷发生重新分布。破坏发生的前后瞬间,层合板中面应变分别为

$$\begin{bmatrix}\varepsilon_x^0\\ \varepsilon_y^0\\ \gamma_{xy}^0\end{bmatrix}_{\text{前}}=\boldsymbol{a}\begin{bmatrix}294\\ 0\\ 0\end{bmatrix}=\begin{bmatrix}5439\\ -1705\\ 0\end{bmatrix}\times10^{-6}$$

$$\begin{bmatrix} \varepsilon_x^0 \\ \varepsilon_y^0 \\ \gamma_{xy}^0 \end{bmatrix}_{后} = \boldsymbol{a}_1 \begin{bmatrix} 294 \\ 0 \\ 0 \end{bmatrix} = \begin{bmatrix} 6615 \\ -4792 \\ 0 \end{bmatrix} \times 10^{-6}$$

从上面的结果可以看出，即使载荷保持为 $N_x=294$ N/mm，在破坏前后，层合板 x 方向的应变也会由 0.54%增大为 0.66%。载荷重新分布的假设导致了这一结果。

与前一步骤类似，在 $N_x=294$ N/mm 的载荷作用下，求出各单层板的应变、应力及破坏指标如表 5-2 所示。

表 5-2　$N_x=294$ N/mm，90°层已破坏时各单层应力与破坏指标

层　号	$\theta/(°)$	σ_1	σ_2	τ_{12}	F.I.(1)	F.I.(2)	F.I.(12)
一	0	918	−29	0	0.61	0.12	0
二	45	131	12	−57	0.09	0.24	0.81
三	−45	131	12	57	0.09	0.24	0.81
四	90	—	—	—	—	—	—

可见，最大破坏指标是 0.81。因此，在 $N_x=294$ N/mm 的载荷作用下，尚未发生第二层破坏，从而求得第二层破坏的临界载荷为

$$N_x = 294/0.81 \text{ N/mm} = 363 \text{ N/mm}$$

在此载荷作用下，实际上 45°层和 −45°层是同时发生破坏(剪切)的。

(3) 求第三层破坏极限载荷。

令 45°层和 −45°层刚度为零，重新计算层合板的刚度矩阵，结果为

$$\boldsymbol{A}_2 = \begin{bmatrix} 35.2 & 0.8 & 0 \\ 0.8 & 2.5 & 0 \\ 0 & 0 & 1.3 \end{bmatrix} \text{kN/mm}$$

$$\boldsymbol{a}_2 = \begin{bmatrix} 0.0286 & -0.0092 & 0 \\ -0.0092 & 0.4029 & 0 \\ 0 & 0 & 0.7692 \end{bmatrix} \text{mm/kN}$$

$$E_x = 1/(ta_{11}) = 1/(1\times 0.0286) \text{ GPa} = 35.0 \text{ GPa}$$

在第二层破坏发生的瞬时，破坏前后的层合板中面应变分别为

$$\begin{bmatrix} \varepsilon_x^0 \\ \varepsilon_y^0 \\ \gamma_{xy}^0 \end{bmatrix}_{前} = \boldsymbol{a}_1 \begin{bmatrix} 363 \\ 0 \\ 0 \end{bmatrix} = \begin{bmatrix} 8168 \\ -5917 \\ 0 \end{bmatrix} \times 10^{-6}$$

$$\begin{bmatrix} \varepsilon_x^0 \\ \varepsilon_y^0 \\ \gamma_{xy}^0 \end{bmatrix}_{后} = \boldsymbol{a}_2 \begin{bmatrix} 363 \\ 0 \\ 0 \end{bmatrix} = \begin{bmatrix} 10382 \\ -3340 \\ 0 \end{bmatrix} \times 10^{-6}$$

即，在保持 $N_x=363$ N/mm 不变的条件下，由于载荷的重新分布，层合板在 x 方向上

的应变由 0.82%增大到 1.04%。计算余下 0°层的应力分量和破坏指标，结果如下：

$$\begin{bmatrix}\sigma_1\\\sigma_2\\\tau_{12}\end{bmatrix}=\begin{bmatrix}1453\\-3\\0\end{bmatrix}\text{ MPa},\quad\begin{bmatrix}\text{F. I. (1)}\\\text{F. I. (2)}\\\text{F. I. (12)}\end{bmatrix}=\begin{bmatrix}0.97\\0.01\\0\end{bmatrix}$$

求得发生最终层(0°层)破坏的极限载荷以及极限强度为

$$N_x=363/0.97\text{ N/mm}=374\text{ N/mm}$$

$$\sigma_x=N_x/t=374\text{ MPa}$$

层合板直到破坏的应力应变关系曲线如图 5-6 所示。

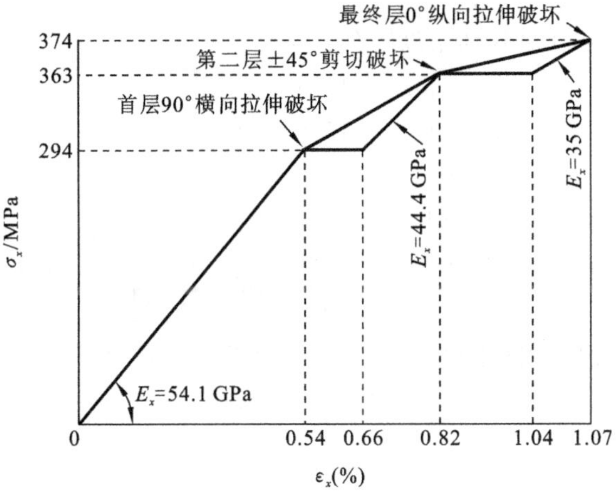

图 5-6　$(0°/45°/-45°/90°)_s$ 准各向同性板拉伸时的应力应变关系曲线

层合板的拉伸曲线一般不会出现如图 5-6 所示明显的平台段。计算结果与实际情况有差别的原因是：① 某单层破坏之后，受到相邻单层的约束和支撑，载荷的转移是局部的和渐进的，在层间黏结强度足够好的情况下尤其如此，而分析计算时假定载荷发生即时转移；② 单层板的破坏不严重时，还具备一定的剩余承载能力。完全破坏假定忽略了这种能力，放大了载荷转移效果。

然而，图 5-7 中的试验数据显示，当$(0°/90°_2)_s$ 层合板发生 90°层破坏时，在应力应变关系曲线上出现了一个较小的平台段，之后曲线斜率变小。因此，单层板破坏引起载荷再分布的假设有一定物理基础及合理之处。该极限强度计算方法也是一种较保守的方法。

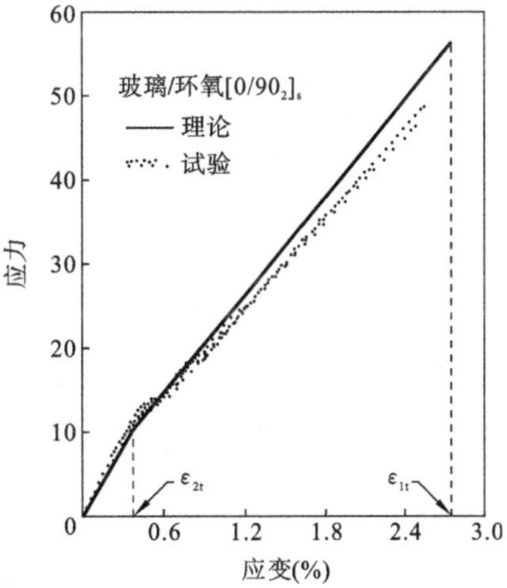

图 5-7　拉伸理论曲线和试验结果
(Hahn et al.,1974)
注：1 ksi=6.84 MPa

例 5.4 $(0°/90°)_s$ 层合板受拉伸内力 N_x 作用，应用最大应力准则和部分破坏假定，求其极限载荷。单层板性能与例 5.1 中的相同。

解 (1) 例 5.1 已经给出首层破坏(90°层基体破坏)临界载荷。

$$N_x = 100/0.52\ \text{N/mm} = 192\ \text{N/mm}$$

(2) 第二层破坏。

根据部分破坏假定，90°层 E_1 保持不变，$E_2 = G_{12} = 0$，有

$$\bar{\boldsymbol{Q}}_{0^\circ} = \begin{bmatrix} 140.9 & 3.0 & 0 \\ 3.0 & 10.1 & 0 \\ 0 & 0 & 5.0 \end{bmatrix} \text{GPa}, \quad \bar{\boldsymbol{Q}}_{90^\circ} = \begin{bmatrix} 0 & 0 & 0 \\ 0 & 140 & 0 \\ 0 & 0 & 0 \end{bmatrix} \text{GPa}$$

重新计算层合板的刚度矩阵和柔度矩阵：

$$\boldsymbol{A}_1 = \begin{bmatrix} 35.2 & 0.75 & 0 \\ 0.75 & 37.5 & 0 \\ 0 & 0 & 1.3 \end{bmatrix} \text{kN/mm}$$

$$\boldsymbol{a}_1 = \begin{bmatrix} 0.0284 & -0.0006 & 0 \\ -0.0006 & 0.0267 & 0 \\ 0 & 0 & 0.7692 \end{bmatrix} \text{mm/kN}$$

发生首层破坏后，层合板整体刚度降低，且载荷发生重新分布。层合板中面应变为

$$\begin{bmatrix} \varepsilon_x^0 \\ \varepsilon_y^0 \\ \gamma_{xy}^0 \end{bmatrix} = \boldsymbol{a}_1 \begin{bmatrix} 192 \\ 0 \\ 0 \end{bmatrix} = \begin{bmatrix} 5453 \\ -115 \\ 0 \end{bmatrix} \times 10^{-6}$$

分别计算 0°层和 90°层应力以及破坏指标。

0°层：

$$\begin{bmatrix} \sigma_1 \\ \sigma_2 \\ \tau_{12} \end{bmatrix} = \begin{bmatrix} 140.9 & 3.0 & 0 \\ 3.0 & 10.1 & 0 \\ 0 & 0 & 5.0 \end{bmatrix} \begin{bmatrix} 5453 \\ -115 \\ 0 \end{bmatrix} \times 10^{-3}\ \text{MPa} = \begin{bmatrix} 768 \\ 15 \\ 0 \end{bmatrix} \text{MPa}$$

$$\text{F. I. }(1) = 768/1500 = 0.51$$

$$\text{F. I. }(2) = 15/50 = 0.3$$

$$\text{F. I. }(12) = 0$$

90°层：

$$\begin{bmatrix} \sigma_1 \\ \sigma_2 \\ \tau_{12} \end{bmatrix} = \begin{bmatrix} 140 & 0 & 0 \\ 0 & 0 & 0 \\ 0 & 0 & 0 \end{bmatrix} \begin{bmatrix} -115 \\ 5453 \\ 0 \end{bmatrix} \times 10^{-3} = \begin{bmatrix} -16 \\ 0 \\ 0 \end{bmatrix} \text{MPa}$$

$$\text{F. I. }(1) = 16/1200 = 0.01$$

$$\text{F. I. }(2) = 0$$

$$\text{F. I. }(12) = 0$$

第二层破坏(0°层纤维破坏)的临界载荷为

$$N_x = 192/0.51\ \text{N/mm} = 376\ \text{N/mm}$$

一旦发生纤维破坏，层合板即刻失去承载能力，因此，上述载荷就是极限载荷。极限拉伸强度为

$$\sigma_x = N_x/t = 752\ \text{MPa}$$

对于此例，采用完全破坏假定求得的临界载荷为 375 N/mm，与上述结果几乎相同。读者可自行验证。

5.5　预测层合板极限强度的其他方法

1. 无应力松弛假设下的层合板极限强度计算

考虑应力释放和载荷的重新分布时，载荷控制加载条件下 $(0°/90°)_s$ 正交层合板的拉伸曲线对应图 5-8 中路径 B，位移控制加载条件下 $(0°/90°)_s$ 正交层合板的拉伸曲线对应图 5-8 中路径 C。中间路径 D 也是一种可能的情况。路径 B 正是例 5.3 中所呈现的情况。假定单层破坏不会引发应力松弛，则层合板的应力应变曲线如图 5-2 所示，或图 5-8 中的路径 A。

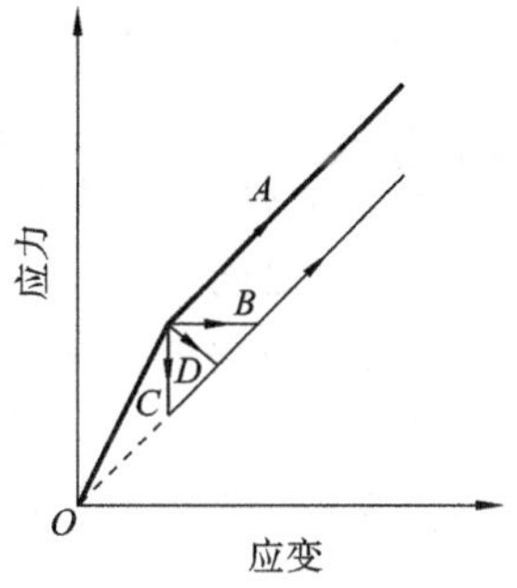

图 5-8　$(0°/90°)_s$ 正交层合板拉伸曲线的可能形式

若发生单层板破坏时，不考虑应力松弛，则按以下步骤求层合板的极限载荷。设层合板受 N 作用。

(1) 按 5.3 节中的方法确定首层破坏的极限载荷 N_1^*。初始刚度矩阵和柔度矩阵分别为 $\boldsymbol{A}$，$\boldsymbol{a}$。

(2) 对于已发生破坏的单层，将其刚度系数设为零，重新计算层合板的刚度矩阵 $\boldsymbol{A}_1$ 和柔度矩阵 $\boldsymbol{a}_1$。

(3) 发生单层破坏后，拉伸曲线上出现角点，曲线斜率减小。之后的载荷-应变关系以增量形式表达为 $\Delta N = A_1 \Delta\varepsilon$，$\Delta\varepsilon = a_1 \Delta N = a_1(N - N_1^*)$。层合板应变等于 N_1^* 对应的应变加上应变增量。即

$$\varepsilon = aN_1^* + \Delta\varepsilon = aN_1^* + a_1(N - N_1^*) = (a - a_1)N_1^* + a_1 N \tag{5.11}$$

(4) 根据式(5.11)求出剩余单层板的应变和应力。增加载荷，使其刚好引发第二层破坏，求得第二层破坏的临界载荷 N_2^*，然后回到第(2)步。

(5) 重复上述过程，直至最终层发生破坏，得到层合板的极限载荷。

注意：考虑应力释放和载荷的重新分布时，相当于式(5.11)的右端只有第二项，没有第一项。因第一项是负的贡献，因此，基于式(5.11)将给出较小的应变评价，这从工程的角度来看是偏于危险的。用该方法对例 5.4 中的问题进行分析，得到的临界载荷为 388 N/mm(建议读者完成此计算)，而例 5.4 的结果(376 N/mm)相对保守一些。

2. 层合板极限强度的简易估计方法

无论采用哪种刚度修正方法，最终层破坏强度的分析计算过程都是很复杂的。以下介绍一种强度的简易估计方法，其结果可以作为设计的初始参考。

忽略层间强度的贡献，认为层合板强度是各单层板的独立贡献之和，则有

$$N = \sum N_k \tag{5.12}$$

$$\sigma t = \sum \sigma_k t_k \tag{5.13}$$

式(5.13)中,左端表示层合板的强度与层合板厚度的乘积。对于拉伸、压缩或剪切作用等不同的加载方式,σ 应理解为相应加载方式下的极限强度,σ_k 应理解为单层板在同样的加载方式下的极限强度。对于例 5.4 中的问题,应用此方法得

$$\sigma_x = [0.125\times(1500+50+50+1500)]/0.5\ \text{MPa} = 775\ \text{MPa}$$

估计值与计算值(752 MPa)相当。

例 5.5 $(0°/45°/-45°/90°)_s$ 层合板受拉伸内力 N_x 作用,用简易方法求其极限载荷。单层板性能与例 5.1 中的相同。同样分析该层合板受压缩的情形。

解 考虑沿 x 方向的拉伸作用,利用第 3 章介绍的方法,可以求得有任意偏角的单层板的强度。计算得到 0°板、45°板、−45°板和 90°板的强度分别为 1500 MPa,100 MPa,100 MPa,50 MPa。

$(0°/45°/-45°/90°)_s$ 层合板的拉伸强度估计为

$$\sigma_{xt} = [0.125\times2\times(1500+100+100+50)]/1.0\ \text{MPa} = 437.5\ \text{MPa}$$

基于完全破坏假定和部分破坏假定的极限强度计算值分别为 374 MPa,558 MPa,估计值介于两者之间。

考虑沿 x 方向的压缩作用,可以得到 0°板、45°板、−45°板和 90°板的强度分别为 1200 MPa,140 MPa,140 MPa,250 MPa。

$(0°/45°/-45°/90°)_s$ 层合板的压缩强度估计为

$$\sigma_{xc} = [0.125\times2\times(1200+140+140+250)]/1.0\ \text{MPa} = 432.5\ \text{MPa}$$

基于完全破坏假定和部分破坏假定的极限强度计算值相同,都等于 455 MPa,可见估计值稍小,但非常接近计算值。

复合材料的拉伸试验较容易进行,而要得到压缩试验或剪切试验数据,就困难很多。因此,只有拉伸强度的数据相对丰富一些。此外,与刚度相比,层合板强度的实测值有更大的分散度。这是因为层合板内存在各种破坏模式,且在微观尺度上相互影响。通常需要较多的试验数据以得到可信的强度平均值。

强度计算中做了许多假设,预测值与试验结果的符合程度取决于铺层结构、加载方式以及所采用的准则。基于完全破坏假定得到的结果通常偏于保守,是值得推荐的强度预测方法。

与利用完全破坏假定所得的预测结果相比,由简易估计方法得到的结果有时偏大,有时偏小,但大致处于合理的范围内,有一定的参考意义。

5.6 层间应力与分层破坏

基于薄板理论的经典层合板理论只考虑层合板面内的三个应力分量,三个面外应

力分量假定为零。对于无限大板，这个假定是正确的。对于有限宽板，在远离自由边缘处，由层合板理论也可得出正确的结果，但靠近自由边缘处的面内应力与预测结果存在偏差，而且会产生面外应力，即层间应力。

层间应力是引起脱层或分层破坏的重要原因。单层板之间的载荷传递是通过层间剪应力实现的。复合材料的剪切强度或层间黏结强度一般是较小的，层间剪应力一旦超过层间黏结强度，就会引起分层破坏（delamination），使得层合板的承载能力降低。图 5-9 所示是（$\theta/-\theta$）碳/环氧斜交层合板受单向拉伸作用时层间剪应力的形成示意图。在 σ_x 作用下，当 $\theta<60°$时，单层板的变形趋势是使纤维方向靠近拉伸载荷的方向。由此产生的剪应变与 S_{16} 成比例，并导致层间剪应力产生。图 5-10 所示是（$\theta/-\theta$）碳/环氧斜交层合板 τ_{xz} 的计算结果，图 5-11 是该层合板分层破坏（图 5-9 侧面 $ABCD$）的显微照片。

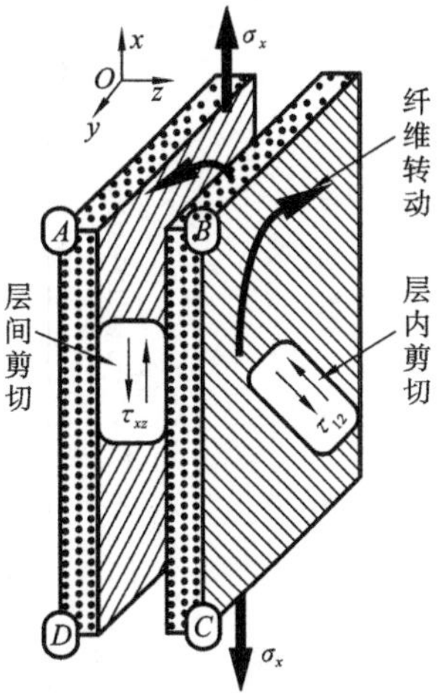

图 5-9　层间剪应力的形成

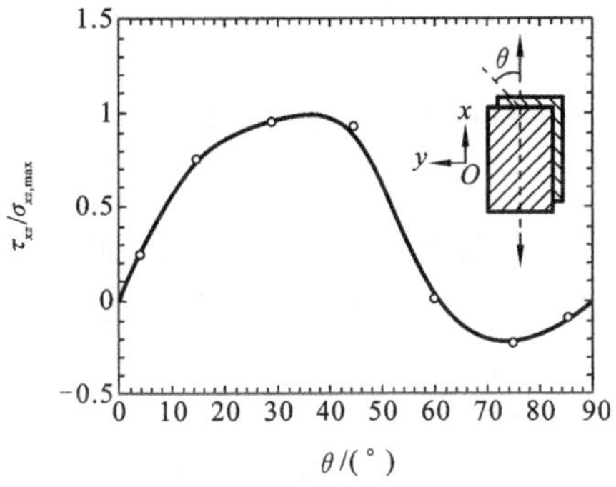

图 5-10　（$\theta/-\theta$）碳/环氧斜交层合板归一化剪应力的计算结果

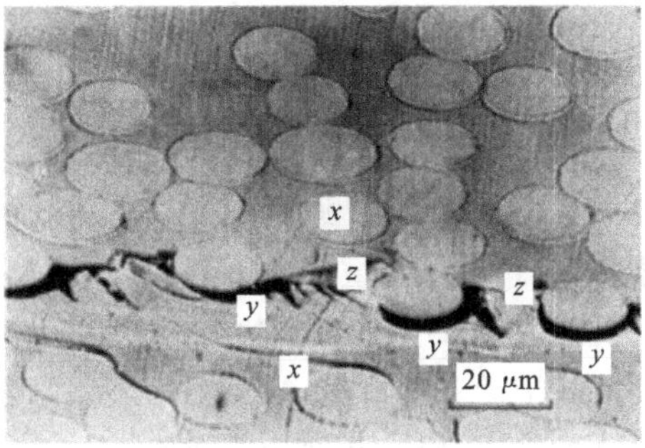

图 5-11　（$\theta/-\theta$）碳/环氧斜交层合板分层破坏的显微照片

基于弹性力学，对（45°/−45°）$_s$ 碳/环氧对称层合板进行分析计算，得到各应力分量结果，如图 5-12 所示。假定单层板材料参数如下：$E_1=138$ GPa，$E_2=E_3=14.5$ GPa，$G_{12}=G_{13}=G_{23}=5.9$ GPa，$\mu_{12}=\mu_{13}=\mu_{23}=0.21$。从该图看出，在板的中间区域，层合板理论与计算结果一致。当接近自由边界时，σ_x 下降，τ_{xy} 趋于零（满足自由边的边界条件），τ_{xz} 由零迅速增大。自由边附近的这种应力分量的变化称为边缘效应。边缘效应是一种局部效应，受影响的区域尺寸约为层合板的厚度大小。

不同的单层板材料以及不同的铺设次序对变形协调的要求是不一样的，产生层间应力的类别和程度也是不一样的。某些铺层结构会产生层间正应力 σ_z。若 σ_z 为拉应力，则它对层合板的强度也会产生影响。由于层间应力是一种局部效应，它对层合板刚度的影响相对较小。

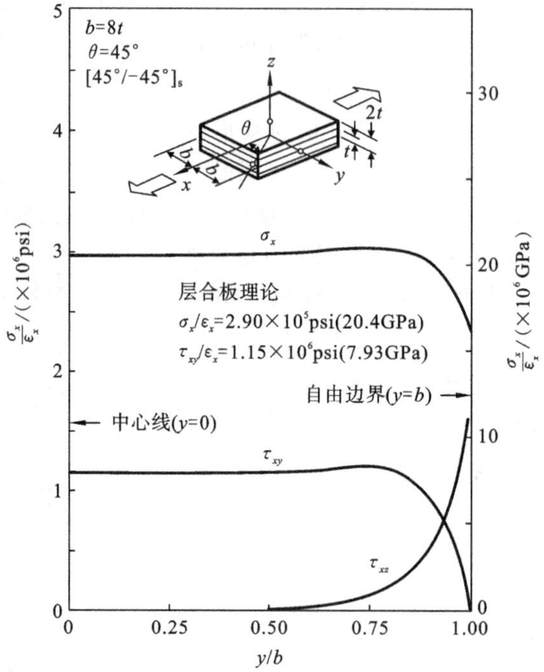

图 5-12　$(45°/-45°)_s$ 碳/环氧对称层合板中面的层间应力计算结果

注:1 psi=6894.757 Pa。

适当改变铺层顺序,如方向角相同的单层板以分散和分离的方式排布,而不是扎堆排列,可以减小层间应力的脱层效应。自由边界脱层的主动抑制方法有边界增强(见图 5-13(a)~(c))和边界改变(见图 5-13(d)~(f))。边界戴帽和缝补可以抵抗层间正应力和剪应力,加厚黏结层用于抵抗层间剪应力。边界改变包括改变自由边界处的铺层结构、几何形状或厚度。上述边界增强和边界改变措施对脱层可起到一定抑制效果。8.3 节会进一步谈到层间断裂问题。

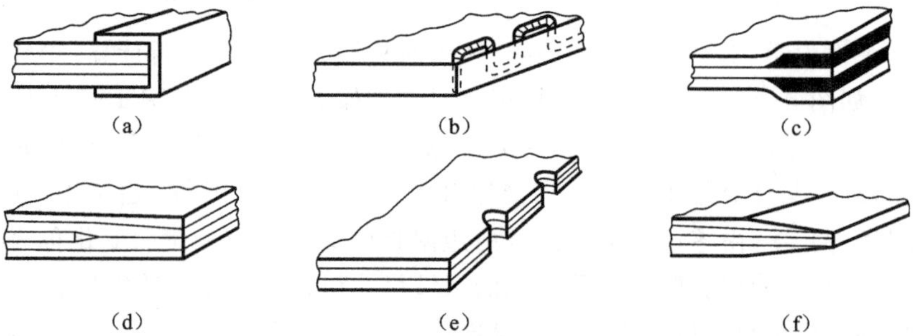

图 5-13　自由边界处脱层的抑制方法

(a) 边界戴帽　(b) 缝补　(c) 加厚黏结层　(d) 层片终止　(e) 切口　(f) 设置尖梢

习　　题

5.1　$(45°/-45°)_s$ 层合板受 σ_x 作用(拉伸)。证明 45°层沿主方向的应力应变与层合板的应力 σ_x、应变 ε_x，ε_y 之间存在下面的关系：

$$\tau_{12}=-\sigma_x/2,\quad \gamma_{12}=-\varepsilon_x+\varepsilon_y$$

5.2　$(45°/-45°)_s$ 层合板受 x 方向拉伸作用。计算 45°层应力分量 σ_x，σ_y 和 τ_{xy} 与 x 方向正应变的比值。已知单层板的弹性常数如下：$E_1=138.1$ GPa，$E_2=14.5$ GPa，$G_{12}=5.87$ GPa，$\mu_{12}=0.21$。

5.3　$(0°/90°)_s$ 层合板性能参数同例 5.1，受单位宽度剪切力 N_{xy} 作用，$N_{xy}=100$ N/mm。判断各层是否破坏，并确定首层破坏强度。

5.4　$(45°/-45°)_s$ 层合板性能参数同例 5.1，受 M_x 作用。求该层合板的首层破坏强度。

5.5　计算$(0°/90°)_s$ 碳/环氧层合板在 $M_x=10$ N·mm/mm 作用下的变形和应力。单层板厚度 $t_p=0.125$ mm。材料的力学性能参数为：$E_1=200$ GPa，$E_2=10$ GPa，$\mu_{12}=0.25$，$G_{12}=5$ GPa。

5.6　$(0°/60°/-60°)_s$ 层合板受 N_x 拉伸作用，单层板性能参数与例 5.1 中的相同，分别基于完全破坏假定和部分破坏假定求其极限载荷。

5.7　$(0°/45°/-45°/90°)_s$ 层合板受 N_x 拉伸作用，单层板性能参数与例 5.1 中的相同。采用部分破坏假定求其极限载荷。

5.8　$(0°/45°/-45°/90°)_s$ 层合板受 N_x 压缩作用，单层板性能参数与例 5.1 中的相同。分别采用完全破坏假定和部分破坏假定求其极限载荷。

5.9　$(0°/90°)_s$ 层合板受 N_x 拉伸作用，条件同例 5.4。采用完全破坏假定求其极限载荷。

5.10　$(0°/90°)_s$ 层合板受 N_x 拉伸作用，单层板性能参数与例 5.1 中的相同。不考虑单层板破坏后的应力释放，采用完全破坏假定求其极限载荷。

5.11　$(0°/45°/-45°)_s$ 层合板在 y 方向上受 N_y 拉伸作用，应用最大应力准则和部分破坏假定，求该层合板的极限载荷。单层板性能参数与例 5.1 中的相同。

5.12　考虑$[0°/45°/-45°/90°]_s$ 层合板，单层板性能参数为：$E_1=140$ GPa，$E_2=10$ GPa，$G_{12}=5$ GPa，$\mu_{12}=0.3$，$X_t=1500$ MPa，$X_c=1200$ MPa，$Y_t=50$ MPa，$Y_c=250$ MPa，$S=70$ MPa，$t_p=0.125$ mm。按完全破坏假定，求层合板强度。层合板受剪切和 x 方向拉伸作用，考虑以下工况：$k=N_{xy}/N_x=0,0.2,0.4,0.6,0.8,1.0,2.0,3.0$。分别绘制应力应变曲线，并利用计算机编程计算和整理计算结果。

第 6 章　层合板残余应力分析

因热膨胀系数不同，在环境温度变化或经过成型加工后，复合材料内会产生残余热应力，并对层合板的强度产生重要影响。本章首先介绍单层板残余热应力和热膨胀系数的计算方法，随后推导考虑热变形的层合板本构方程，通过例子详细说明残余应力的分析计算步骤，最后介绍湿膨胀变形与热变形的相似性，以及在机械力-热-湿共同作用下临界载荷的确定方法。

6.1　单层板的残余热应力及热膨胀系数

设单向复合材料板沿纤维方向和垂直方向的热膨胀系数分别为 α_1 和 α_2。将纤维本身视为各向同性材料，其热膨胀系数记为 α_f。同样，基体也是各向同性材料，其热膨胀系数记为 α_m。对于单向复合材料，取代表性体积单元，如图 6-1(a)所示。在无外力作用时，材料有均匀温度变化，变化量为 ΔT。纤维和基体自由膨胀后纵向伸长不同(见图 6-1(b))，但它们黏结成一体，不能自由伸缩，因此分别产生沿纵向的应力 σ_f 和 σ_m，并有相同的伸长(见图 6-1(c))：

$$\Delta l=\alpha_1\Delta T l \tag{6.1}$$

图 6-1 中基体应力 σ_m 设为压应力，取绝对值。由静力平衡(自平衡)条件得

$$\sigma_f A_f=\sigma_m A_m$$

或者用体积分数表达为

$$\sigma_f/\sigma_m=V_m/V_f \tag{6.2}$$

相对于参考温度下的自由状态(见图 6-1(a))，基体和纤维的最终变形量分别为

$$\Delta_m=\alpha_m\Delta T l-(\sigma_m/E_m)l \tag{6.3}$$

$$\Delta_f=\alpha_f\Delta T l+(\sigma_f/E_f)l \tag{6.4}$$

基体和纤维的应变分别为

$$\varepsilon_m=\Delta_m/l=\varepsilon_m^T+\varepsilon_m^M=\alpha_m\Delta T-\sigma_m/E_m \tag{6.5}$$

$$\varepsilon_f=\Delta_f/l=\varepsilon_f^T+\varepsilon_f^M=\alpha_f\Delta T+\sigma_f/E_f \tag{6.6}$$

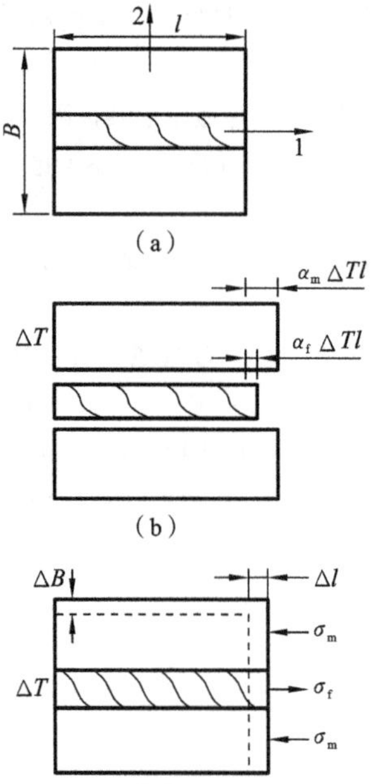

图 6-1　单向复合材料热膨胀系数计算模型

(a) 代表性体积单元　(b) 分别自由膨胀　(c) 实际变形

式(6.5)、式(6.6)右端第一项表示热应变；第二项

表示由应力引起的应变，称为力学应变。力学应变与应力之间的关系符合胡克定律。变形协调条件是

$$\begin{cases}\Delta_m=\Delta_f=\Delta l\\ \varepsilon_m=\varepsilon_f=\Delta l/l=\alpha_1\Delta T\end{cases}\tag{6.7}$$

联立以上各式，求得以下结果：

$$\alpha_1=\frac{\alpha_f E_f V_f+\alpha_m E_m V_m}{E_f V_f+E_m V_m}\tag{6.8}$$

$$\frac{\sigma_m}{E_m}=(\alpha_m-\alpha_f)\Delta T\Big/\left(1+\frac{E_m V_m}{E_f V_f}\right)\tag{6.9}$$

$$\frac{\sigma_f}{E_f}=(\alpha_m-\alpha_f)\Delta T\Big/\left(1+\frac{E_f V_f}{E_m V_m}\right)\tag{6.10}$$

通常情况下，$\alpha_m>\alpha_f$。应该注意，在推导以上关系式时，已经假定基体受压，即基体应力取的是绝对值。若统一规定拉应力为正、压应力为负，则式(6.9)右端的项最前面应该加上一负号。由以上关系可知，当温度升高时，基体内会产生残余压应力，纤维内会产生残余拉应力。

求复合材料的横向热膨胀系数 α_2 时，注意到横向变形等于纤维和基体两者变形之和，即

$$\alpha_2\Delta TB=\left(\alpha_f\Delta TB_f-\mu_f\frac{\sigma_f}{E_f}B_f\right)+\left(\alpha_m\Delta TB_m+\mu_m\frac{\sigma_m}{E_m}B_m\right)\tag{6.11}$$

式中：B 是横方向的原始尺寸；μ_f，μ_m 是纤维和基体的泊松比。右端第一个括号内的项表示纤维在横方向上的变形，分为热变形和内力导致的变形，第二个括号内的项表示基体变形。将式(6.9)、式(6.10)代入式(6.11)，整理后得

$$\alpha_2=\alpha_f V_f(1+\mu_f)+\alpha_m V_m(1+\mu_m)-(\mu_f V_f+\mu_m V_m)\alpha_1\tag{6.12}$$

纤维和基体产生的沿纵向的应力 σ_f 和 σ_m 是自平衡的残余热应力。

例 6.1　玻璃/环氧复合材料中，组分材料的性能参数是 $\alpha_f=5.0\times10^{-6}\ K^{-1}$，$\alpha_m=54.0\times10^{-6}\ K^{-1}$，$E_f=72.0$ GPa，$E_m=2.75$ GPa，$\mu_f=0.2$，$\mu_m=0.35$。当 $V_f=60\%$ 时，求热膨胀系数。

解　分别利用式(6.8)、式(6.12)求得

$$\alpha_1=6.2\times10^{-6}\ K^{-1},\quad \alpha_2=31.1\times10^{-6}\ K^{-1}$$

6.2　层合板考虑热变形的本构方程

1. 单层板的自由热变形

发生温度变化时，单层板主轴方向的热应变为

$$\begin{cases}\varepsilon_1^T=\alpha_1\Delta T\\ \varepsilon_2^T=\alpha_2\Delta T\\ \gamma_{12}^T=0\end{cases}\tag{6.13}$$

根据应变的坐标变换关系，仅有温度变化时，由单层板主轴方向应变，求得任意方向的应变分量，即

$$\begin{bmatrix}\varepsilon_x^{\mathrm{T}}\\ \varepsilon_y^{\mathrm{T}}\\ \gamma_{xy}^{\mathrm{T}}\end{bmatrix}=\boldsymbol{T}_{\mathrm{e}}^{-1}\begin{bmatrix}\varepsilon_1^{\mathrm{T}}\\ \varepsilon_2^{\mathrm{T}}\\ 0\end{bmatrix}=\begin{bmatrix}m^2 & n^2 & -mn\\ n^2 & m^2 & mn\\ 2mn & -2mn & m^2-n^2\end{bmatrix}\begin{bmatrix}\alpha_1\Delta T\\ \alpha_2\Delta T\\ 0\end{bmatrix}=\begin{bmatrix}\alpha_x\\ \alpha_y\\ \alpha_{xy}\end{bmatrix}\Delta T \tag{6.14}$$

$$\begin{bmatrix}\alpha_x\\ \alpha_y\\ \alpha_{xy}\end{bmatrix}=\begin{bmatrix}m^2\alpha_1+n^2\alpha_2\\ n^2\alpha_1+m^2\alpha_2\\ 2mn(\alpha_1-\alpha_2)\end{bmatrix} \tag{6.15}$$

2. 层合板的变形协调和残余热应力

在层合板中，各单层板黏结在一起，各处变形必须满足协调的要求。层合板的表观应变符合式(4.1)表示的关系，即层合板各处的应变与厚度方向的坐标成比例，也即

$$\begin{bmatrix}\varepsilon_x\\ \varepsilon_y\\ \gamma_{xy}\end{bmatrix}=\begin{bmatrix}\varepsilon_x^0\\ \varepsilon_y^0\\ \gamma_{xy}^0\end{bmatrix}+z\begin{bmatrix}K_x\\ K_y\\ K_{xy}\end{bmatrix}$$

另一方面，与式(6.5)或式(6.6)类似，层合板总的表观应变分解为热应变和力学应变，因此有

$$\begin{bmatrix}\varepsilon_x\\ \varepsilon_y\\ \gamma_{xy}\end{bmatrix}=\begin{bmatrix}\varepsilon_x^{\mathrm{T}}\\ \varepsilon_y^{\mathrm{T}}\\ \gamma_{xy}^{\mathrm{T}}\end{bmatrix}+\begin{bmatrix}\varepsilon_x^{\mathrm{M}}\\ \varepsilon_y^{\mathrm{M}}\\ \gamma_{xy}^{\mathrm{M}}\end{bmatrix}=\begin{bmatrix}\varepsilon_x^0\\ \varepsilon_y^0\\ \gamma_{xy}^0\end{bmatrix}+z\begin{bmatrix}K_x\\ K_y\\ K_{xy}\end{bmatrix} \tag{6.16}$$

由式(6.16)可知，层合板的力学应变等于表观应变与热应变(自由热膨胀形成的应变)之差，即

$$\begin{bmatrix}\varepsilon_x^{\mathrm{M}}\\ \varepsilon_y^{\mathrm{M}}\\ \gamma_{xy}^{\mathrm{M}}\end{bmatrix}=\begin{bmatrix}\varepsilon_x^0\\ \varepsilon_y^0\\ \gamma_{xy}^0\end{bmatrix}+z\begin{bmatrix}K_x\\ K_y\\ K_{xy}\end{bmatrix}-\begin{bmatrix}\alpha_x\Delta T\\ \alpha_y\Delta T\\ \alpha_{xy}\Delta T\end{bmatrix} \tag{6.17}$$

各单层板的残余热应力表达为

$$\begin{bmatrix}\sigma_x^{\mathrm{T}}\\ \sigma_y^{\mathrm{T}}\\ \tau_{xy}^{\mathrm{T}}\end{bmatrix}=\bar{\boldsymbol{Q}}\begin{bmatrix}\varepsilon_x^{\mathrm{M}}\\ \varepsilon_y^{\mathrm{M}}\\ \gamma_{xy}^{\mathrm{M}}\end{bmatrix}=\bar{\boldsymbol{Q}}\left(\begin{bmatrix}\varepsilon_x^0\\ \varepsilon_y^0\\ \gamma_{xy}^0\end{bmatrix}+z\begin{bmatrix}K_x\\ K_y\\ K_{xy}\end{bmatrix}-\begin{bmatrix}\alpha_x\Delta T\\ \alpha_y\Delta T\\ \alpha_{xy}\Delta T\end{bmatrix}\right) \tag{6.18}$$

式(6.18)左端对应式(6.5)中的$-\sigma_{\mathrm{m}}$或式(6.6)中的σ_{f}。由式(6.18)可以看出，知道层合板中面的应变和曲率后，就可以计算各单层板的热应力。层合板内所有单层板的残余热应力构成自平衡力系，正如图 6-1 中基体应力和纤维应力满足自平衡条件一样。以下将具体说明层合板本构关系的推导以及残余应力的计算方法。

3. 本构关系的推导

以下无特殊说明，均假设 ΔT 在材料各处相同并保持不变，即考虑均匀稳态的温

度变化。对于过渡状态问题，需要考虑热传递，这里不予讨论。单层板既有温度变化，又受外力作用时，总的应变可写成

$$\begin{bmatrix}\varepsilon_x\\\varepsilon_y\\\gamma_{xy}\end{bmatrix}=\begin{bmatrix}\varepsilon_x^{\mathrm{M}}\\\varepsilon_y^{\mathrm{M}}\\\gamma_{xy}^{\mathrm{M}}\end{bmatrix}+\begin{bmatrix}\varepsilon_x^{\mathrm{T}}\\\varepsilon_y^{\mathrm{T}}\\\gamma_{xy}^{\mathrm{T}}\end{bmatrix}=\bar{\boldsymbol{S}}\begin{bmatrix}\sigma_x\\\sigma_y\\\tau_{xy}\end{bmatrix}+\begin{bmatrix}\alpha_x\\\alpha_y\\\alpha_{xy}\end{bmatrix}\Delta T \tag{6.19}$$

式中：$\bar{\boldsymbol{S}}$ 是单层板的变换柔度矩阵，由式(2.21)计算。当外力等于零时，式(6.19)右端第一项中的应力代表的就是残余应力，如式(6.5)中的基体应力，或式(6.6)中的纤维应力。一般情况下，右端第一项中的应力包含残余应力。通过式(6.19)解出应力，得

$$\begin{bmatrix}\sigma_x\\\sigma_y\\\tau_{xy}\end{bmatrix}=\bar{\boldsymbol{Q}}\begin{bmatrix}\varepsilon_x-\varepsilon_x^{\mathrm{T}}\\\varepsilon_y-\varepsilon_y^{\mathrm{T}}\\\gamma_{xy}-\gamma_{xy}^{\mathrm{T}}\end{bmatrix}=\bar{\boldsymbol{Q}}\begin{bmatrix}\varepsilon_x^{\mathrm{M}}\\\varepsilon_y^{\mathrm{M}}\\\gamma_{xy}^{\mathrm{M}}\end{bmatrix} \tag{6.20}$$

$$\begin{bmatrix}\sigma_x\\\sigma_y\\\tau_{xy}\end{bmatrix}+\bar{\boldsymbol{Q}}\begin{bmatrix}\varepsilon_x^{\mathrm{T}}\\\varepsilon_y^{\mathrm{T}}\\\gamma_{xy}^{\mathrm{T}}\end{bmatrix}=\bar{\boldsymbol{Q}}\begin{bmatrix}\varepsilon_x\\\varepsilon_y\\\gamma_{xy}\end{bmatrix}=\bar{\boldsymbol{Q}}\left(\begin{bmatrix}\varepsilon_x^0\\\varepsilon_y^0\\\gamma_{xy}^0\end{bmatrix}+z\begin{bmatrix}K_x\\K_y\\K_{xy}\end{bmatrix}\right) \tag{6.21}$$

与第 4 章中类似，根据单层板的应力表达式，定义并计算合内力以及合内力矩，由此推导出层合板的本构关系。即，当 $\Delta T=0$ 时，

$$\begin{bmatrix}\sigma_x\\\sigma_y\\\tau_{xy}\end{bmatrix}_k=\bar{\boldsymbol{Q}}_k\left(\begin{bmatrix}\varepsilon_x^0\\\varepsilon_y^0\\\gamma_{xy}^0\end{bmatrix}+z\begin{bmatrix}K_x\\K_y\\K_{xy}\end{bmatrix}\right) \tag{6.22}$$

$$\begin{bmatrix}N_x\\N_y\\N_{xy}\end{bmatrix}=\int_{-h/2}^{h/2}\begin{bmatrix}\sigma_x\\\sigma_y\\\tau_{xy}\end{bmatrix}\mathrm{d}z \tag{6.23}$$

$$\begin{bmatrix}M_x\\M_y\\M_{xy}\end{bmatrix}=\int_{-h/2}^{h/2}\begin{bmatrix}\sigma_x\\\sigma_y\\\tau_{xy}\end{bmatrix}z\,\mathrm{d}z \tag{6.24}$$

$$\begin{bmatrix}\boldsymbol{N}\\\boldsymbol{M}\end{bmatrix}=\begin{bmatrix}\boldsymbol{A}&\boldsymbol{B}\\\boldsymbol{B}&\boldsymbol{D}\end{bmatrix}\begin{bmatrix}\boldsymbol{\varepsilon}^0\\\boldsymbol{K}\end{bmatrix} \tag{6.25}$$

由于计入了热变形，式(6.21)与式(6.22)相比，左端多了一项，右端相同。经过类似的推导，得到以下本构关系：

$$\begin{bmatrix}\boldsymbol{N}+\boldsymbol{N}^{\mathrm{T}}\\\boldsymbol{M}+\boldsymbol{M}^{\mathrm{T}}\end{bmatrix}=\begin{bmatrix}\boldsymbol{A}&\boldsymbol{B}\\\boldsymbol{B}&\boldsymbol{D}\end{bmatrix}\begin{bmatrix}\boldsymbol{\varepsilon}^0\\\boldsymbol{K}\end{bmatrix} \tag{6.26}$$

式中，$\boldsymbol{N}$ 和 $\boldsymbol{M}$ 仍然分别由式(6.23)、式(6.24)定义。$\boldsymbol{N}^{\mathrm{T}}$ 和 $\boldsymbol{M}^{\mathrm{T}}$ ①是与热变形相关的

① 在本章内，上标“T”均表示与温度相关的量，不是转置符号。

合内力、合内力矩,按下式定义和计算:

$$\begin{bmatrix} N_x^{\mathrm{T}} \\ N_y^{\mathrm{T}} \\ N_{xy}^{\mathrm{T}} \end{bmatrix} = \int_{-h/2}^{h/2} \bar{\boldsymbol{Q}}_k \Delta T \begin{bmatrix} \alpha_x \\ \alpha_y \\ \alpha_{xy} \end{bmatrix}_k \mathrm{d}z = \sum_k (\bar{Q}_{ij})_k \begin{bmatrix} \alpha_x \\ \alpha_y \\ \alpha_{xy} \end{bmatrix}_k (z_k - z_{k-1}) \Delta T \tag{6.27}$$

$$\begin{bmatrix} M_x^{\mathrm{T}} \\ M_y^{\mathrm{T}} \\ M_{xy}^{\mathrm{T}} \end{bmatrix} = \int_{-h/2}^{h/2} \bar{\boldsymbol{Q}}_k \Delta T \begin{bmatrix} \alpha_x \\ \alpha_y \\ \alpha_{xy} \end{bmatrix}_k z\mathrm{d}z = \frac{1}{2} \sum_k (\bar{Q}_{ij})_k \begin{bmatrix} \alpha_x \\ \alpha_y \\ \alpha_{xy} \end{bmatrix}_k (z_k^2 - z_{k-1}^2) \Delta T \tag{6.28}$$

以对称层合板受面内力 $\boldsymbol{N}$ 作用为例来说明考虑热变形时的分析步骤,在不会引起误解的条件下,采用简化的标记方法。由式(6.26)求出层合板中面的应变:

$$\begin{gathered} \boldsymbol{N} + \boldsymbol{N}^{\mathrm{T}} = \boldsymbol{A}\boldsymbol{\varepsilon}^0 \\ \boldsymbol{\varepsilon}^0 = \boldsymbol{A}^{-1}\boldsymbol{N} + \boldsymbol{A}^{-1}\boldsymbol{N}^{\mathrm{T}} \end{gathered} \tag{6.29}$$

对称层合板面内受载时不发生弯曲变形,在参考坐标系下,各单层板的应变就等于上述层合板的中面应变。有弯曲变形时,单层板的应变则要增添与 z 成比例的项。利用式(6.29)的结果,由式(6.20)求单层板的应力:

$$\boldsymbol{\sigma} = \bar{\boldsymbol{Q}}\boldsymbol{\varepsilon}^0 - \bar{\boldsymbol{Q}}\boldsymbol{\alpha}\Delta T \tag{6.30}$$

将式(6.29)代入后得

$$\boldsymbol{\sigma} = \bar{\boldsymbol{Q}}\boldsymbol{A}^{-1}\boldsymbol{N} + \bar{\boldsymbol{Q}}(\boldsymbol{A}^{-1}\boldsymbol{N}^{\mathrm{T}} - \boldsymbol{\alpha}\Delta T) \tag{6.31}$$

式(6.31)中,右端的第一项表示面内加载引起的应力,第二项表示热变形导致的残余应力。当外载为零时,式(6.31)只有第二项,且各单层板的残余热应力构成自平衡力系。从式(6.31)知道,残余应力包括两部分,即与 $\boldsymbol{N}^{\mathrm{T}}$ 相关的项,以及与自由膨胀对应的项。

综上所述,既有温度变化,又有外载作用时,可由本构关系式(6.26)解出中面的应变和曲率,然后计算单层板的应变,最后由式(6.20)确定各单层板的应力。

例 6.2　采用上述方法分析单层板的残余应力。纤维和基体厚度分别记为 t_{f},t_{m}。

解　(1) 组分材料的本构关系和应变表达式分别如下:

$$\sigma_{\mathrm{f}} = E_{\mathrm{f}}\varepsilon_{\mathrm{f}}, \quad \sigma_{\mathrm{m}} = E_{\mathrm{m}}\varepsilon_{\mathrm{m}}$$

$$\varepsilon_{\mathrm{m}} = \varepsilon_{\mathrm{m}}^{\mathrm{T}} + \varepsilon_{\mathrm{m}}^{\mathrm{M}} = \alpha_{\mathrm{m}}\Delta T + \sigma_{\mathrm{m}}/E_{\mathrm{m}}$$

$$\varepsilon_{\mathrm{f}} = \varepsilon_{\mathrm{f}}^{\mathrm{T}} + \varepsilon_{\mathrm{f}}^{\mathrm{M}} = \alpha_{\mathrm{f}}\Delta T + \sigma_{\mathrm{f}}/E_{\mathrm{f}}$$

上面的关系是式(6.19)的具体表现,即表观应变等于热应变加上力学应变。注意以上各式中的应力不是绝对值,因此,ε_{m} 的表达式与式(6.5)相差一负号。

(2) 合内力以及复合材料的本构关系如下:

$$N^{\mathrm{T}} = (E_{\mathrm{f}}\alpha_{\mathrm{f}}t_{\mathrm{f}} + E_{\mathrm{m}}\alpha_{\mathrm{m}}t_{\mathrm{m}})\Delta T$$

$$N = \sigma_{\mathrm{f}}t_{\mathrm{f}} + \sigma_{\mathrm{m}}t_{\mathrm{m}} = 0$$

$$N^{\mathrm{T}}=A\varepsilon^0,\quad \varepsilon^0=A^{-1}N^{\mathrm{T}}=(E_{\mathrm{f}}t_{\mathrm{f}}+E_{\mathrm{m}}t_{\mathrm{m}})^{-1}N^{\mathrm{T}}$$

$N^{\mathrm{T}}=A\varepsilon^0$ 是本构关系式，由此求出中面应变。以上各式是式(6.26)至式(6.29)应用的结果，其中第二式表示残余应力构成自平衡力系。

(3) 计算残余应力。

变形协调条件是，各处的应变等于中面的应变，即

$$\varepsilon_{\mathrm{m}}=\varepsilon^0,\quad \varepsilon_{\mathrm{f}}=\varepsilon^0$$

更一般的情况下则通过式(4.1)计算。利用式(6.30)或式(6.31)解出残余应力，如对于纤维：

$$\sigma_{\mathrm{f}}=E_{\mathrm{f}}(\varepsilon^0-\alpha_{\mathrm{f}}\Delta T)=E_{\mathrm{f}}(A^{-1}N^{\mathrm{T}}-\alpha_{\mathrm{f}}\Delta T)$$

通过计算不难得到式(6.10)。类似地，可求出基体的残余应力，结果符合式(6.9)。

(4) 有外载的情形。

若同时考虑外载和温度变化，则

$$N+N^{\mathrm{T}}=A\varepsilon^0,\quad \varepsilon^0=A^{-1}(N+N^{\mathrm{T}})$$

$$\sigma_{\mathrm{f}}=E_{\mathrm{f}}(\varepsilon^0-\alpha_{\mathrm{f}}\Delta T)=E_{\mathrm{f}}A^{-1}N+E_{\mathrm{f}}(A^{-1}N^{\mathrm{T}}-\alpha_{\mathrm{f}}\Delta T)$$

其中应力公式中最右端的第一项由外载引起，第二项是热变形导致的残余应力。

6.3 正交层合板的热应力和热变形

设单层板两个主轴方向的热膨胀系数 α_1 和 α_2 已知。在图 6-1 中，将纤维层看作 0°层，将基体层看作 90°层，则 6.1 节的分析方法和结果可以照搬过来对 $(0°/90°)_s$ 正交层合板进行分析。类比式(6.9)，可得 90°层的横方向的应力：

$$\frac{\sigma_2}{E_2}=-(\alpha_2-\alpha_1)\Delta T\Big/\left(1+\frac{E_2V_{90°}}{E_1V_{0°}}\right)\tag{6.32}$$

负号表示该应力为压应力。因 90°层与 0°层厚度相同，所以 $V_{90°}=V_{0°}$，因此有

$$\sigma_2=-E_1E_2(\alpha_2-\alpha_1)\Delta T/(E_1+E_2)\tag{6.33}$$

若 ΔT 为负值，即温度下降，则 90°层横方向上的热应力为拉应力。比如 $(0°/90°)_s$ 碳/环氧层合板，已知单层板的性能参数 $E_1=140$ GPa，$E_2=10$ GPa，$\alpha_1=-0.3\times10^{-6}\ \mathrm{K}^{-1}$，$\alpha_2=28\times10^{-6}\ \mathrm{K}^{-1}$，$\Delta T=-100$ K，则根据式(6.33)，计算出 $\sigma_2=26.4$ MPa。在 $(0°/90°)_s$ 层合板结构中，若没有外力作用，则 0°层和 90°层的位置可以互换。因此 0°层中横方向的应力也由式(6.32)、式(6.33)所确定。

图 6-2 是两种材料 $(0°/90°)_s$ 层合板的残余热应力计算结果。首先由组分材料性能预测单向复合材料的性能，然后根据式(6.33)计算。其中：玻璃纤维性能参数为 $E=76$ GPa，$\alpha=4.9\times10^{-6}\ \mathrm{K}^{-1}$；碳纤维性能参数为 $E=230$ GPa，$\alpha=-0.4\times10^{-6}\ \mathrm{K}^{-1}$；环氧树脂性能参数为 $E=3\sim6$ GPa，$\alpha=60\times10^{-6}\ \mathrm{K}^{-1}$。当 $\Delta T=-100$ K 时，残余热应力可以达到 25～30 MPa，这个值约等于基体裂纹形成的临界应力。因此，在成形加工后产生的这种残余热应力十分有害，应予以足够的重视。

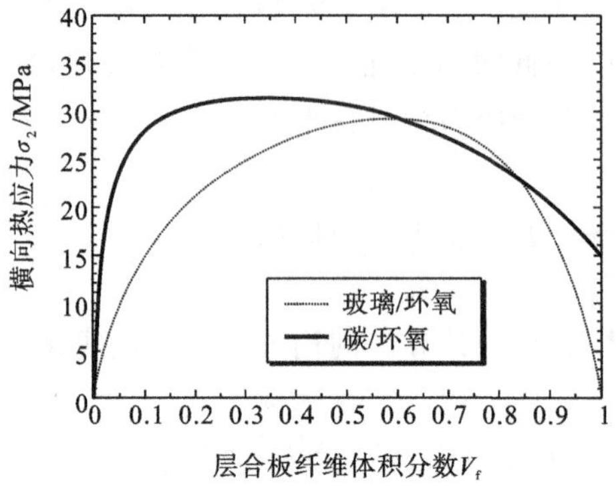

图 6-2　(0°/90°)$_s$ 层合板的残余热应力

例 6.3　(0°/90°)非对称正交层合板总厚度为 t,如图 6-3(a)所示,温度变化会使该板发生什么样的变形?

解

$$\bar{\boldsymbol{Q}}_{0^\circ}=\begin{bmatrix}Q_{11} & Q_{12} & 0\\ Q_{12} & Q_{22} & 0\\ 0 & 0 & Q_{66}\end{bmatrix},\quad \bar{\boldsymbol{Q}}_{90^\circ}=\begin{bmatrix}Q_{22} & Q_{12} & 0\\ Q_{12} & Q_{11} & 0\\ 0 & 0 & Q_{66}\end{bmatrix}$$

由此计算层合板的刚度矩阵,结果为

$$\boldsymbol{A}=t\begin{bmatrix}\dfrac{Q_{11}+Q_{22}}{2} & Q_{12} & 0\\ Q_{12} & \dfrac{Q_{11}+Q_{22}}{2} & 0\\ 0 & 0 & Q_{66}\end{bmatrix}$$

$$\boldsymbol{B}=\frac{t^2}{8}\begin{bmatrix}-Q_{11}+Q_{22} & 0 & 0\\ 0 & Q_{11}-Q_{22} & 0\\ 0 & 0 & 0\end{bmatrix}$$

$$\boldsymbol{D}=\frac{t^3}{12}\begin{bmatrix}\dfrac{Q_{11}+Q_{22}}{2} & Q_{12} & 0\\ Q_{12} & \dfrac{Q_{11}+Q_{22}}{2} & 0\\ 0 & 0 & Q_{66}\end{bmatrix}$$

利用以下关系式和式(6.24)、式(6.25),求出温度内力和内力矩:

$$(\alpha_x)_{0^\circ}=(\alpha_y)_{90^\circ}=\alpha_1$$

$$(\alpha_y)_{0^\circ}=(\alpha_x)_{90^\circ}=\alpha_2$$

$$(\alpha_{xy})_{0^\circ}=(\alpha_{xy})_{90^\circ}=0$$

$$N_x^{\mathrm{T}}=N_y^{\mathrm{T}}=[(Q_{11}+Q_{12})\alpha_1+(Q_{12}+Q_{22})\alpha_2]\times\left(\frac{t}{2}\right)\Delta T$$

$$N_{xy}^{\mathrm{T}}=0$$

$$M_x^{\mathrm{T}}=-M_y^{\mathrm{T}}=[(-Q_{11}+Q_{12})\alpha_1+(-Q_{12}+Q_{22})\alpha_2]\times\left(\frac{t^2}{8}\right)\Delta T$$

$$M_{xy}^{\mathrm{T}}=0$$

层合板本构方程简化为如下形式：

$$\begin{bmatrix} A_{11} & A_{12} & B_{11} & 0 \\ A_{12} & A_{11} & 0 & -B_{11} \\ B_{11} & 0 & D_{11} & D_{12} \\ 0 & -B_{11} & D_{12} & D_{11} \end{bmatrix}\begin{bmatrix} \varepsilon_x^0 \\ \varepsilon_y^0 \\ K_x \\ K_y \end{bmatrix}=\begin{bmatrix} N_x^{\mathrm{T}} \\ N_x^{\mathrm{T}} \\ M_x^{\mathrm{T}} \\ -M_x^{\mathrm{T}} \end{bmatrix}$$

$$\gamma_{xy}^0=0$$

$$K_{xy}=0$$

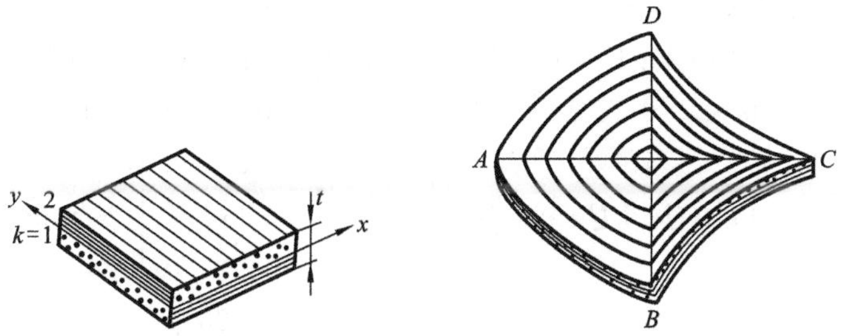

图 6-3　(0°/90°)非对称正交层合板的热变形

该层合板面内性质在 x，y 方向上相同，即

$$\varepsilon_x^0=\varepsilon_y^0$$

将层合板本构方程前两行展开，得

$$(A_{11}+A_{12})\varepsilon_x^0+B_{11}K_x=N_x^{\mathrm{T}} \tag{a}$$

$$(A_{12}+A_{11})\varepsilon_x^0-B_{11}K_y=N_x^{\mathrm{T}} \tag{b}$$

因此有

$$K_x=-K_y \tag{c}$$

温度升高时，在 $\alpha_1<\alpha_2$ 的情况下，层合板的热变形曲面呈鞍形，如图 6-3(b)所示，而对角线保持为直线。本构方程的第三式为

$$B_{11}\varepsilon_x^0+(D_{11}-D_{12})K_x=M_x^{\mathrm{T}} \tag{d}$$

联立求解(a)和(d)，可解出 ε_x^0 和 K_x。

6.4　层合板残余应力计算和强度分析

同时有温度变化和外加载荷时，首先根据式(6.26)求出层合板的中面应变和曲率，再由式(6.21)计算单层板的应力，并进行强度分析和计算。以下通过例子予以说明。

例 6.4　求$(0°/90°)_s$层合板在N_x作用和温度变化$\Delta T=-100$ ℃条件下的极限应力N_x/t。各单层板厚度是$t/4$,层合板的厚度是t。若忽略温度变化的影响,极限应力又为多少?已知:

$$E_1=60\ \text{GPa},\quad E_2=20\ \text{GPa},\quad \mu_{12}=0.25,\quad G_{12}=10\ \text{GPa}$$

$$\alpha_1=-6\times10^{-6}\ \text{K}^{-1},\quad \alpha_2=20\times10^{-6}\ \text{K}^{-1}$$

$$X_t=X_c=1000\ \text{MPa},\quad Y_t=50\ \text{MPa},\quad Y_c=150\ \text{MPa},\quad S=50\ \text{MPa}$$

解　(1) 计算层合板的刚度矩阵$\boldsymbol{A}$和温度内力矩阵$\boldsymbol{N}^{\text{T}}$。

$$\boldsymbol{Q}=\begin{bmatrix}61.3 & 5.1 & 0\\ 5.1 & 20.4 & 0\\ 0 & 0 & 10\end{bmatrix}\ \text{GPa}$$

$$\bar{\boldsymbol{Q}}_{0^\circ}=\begin{bmatrix}61.3 & 5.1 & 0\\ 5.1 & 20.4 & 0\\ 0 & 0 & 10\end{bmatrix}\ \text{GPa},\quad \bar{\boldsymbol{Q}}_{90^\circ}=\begin{bmatrix}20.4 & 5.1 & 0\\ 5.1 & 61.3 & 0\\ 0 & 0 & 10\end{bmatrix}\ \text{GPa}$$

$$\boldsymbol{A}=0.5t(\bar{\boldsymbol{Q}}_{0^\circ}+\bar{\boldsymbol{Q}}_{90^\circ})=10^3t\begin{bmatrix}40.85 & 5.1 & 0\\ 5.1 & 40.85 & 0\\ 0 & 0 & 10\end{bmatrix}\ \text{N/mm}$$

$$\begin{bmatrix}\alpha_x\\ \alpha_y\\ \alpha_{xy}\end{bmatrix}_{0^\circ}=\begin{bmatrix}-6\\ 20\\ 0\end{bmatrix}\times10^{-6}\ \text{K}^{-1},\quad \begin{bmatrix}\alpha_x\\ \alpha_y\\ \alpha_{xy}\end{bmatrix}_{90^\circ}=\begin{bmatrix}20\\ -6\\ 0\end{bmatrix}\times10^{-6}\ \text{K}^{-1}$$

$$\begin{bmatrix}N_x^{\text{T}}\\ N_y^{\text{T}}\\ N_{xy}^{\text{T}}\end{bmatrix}=\sum_k(\bar{Q}_{ij})_k\begin{bmatrix}\alpha_x\\ \alpha_y\\ \alpha_{xy}\end{bmatrix}_k(z_k-z_{k-1})\Delta T=t\begin{bmatrix}-5.58\\ -5.58\\ 0\end{bmatrix}\ \text{N/mm}$$

(2) 由层合板本构方程确定层合板中面应变。

$$\begin{bmatrix}N_x^{\text{T}}+N_x\\ N_y^{\text{T}}\end{bmatrix}=\begin{bmatrix}A_{11} & A_{12}\\ A_{12} & A_{22}\end{bmatrix}\begin{bmatrix}\varepsilon_x\\ \varepsilon_y\end{bmatrix}=10^3t\begin{bmatrix}40.85\varepsilon_x+5.1\varepsilon_y\\ 5.1\varepsilon_x+40.85\varepsilon_y\end{bmatrix}\ \text{N/mm}$$

$$\varepsilon_x=\frac{1}{2}\left(\frac{2N_x^{\text{T}}+N_x}{45.95t}+\frac{N_x}{35.75t}\right)\times10^{-3}$$

$$\varepsilon_y=\frac{1}{2}\left(\frac{2N_x^{\text{T}}+N_x}{45.95t}-\frac{N_x}{35.75t}\right)\times10^{-3}$$

$$\gamma_{xy}=0$$

(3) 求各单层板主轴方向的应力。

$$\begin{bmatrix}\sigma_1\\ \sigma_2\end{bmatrix}_{0^\circ}=\begin{bmatrix}Q_{11} & Q_{12}\\ Q_{12} & Q_{22}\end{bmatrix}\begin{bmatrix}\varepsilon_1\\ \varepsilon_2\end{bmatrix}_{0^\circ}-\begin{bmatrix}Q_{11} & Q_{12}\\ Q_{12} & Q_{22}\end{bmatrix}\begin{bmatrix}\alpha_1\\ \alpha_2\end{bmatrix}_{0^\circ}\Delta T$$

$$=\left(10^3\times\begin{bmatrix}61.3\varepsilon_x+5.1\varepsilon_y\\ 5.1\varepsilon_x+20.4\varepsilon_y\end{bmatrix}+\begin{bmatrix}-26.58\\ 37.74\end{bmatrix}\right)\ \text{MPa}$$

$$\begin{bmatrix}\sigma_1\\ \sigma_2\end{bmatrix}_{90^\circ}=\begin{bmatrix}Q_{11} & Q_{12}\\ Q_{12} & Q_{22}\end{bmatrix}\begin{bmatrix}\varepsilon_1\\ \varepsilon_2\end{bmatrix}_{90^\circ}-\begin{bmatrix}Q_{11} & Q_{12}\\ Q_{12} & Q_{22}\end{bmatrix}\begin{bmatrix}\alpha_1\\ \alpha_2\end{bmatrix}_{90^\circ}\Delta T$$

$$=\left(10^3\times\begin{bmatrix}61.3\varepsilon_y+5.1\varepsilon_x\\ 5.1\varepsilon_y+20.4\varepsilon_x\end{bmatrix}+\begin{bmatrix}-26.58\\ 37.74\end{bmatrix}\right)\ \mathrm{MPa}$$

将应变代入，经过计算得

$$\begin{bmatrix}\sigma_1\\ \sigma_2\end{bmatrix}_{0^\circ}=\left(\begin{bmatrix}1.509\\ 0.063\end{bmatrix}\frac{N_x}{t}+\begin{bmatrix}-34.64\\ 34.64\end{bmatrix}\right)\ \mathrm{MPa}$$

$$\begin{bmatrix}\sigma_1\\ \sigma_2\end{bmatrix}_{90^\circ}=\left(\begin{bmatrix}-0.063\\ 0.491\end{bmatrix}\frac{N_x}{t}+\begin{bmatrix}-34.64\\ 34.64\end{bmatrix}\right)\ \mathrm{MPa}$$

(4) 确定极限应力。

由应力表达式以及给定强度指标，可以看出在 90°层方向 2 上应力最先达到极限状态。应用最大应力准则求得

$$0.491(N_x/t)+34.64=50.0,\quad N_x/t=31.3\ \mathrm{MPa}$$

忽略温度变化的影响时，有

$$0.491(N_x/t)=50.0,\quad N_x/t=101.8\ \mathrm{MPa}$$

例 6.5　考虑例 4.8 中的(0°/45°)层合板。底部 0°层的厚度为 5 mm，而上部 45°层的厚度是 3 mm，求其残余应力。已知单层板 $\alpha_1=7\times10^{-6}\ \mathrm{K}^{-1}$，$\alpha_2=23\times10^{-6}\ \mathrm{K}^{-1}$，温度变化 $\Delta T=-100$ ℃。各单层板在主轴方向上的刚度系数相同，

$$\boldsymbol{Q}=\begin{bmatrix}20 & 0.7 & 0\\ 0.7 & 2.0 & 0\\ 0 & 0 & 0.7\end{bmatrix}\mathrm{GPa}$$

解　(1) 根据式(6.15)计算参考坐标系下的热膨胀系数：

$$\begin{bmatrix}\alpha_x\\ \alpha_y\\ \alpha_{xy}\end{bmatrix}_{0^\circ}=10^{-6}\begin{bmatrix}7\\ 23\\ 0\end{bmatrix}\mathrm{K}^{-1},\quad \begin{bmatrix}\alpha_x\\ \alpha_y\\ \alpha_{xy}\end{bmatrix}_{45^\circ}=10^{-6}\times\begin{bmatrix}15\\ 15\\ -16\end{bmatrix}\mathrm{K}^{-1}$$

(2) 根据式(6.27)、式(6.28)计算由热变形引起的合内力以及合内力矩。

$$\bar{\boldsymbol{Q}}_{0^\circ}=\begin{bmatrix}20 & 0.7 & 0\\ 0.7 & 2.0 & 0\\ 0 & 0 & 0.7\end{bmatrix}\mathrm{GPa},\quad \bar{\boldsymbol{Q}}_{45^\circ}=\begin{bmatrix}6.55 & 5.15 & 4.50\\ 5.15 & 6.55 & 4.50\\ 4.50 & 4.50 & 5.15\end{bmatrix}\mathrm{GPa}$$

$$\bar{\boldsymbol{Q}}_{0^\circ}\begin{bmatrix}\alpha_x\\ \alpha_y\\ \alpha_{xy}\end{bmatrix}_{0^\circ}\Delta T=10^{-3}\times\begin{bmatrix}-15.61\\ -5.09\\ 0\end{bmatrix}\mathrm{GPa}$$

$$\bar{\boldsymbol{Q}}_{45^\circ}\begin{bmatrix}\alpha_x\\ \alpha_y\\ \alpha_{xy}\end{bmatrix}_{45^\circ}\Delta T=10^{-3}\times\begin{bmatrix}-10.35\\ -10.35\\ -5.26\end{bmatrix}\mathrm{GPa}$$

$$\begin{bmatrix} N_x^{\mathrm{T}} \\ N_y^{\mathrm{T}} \\ N_{xy}^{\mathrm{T}} \end{bmatrix} = \sum_k (\bar{Q}_{ij})_k \begin{bmatrix} \alpha_x \\ \alpha_y \\ \alpha_{xy} \end{bmatrix}_k (z_k - z_{k-1})\Delta T = 10^{-3} \times \begin{bmatrix} -109.10 \\ -56.50 \\ -15.78 \end{bmatrix} \text{GPa} \cdot \text{mm}$$

$$\begin{bmatrix} M_x^{\mathrm{T}} \\ M_y^{\mathrm{T}} \\ M_{xy}^{\mathrm{T}} \end{bmatrix} = \frac{1}{2} \sum_k (\bar{Q}_{ij})_k \begin{bmatrix} \alpha_x \\ \alpha_y \\ \alpha_{xy} \end{bmatrix}_k (z_k^2 - z_{k-1}^2)\Delta T = 10^{-3} \times \begin{bmatrix} 39.45 \\ -39.45 \\ -39.45 \end{bmatrix} \text{GPa} \cdot \text{mm}^2$$

(3) 求层合板中面应变和曲率。利用例 4.8 求出的柔度矩阵,即

$$\boldsymbol{D}' = \begin{bmatrix} 0.0033 & -0.0015 & -0.0013 \\ -0.0015 & 0.0106 & -0.0044 \\ -0.0013 & -0.0044 & 0.0201 \end{bmatrix} (\text{kN} \cdot \text{mm})^{-1}$$

$$\boldsymbol{B}' = \begin{bmatrix} 0.0041 & -0.0021 & -0.0024 \\ -0.0021 & -0.0015 & -0.0060 \\ -0.0024 & -0.0060 & -0.0192 \end{bmatrix} \text{kN}^{-1} = \boldsymbol{C}'^{\mathrm{T}}$$

$$\boldsymbol{A}' = \begin{bmatrix} 0.0148 & -0.0065 & -0.0053 \\ -0.0065 & 0.0578 & -0.0196 \\ -0.0053 & -0.0196 & 0.1197 \end{bmatrix} \text{mm/kN}$$

且由

$$\begin{bmatrix} \boldsymbol{\varepsilon}^0 \\ \cdots \\ \boldsymbol{K} \end{bmatrix} = \begin{bmatrix} \boldsymbol{A}' & \boldsymbol{B}' \\ \boldsymbol{C}' & \boldsymbol{D}' \end{bmatrix} \begin{bmatrix} \boldsymbol{N}^{\mathrm{T}} \\ \cdots \\ \boldsymbol{M}^{\mathrm{T}} \end{bmatrix}$$

得

$$\begin{bmatrix} \varepsilon_x^0 \\ \varepsilon_y^0 \\ \gamma_{xy}^0 \end{bmatrix} = 10^{-4} \times \begin{bmatrix} -8.14 \\ -20.20 \\ 6.99 \end{bmatrix}, \quad \begin{bmatrix} K_x \\ K_y \\ K_{xy} \end{bmatrix} = 10^{-4} \times \begin{bmatrix} -0.58 \\ 1.00 \\ 2.35 \end{bmatrix} \text{mm}^{-1}$$

(4) 求单层板力学应变和残余热应力,注意$\Delta T = -100$ ℃。

$$\begin{bmatrix} \varepsilon_x^{\mathrm{M}} \\ \varepsilon_y^{\mathrm{M}} \\ \gamma_{xy}^{\mathrm{M}} \end{bmatrix} = \begin{bmatrix} \varepsilon_x^0 \\ \varepsilon_y^0 \\ \gamma_{xy}^0 \end{bmatrix} + z \begin{bmatrix} K_x \\ K_y \\ K_{xy} \end{bmatrix} - \begin{bmatrix} \varepsilon_x^{\mathrm{T}} \\ \varepsilon_y^{\mathrm{T}} \\ \gamma_{xy}^{\mathrm{T}} \end{bmatrix}, \quad \begin{bmatrix} \sigma_x^{\mathrm{T}} \\ \sigma_y^{\mathrm{T}} \\ \tau_{xy}^{\mathrm{T}} \end{bmatrix} = \bar{\boldsymbol{Q}} \begin{bmatrix} \varepsilon_x^{\mathrm{M}} \\ \varepsilon_y^{\mathrm{M}} \\ \gamma_{xy}^{\mathrm{M}} \end{bmatrix}$$

对于 0°层,当 $z = -4$ 时,

$$\begin{bmatrix} \varepsilon_x^{\mathrm{M}} \\ \varepsilon_y^{\mathrm{M}} \\ \gamma_{xy}^{\mathrm{M}} \end{bmatrix}_{0^\circ} = 10^{-4} \times \begin{bmatrix} -8.14 \\ -20.20 \\ 6.99 \end{bmatrix} + (-4 \times 10^{-4}) \times \begin{bmatrix} -0.58 \\ 1.00 \\ 2.35 \end{bmatrix} + 10^{-4} \times \begin{bmatrix} 7 \\ 23 \\ 0 \end{bmatrix} = 10^{-4} \times \begin{bmatrix} 1.18 \\ -1.20 \\ -2.41 \end{bmatrix}$$

$$\begin{bmatrix} \sigma_x \\ \sigma_y \\ \tau_{xy} \end{bmatrix}_{0^\circ} = \bar{\boldsymbol{Q}}_{0^\circ} \begin{bmatrix} \varepsilon_x^{\mathrm{M}} \\ \varepsilon_y^{\mathrm{M}} \\ \gamma_{xy}^{\mathrm{M}} \end{bmatrix} = \begin{bmatrix} 2.28 \\ -0.16 \\ -0.17 \end{bmatrix} \text{MPa}$$

对于 0°层,当 $z = 1$ 时,

$$\begin{bmatrix}\varepsilon_x^{M}\\ \varepsilon_y^{M}\\ \gamma_{xy}^{M}\end{bmatrix}_{0^\circ}=10^{-4}\times\begin{bmatrix}-8.14\\ -20.20\\ 6.99\end{bmatrix}+10^{-4}\times\begin{bmatrix}-0.58\\ 1.00\\ 2.35\end{bmatrix}+10^{-4}\times\begin{bmatrix}7\\ 23\\ 0\end{bmatrix}=10^{-4}\times\begin{bmatrix}-1.72\\ 3.80\\ 9.34\end{bmatrix}$$

$$\begin{bmatrix}\sigma_x\\ \sigma_y\\ \tau_{xy}\end{bmatrix}_{0^\circ}=\bar{\boldsymbol{Q}}_{0^\circ}\begin{bmatrix}\varepsilon_x^{M}\\ \varepsilon_y^{M}\\ \gamma_{xy}^{M}\end{bmatrix}=\begin{bmatrix}-3.17\\ 0.64\\ 0.65\end{bmatrix}\text{ MPa}$$

对于 45°层，当 $z=1$ 时，

$$\begin{bmatrix}\varepsilon_x^{M}\\ \varepsilon_y^{M}\\ \gamma_{xy}^{M}\end{bmatrix}_{45^\circ}=10^{-4}\times\begin{bmatrix}-8.14\\ -20.20\\ 6.99\end{bmatrix}+10^{-4}\times\begin{bmatrix}-0.58\\ 1.00\\ 2.35\end{bmatrix}+10^{-4}\times\begin{bmatrix}15\\ 15\\ -16\end{bmatrix}=10^{-4}\times\begin{bmatrix}6.28\\ -4.20\\ -6.66\end{bmatrix}$$

$$\begin{bmatrix}\sigma_x\\ \sigma_y\\ \tau_{xy}\end{bmatrix}_{45^\circ}=\bar{\boldsymbol{Q}}_{45^\circ}\begin{bmatrix}\varepsilon_x^{M}\\ \varepsilon_y^{M}\\ \gamma_{xy}^{M}\end{bmatrix}=\begin{bmatrix}-1.05\\ -2.51\\ -2.49\end{bmatrix}\text{ MPa},\quad \begin{bmatrix}\sigma_1\\ \sigma_2\\ \tau_{12}\end{bmatrix}_{45^\circ}=\begin{bmatrix}-4.27\\ 0.71\\ -0.73\end{bmatrix}\text{ MPa}$$

对于 45°层，当 $z=4$ 时，

$$\begin{bmatrix}\varepsilon_x^{M}\\ \varepsilon_y^{M}\\ \gamma_{xy}^{M}\end{bmatrix}_{45^\circ}=10^{-4}\times\begin{bmatrix}4.54\\ -1.20\\ 0.39\end{bmatrix}$$

$$\begin{bmatrix}\sigma_x\\ \sigma_y\\ \tau_{xy}\end{bmatrix}_{45^\circ}=\bar{\boldsymbol{Q}}_{45^\circ}\begin{bmatrix}\varepsilon_x^{M}\\ \varepsilon_y^{M}\\ \gamma_{xy}^{M}\end{bmatrix}=\begin{bmatrix}2.53\\ 1.73\\ 1.70\end{bmatrix}\text{ MPa},\quad \begin{bmatrix}\sigma_1\\ \sigma_2\\ \tau_{12}\end{bmatrix}_{45^\circ}=\begin{bmatrix}3.83\\ 0.43\\ -0.40\end{bmatrix}\text{ MPa}$$

在参考坐标系下，应力沿厚度的分布如图 6-4 所示。可以验证，应力满足自平衡条件。

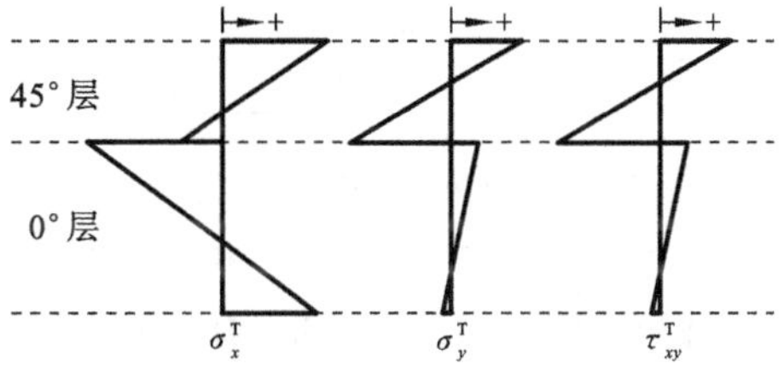

图 6-4　(0°/45°)层合板的应力分布，单层板厚度不同

6.5　吸湿变形与热变形的相似性

高分子基复合材料吸收水分后也会产生相应的变形，称为湿膨胀变形。类比式(6.14)，湿膨胀应变表达为

$$\begin{bmatrix}\varepsilon_x^{S}\\ \varepsilon_y^{S}\\ \gamma_{xy}^{S}\end{bmatrix}=\Delta C\begin{bmatrix}\beta_x\\ \beta_y\\ \beta_{xy}\end{bmatrix}\tag{6.34}$$

式中：β_x，β_y，β_{xy}表示湿膨胀系数；ΔC是相对吸水量，通常以百分数给出，

$$\Delta C=\Delta m/m_0=\rho_w\Delta V/\rho V_0\tag{6.35}$$

式中：ρ_w，ρ分别表示水和物体的密度。注意到各向同性材料的线应变等于体积应变的三分之一，相应的湿膨胀系数表示为

$$\beta=\frac{\varepsilon}{\Delta C}=\left(\frac{1}{3}\frac{\Delta V}{V_0}\right)\Bigg/\left(\frac{\rho_w\Delta V}{\rho V_0}\right)=\frac{1}{3}\frac{\rho}{\rho_w}\tag{6.36}$$

几种单向复合材料的湿、热膨胀系数列于表6-1。交织纤维板的湿、热膨胀系数列于表6-2。

表6-1　单向复合材料的湿、热膨胀系数

材　　料	$\alpha_1/(\times10^{-6}\ K^{-1})$	$\alpha_2/(\times10^{-6}\ K^{-1})$	β_1	β_2
碳/环氧(高强度)	−0.3	28	0.01	0.3
碳/环氧(高模量)	−0.3	25	0.01	0.3
玻璃/环氧	6	35	0.01	0.3
芳纶/环氧	4	40	0.04	0.3

表6-2　交织纤维板的湿、热膨胀系数

材　　料	$\alpha_1/(\times10^{-6}\ K^{-1})$	$\alpha_2/(\times10^{-6}\ K^{-1})$	β_1	β_2
碳/环氧(高强度)	2.1	2.1	0.03	0.03
碳/环氧(高模量)	1.1	1.1	0.03	0.03
玻璃/环氧	11.6	11.6	0.07	0.07
芳纶/环氧	7.4	7.4	0.07	0.07

同时考虑湿热变形，则层合板的本构关系式变为

$$\begin{Bmatrix}\boldsymbol{N}+\boldsymbol{N}^{T}+\boldsymbol{N}^{S}\\ \boldsymbol{M}+\boldsymbol{M}^{T}+\boldsymbol{M}^{S}\end{Bmatrix}=\begin{bmatrix}\boldsymbol{A} & \boldsymbol{B}\\ \boldsymbol{B} & \boldsymbol{D}\end{bmatrix}\begin{bmatrix}\boldsymbol{\varepsilon}^{0}\\ \boldsymbol{K}\end{bmatrix}\tag{6.37}$$

其中$\boldsymbol{N}^{S}$、$\boldsymbol{M}^{S}$的计算类比式(6.27)、式(6.28)进行，只需将α_x，α_y，α_{xy}分别换成β_x，β_y，β_{xy}即可。

例6.6　考虑例5.1中的$(0°/90°)_s$碳/环氧正交层合板，受拉伸内力N_x作用，且有$N_x=100$ N/mm。单层板性能参数为$E_1=140$ GPa，$E_2=10$ GPa，$G_{12}=5$ GPa，$\mu_{12}=0.3$，$X_t=1500$ GPa，$X_c=1200$ MPa，$Y_t=50$ MPa，$Y_c=250$ MPa，$S=70$ MPa，单层板厚度$t_p=0.125$ mm。已知单层板$\alpha_1=-0.3\times10^{-6}\ K^{-1}$，$\alpha_2=28\times10^{-6}\ K^{-1}$，温度变化$\Delta T=-100$ ℃。层合板各处有相同的吸水量$\Delta C=0.5\%$，单层板的湿膨胀

系数 $\beta_1=0.01$，$\beta_2=0.30$。确定该层合板是否会发生破坏。在温度条件和吸水量不变时，刚好发生首层破坏的载荷是多少？

解　(1) 在例5.1中已求出层合板的刚度矩阵、柔度矩阵，以及各单层应力，分别为

$$\boldsymbol{Q}=\begin{bmatrix}140.9 & 3.0 & 0\\ 3.0 & 10.1 & 0\\ 0 & 0 & 5.0\end{bmatrix}\text{GPa}$$

$$\boldsymbol{A}=\begin{bmatrix}37.8 & 1.5 & 0\\ 1.5 & 37.8 & 0\\ 0 & 0 & 2.5\end{bmatrix}\text{kN/mm}$$

$$\boldsymbol{a}=\begin{bmatrix}0.0265 & -0.0011 & 0\\ -0.0011 & 0.0265 & 0\\ 0 & 0 & 0.4000\end{bmatrix}\text{mm/kN}$$

$$\begin{bmatrix}\sigma_1\\ \sigma_2\\ \tau_{12}\end{bmatrix}_{0^\circ}=\boldsymbol{Q}\begin{bmatrix}2650\\ -110\\ 0\end{bmatrix}\times10^{-6}=\begin{bmatrix}373\\ 7\\ 0\end{bmatrix}\text{MPa}$$

$$\begin{bmatrix}\sigma_1\\ \sigma_2\\ \tau_{12}\end{bmatrix}_{90^\circ}=\boldsymbol{Q}\begin{bmatrix}-110\\ 2650\\ 0\end{bmatrix}\times10^{-6}=\begin{bmatrix}-7\\ 26\\ 0\end{bmatrix}\text{MPa}$$

在 N_x 的单独作用下，90°层横方向最易发生破坏，其拉伸应力为 26 MPa。临界载荷为 (50/26)×100 N/mm=192 N/mm。

(2) 仅有温度变化时的残余热应力计算如下：

$$\begin{bmatrix}\varepsilon_x^{\mathrm{T}}\\ \varepsilon_y^{\mathrm{T}}\\ \gamma_{xy}^{\mathrm{T}}\end{bmatrix}_{0^\circ}=10^{-6}\times\begin{bmatrix}30\\ -2800\\ 0\end{bmatrix},\quad \begin{bmatrix}\varepsilon_x^{\mathrm{T}}\\ \varepsilon_y^{\mathrm{T}}\\ \gamma_{xy}^{\mathrm{T}}\end{bmatrix}_{90^\circ}=10^{-6}\times\begin{bmatrix}-2800\\ 30\\ 0\end{bmatrix}$$

$$\begin{bmatrix}N_x^{\mathrm{T}}\\ N_y^{\mathrm{T}}\\ N_{xy}^{\mathrm{T}}\end{bmatrix}=\sum_k(\bar{Q}_{ij})_k\begin{bmatrix}\alpha_x\\ \alpha_y\\ \alpha_{xy}\end{bmatrix}_k(z_k-z_{k-1})\Delta T=\begin{bmatrix}-8.092\\ -8.092\\ 0\end{bmatrix}\text{N/mm}$$

$$\begin{bmatrix}\varepsilon_x^0\\ \varepsilon_y^0\\ \gamma_{xy}^0\end{bmatrix}=\boldsymbol{a}\begin{bmatrix}-8.092\\ -8.092\\ 0\end{bmatrix}=\begin{bmatrix}-206\\ -206\\ 0\end{bmatrix}\times10^{-6}$$

0°层力学应变以及残余热应力为

$$\begin{bmatrix}\varepsilon_1^{\mathrm{M}}\\ \varepsilon_2^{\mathrm{M}}\\ \gamma_{12}^{\mathrm{M}}\end{bmatrix}_{0^\circ}=\begin{bmatrix}\varepsilon_x^{\mathrm{M}}\\ \varepsilon_y^{\mathrm{M}}\\ \gamma_{xy}^{\mathrm{M}}\end{bmatrix}_{0^\circ}=\begin{bmatrix}\varepsilon_x^0\\ \varepsilon_y^0\\ \gamma_{xy}^0\end{bmatrix}-\begin{bmatrix}\varepsilon_x^{\mathrm{T}}\\ \varepsilon_y^{\mathrm{T}}\\ \gamma_{xy}^{\mathrm{T}}\end{bmatrix}_{0^\circ}=\begin{bmatrix}-236\\ 2594\\ 0\end{bmatrix}\times10^{-6}$$

$$\begin{bmatrix}\sigma_1\\\sigma_2\\\tau_{12}\end{bmatrix}_{0^\circ}=\boldsymbol{Q}\begin{bmatrix}-236\\2594\\0\end{bmatrix}\times10^{-6}=\begin{bmatrix}-26\\26\\0\end{bmatrix}\text{MPa}$$

同样可以得到 90°层的残余热应力，即

$$\begin{bmatrix}\sigma_1\\\sigma_2\\\tau_{12}\end{bmatrix}_{90^\circ}=\boldsymbol{Q}\begin{bmatrix}-236\\2594\\0\end{bmatrix}\times10^{-6}=\begin{bmatrix}-26\\26\\0\end{bmatrix}\text{MPa}$$

上述残余应力满足自平衡条件。整个层合板在 x 和 y 方向上的热膨胀系数为

$$\begin{bmatrix}\alpha_x\\\alpha_y\\\alpha_{xy}\end{bmatrix}=\begin{bmatrix}\varepsilon_x^0\\\varepsilon_y^0\\\gamma_{xy}^0\end{bmatrix}/\Delta T=10^{-6}\times\begin{bmatrix}2.06\\2.06\\0\end{bmatrix}\text{K}^{-1}$$

(3) 仅有吸湿变形时的残余应力计算如下。

$$\begin{bmatrix}\varepsilon_x^S\\\varepsilon_y^S\\\gamma_{xy}^S\end{bmatrix}_{0^\circ}=0.005\begin{bmatrix}0.01\\0.30\\0\end{bmatrix}=10^{-3}\times\begin{bmatrix}0.05\\1.50\\0\end{bmatrix},\quad\begin{bmatrix}\varepsilon_x^S\\\varepsilon_y^S\\\gamma_{xy}^S\end{bmatrix}_{90^\circ}=10^{-3}\times\begin{bmatrix}1.50\\0.05\\0\end{bmatrix}$$

$$\begin{bmatrix}N_x^S\\N_y^S\\N_{xy}^S\end{bmatrix}=\sum_k(\bar{Q}_{ij})_k\begin{bmatrix}\beta_x\\\beta_y\\\beta_{xy}\end{bmatrix}_k(z_k-z_{k-1})\Delta C=\begin{bmatrix}6.712\\6.712\\0\end{bmatrix}\text{N/mm}$$

$$\begin{bmatrix}\varepsilon_x^0\\\varepsilon_y^0\\\gamma_{xy}^0\end{bmatrix}=\boldsymbol{a}\begin{bmatrix}6.712\\6.712\\0\end{bmatrix}=\begin{bmatrix}170\\170\\0\end{bmatrix}\times10^{-6}$$

0°层力学应变以及残余应力为

$$\begin{bmatrix}\varepsilon_1^M\\\varepsilon_2^M\\\gamma_{12}^M\end{bmatrix}_{0^\circ}=\begin{bmatrix}\varepsilon_x^M\\\varepsilon_y^M\\\gamma_{xy}^M\end{bmatrix}_{0^\circ}=\begin{bmatrix}\varepsilon_x^0\\\varepsilon_y^0\\\gamma_{xy}^0\end{bmatrix}-\begin{bmatrix}\varepsilon_x^S\\\varepsilon_y^S\\\gamma_{xy}^S\end{bmatrix}_{0^\circ}=\begin{bmatrix}120\\-1330\\0\end{bmatrix}\times10^{-6}$$

$$\begin{bmatrix}\sigma_1\\\sigma_2\\\tau_{12}\end{bmatrix}_{0^\circ}=\boldsymbol{Q}\begin{bmatrix}120\\-1330\\0\end{bmatrix}\times10^{-6}=\begin{bmatrix}13\\-13\\0\end{bmatrix}\text{MPa}$$

同样可以得到 90°层的残余应力，即

$$\begin{bmatrix}\sigma_1\\\sigma_2\\\tau_{12}\end{bmatrix}_{90^\circ}=\boldsymbol{Q}\begin{bmatrix}120\\-1330\\0\end{bmatrix}\times10^{-6}=\begin{bmatrix}13\\-13\\0\end{bmatrix}\text{MPa}$$

上述残余应力满足自平衡条件。整个层合板在 x 和 y 方向上的湿膨胀系数为

$$\begin{bmatrix}\beta_x\\ \beta_y\\ \beta_{xy}\end{bmatrix}=\begin{bmatrix}\varepsilon_x^0\\ \varepsilon_y^0\\ \gamma_{xy}^0\end{bmatrix}/\Delta C=\begin{bmatrix}0.034\\ 0.034\\ 0\end{bmatrix}$$

(4) 考虑外加载荷与温度残余应力，则有

$$\begin{bmatrix}\sigma_1\\ \sigma_2\\ \tau_{12}\end{bmatrix}_{0^\circ}=\begin{bmatrix}373-26\\ 7+26\\ 0\end{bmatrix}\text{ MPa}=\begin{bmatrix}347\\ 33\\ 0\end{bmatrix}\text{ MPa}$$

$$\begin{bmatrix}\sigma_1\\ \sigma_2\\ \tau_{12}\end{bmatrix}_{90^\circ}=\begin{bmatrix}-7-26\\ 26+26\\ 0\end{bmatrix}\text{ MPa}=\begin{bmatrix}-33\\ 52\\ 0\end{bmatrix}\text{ MPa}$$

可见，90°层横方向上的破坏指标(52/50＝1.04)大于 1，层合板会发生基体拉伸破坏。应注意的是，临界载荷不能按(1/1.04)×100 N/mm＝96 N/mm 来计算。因为温度对残余应力的贡献是恒定的(26 MPa)，外加载荷单独引起的应力不能超过(50－26) MPa＝24 MPa。因此，临界载荷为(24/26)×100 N/mm＝92 N/mm，远小于不考虑温度残余应力时的临界值(192 N/mm)。

(5) 考虑外加载荷以及温度、湿度残余应力，则有

$$\begin{pmatrix}\sigma_1\\ \sigma_2\\ \tau_{12}\end{pmatrix}_{0^\circ}=\begin{pmatrix}373-26+13\\ 7+26-13\\ 0\end{pmatrix}\text{ MPa}=\begin{pmatrix}360\\ 20\\ 0\end{pmatrix}\text{ MPa}$$

$$\begin{pmatrix}\sigma_1\\ \sigma_2\\ \tau_{12}\end{pmatrix}_{90^\circ}=\begin{pmatrix}-7-26+13\\ 26+26-13\\ 0\end{pmatrix}\text{ MPa}=\begin{pmatrix}-20\\ 39\\ 0\end{pmatrix}\text{ MPa}$$

此时，90°层横方向上的破坏指标最大，即 39/50＝0.78，但尚未发生破坏。因为温度与吸水膨胀对残余应力的总贡献是恒定的，即(26－13) MPa＝13 MPa，外加载荷单独引起的应力不能超过(50－13) MPa＝37 MPa。因此，求得临界载荷为(37/26)×100 N/mm＝142 N/mm。

此例中，温度残余应力和吸水膨胀造成的残余应力有相互抵消的作用，但临界载荷仍然小于外加载荷单独作用的情形。对于首层失效强度，计入残余应力将得出较保守的结果。还要指出的是，一旦发生首层失效，层合板内的残余应力在很大程度上会释放掉，一般可忽略其影响。

若将上例改为例 6.3 中的(0°/90°)非对称结构，则可以求出层合板自下而上(z 分别为 $-t/2,0,0,t/2$)在 x 方向上的温度残余应力分别为 68.86 MPa，－98.00 MPa，18.89 MPa，10.30 MPa。残余应力构成自平衡力系，即

$$\int_{-t/2}^{0}(\sigma_x)_{0^\circ}\,\mathrm{d}z+\int_{0}^{t/2}(\sigma_x)_{90^\circ}\,\mathrm{d}z=0$$

习　题

6.1　碳纤维或芳纶纤维在加热时反而会缩短，即热膨胀系数为负值。考虑一碳/环氧材料，已知 $\alpha_f=-0.7\times10^{-6}\ \mathrm{K}^{-1}$，$\alpha_m=50\times10^{-6}\ \mathrm{K}^{-1}$，$E_f=230\ \mathrm{GPa}$，$E_m=3.5\ \mathrm{GPa}$，$V_f=60\%$。求复合材料沿纤维方向的热膨胀系数 α_1。

6.2　证明式(6.8)成立。

6.3　在例 6.6 中，分别求解外加载荷以及温度变化引起的应力，通过扣除残余应力贡献，确定极限应力。利用此方法，对例 6.4 中的问题重新进行求解。

6.4　求层合板$(\pm45°)_s$在 N_x 和温度变化作用下的极限应力 N_x/t。单层板厚度为 $t/4$，t 是层合板的厚度。材料性能和例 6.4 相同，即 $E_1=60\ \mathrm{GPa}$，$E_2=20\ \mathrm{GPa}$，$\mu_{12}=0.25$，$G_{12}=10\ \mathrm{GPa}$，$\alpha_1=-6\times10^{-6}\ \mathrm{K}^{-1}$，$\alpha_2=20\times10^{-6}\ \mathrm{K}^{-1}$，$X_t=X_c=1000\ \mathrm{MPa}$，$Y_t=50\ \mathrm{MPa}$，$Y_c=150\ \mathrm{MPa}$，$S=50\ \mathrm{MPa}$，温度变化 $\Delta T=-100\ ℃$。若忽略温度变化的影响，极限应力又为多少？

6.5　考虑共有八层的$(0°/45°/-45°/90°)_s$碳/环氧准各向同性板，受 N_x 拉伸作用，温度变化 $\Delta T=-100\ ℃$。单层板厚度为 $t/8$，层合板的厚度 $t=1.0\ \mathrm{mm}$。单层板性能参数为 $\alpha_1=-0.3\times10^{-6}\ \mathrm{K}^{-1}$，$\alpha_2=28.0\times10^{-6}\ \mathrm{K}^{-1}$。$E_1=140\ \mathrm{GPa}$，$E_2=10\ \mathrm{GPa}$，$G_{12}=5\ \mathrm{GPa}$，$\mu_{12}=0.3$，$X_t=1500\ \mathrm{MPa}$，$X_c=1200\ \mathrm{MPa}$，$Y_t=50\ \mathrm{MPa}$，$Y_c=250\ \mathrm{MPa}$，$S=70\ \mathrm{MPa}$。求极限载荷。

6.6　在例 6.3 中，$(0°/90°)$非对称正交层合板总厚度为 t，求温度变化 $\Delta T=-100\ ℃$时，不同线膨胀系数下层合板内的残余应力。设单层板性能参数如下：

$$\boldsymbol{Q}=\begin{bmatrix}140.9 & 3.0 & 0\\ 3.0 & 10.1 & 0\\ 0 & 0 & 5.0\end{bmatrix}\ \mathrm{GPa}$$

(1) $\alpha_1=0.02\times10^{-6}\ \mathrm{K}^{-1}$，$\alpha_2=22.5\times10^{-6}\ \mathrm{K}^{-1}$；

(2) $\alpha_1=-0.3\times10^{-6}\ \mathrm{K}^{-1}$，$\alpha_2=28.0\times10^{-6}\ \mathrm{K}^{-1}$；

(3) $\alpha_1=-6.0\times10^{-6}\ \mathrm{K}^{-1}$，$\alpha_2=20.0\times10^{-6}\ \mathrm{K}^{-1}$。

第 7 章　层合板的弯曲和屈曲

利用第 4 章介绍的有关经典层合板理论，在知道合内力与合内力矩后，就可以解出层合板的中面应变和曲率，进而求解各单层板的应力应变。在实际工程问题中，层合板在受到横向载荷(垂直于板面)作用时，内力矩是坐标的函数，需要利用层合板薄板理论来求解。以合内力/合内力矩表示的控制方程，与各向同性材料薄板的控制方程有完全相似的形式。具体求解时，需要将控制方程转换为以中面位移表示的控制方程。本章应用层合板薄板理论，对弯曲、屈曲问题进行了分析，同时介绍了层合梁的分析计算方法。

7.1　弯曲基本方程

为使层合板的弯曲问题得到简化，做如下限制：

(1) 每层单层板是正交各向异性的，材料是线弹性的，且层合板是等厚度的。

(2) 板的厚度与其长度和宽度相比很小，即层合板为薄板。

与第 5 章层合板理论依据的假设相同，对于薄层合板有下列基本假设：

(1) 板近似处于平面应力状态。

(2) 应用直法线假设，横向剪应变 γ_{xz}，γ_{yz} 以及 ε_z 近似为零。这与 $\sigma_z=0$ 的假设有些矛盾，但通常可以忽略不计。

(3) 只考虑小挠度和小应变问题。

图 7-1 是平板单元体面外受力示意图。单位宽度上的剪力和弯矩(或扭矩)定义为

$$(Q_x, Q_y) = \int_{-h/2}^{h/2} (\tau_{xz}, \tau_{yz})\,\mathrm{d}z \tag{7.1}$$

$$(M_x, M_y, M_{xy}, M_{yx}) = \int_{-h/2}^{h/2} (\sigma_x, \sigma_y, \tau_{xy}, \tau_{yx})\,z\,\mathrm{d}z \tag{7.2}$$

因 $\tau_{xy}=\tau_{yx}$，所以有 $M_{xy}=M_{yx}$。由 z 方向的平衡条件可以得到如下方程：

$$\frac{\partial Q_x}{\partial x}+\frac{\partial Q_y}{\partial y}-p=0 \tag{7.3}$$

式中：p 为横向分布载荷。

由绕 x 轴和 y 轴转动的力矩平衡条件得

$$\frac{\partial M_{xy}}{\partial x}+\frac{\partial M_y}{\partial y}-Q_y=0 \tag{7.4}$$

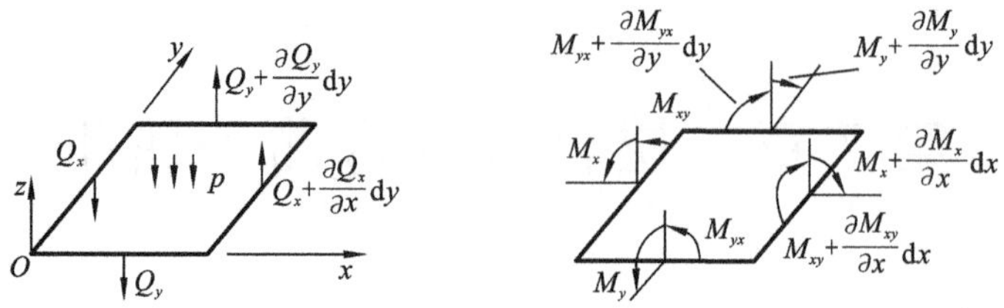

图 7-1 平板单元体受力示意图

$$\frac{\partial M_x}{\partial x}+\frac{\partial M_{yx}}{\partial y}-Q_x=0 \tag{7.5}$$

将式(7.4)、式(7.5)代入式(7.3)后得

$$\frac{\partial^2 M_x}{\partial x^2}+\frac{\partial^2 M_y}{\partial y^2}+2\frac{\partial^2 M_{xy}}{\partial x\partial y}=p \tag{7.6}$$

这是以内力矩表示的平衡方程。

当层合板对称于中面时，$B_{ij}=0$，这时板的面内问题和弯曲问题可以分别单独处理。利用弯矩(扭矩)和板的中面位移(w)的关系，式(7.6)可以转换为以位移表示的方程，即

$$\begin{bmatrix} M_x \\ M_y \\ M_{xy} \end{bmatrix}=\boldsymbol{D}_{ij}\begin{bmatrix} -\partial^2 w/\partial x^2 \\ -\partial^2 w/\partial y^2 \\ -2\partial^2 w/(\partial x\partial y) \end{bmatrix}$$

$$D_{11}\frac{\partial^4 w}{\partial x^4}+2(D_{12}+2D_{66})\frac{\partial^4 w}{\partial x^2\partial y^2}+D_{22}\frac{\partial^4 w}{\partial y^4}+4D_{16}\frac{\partial^4 w}{\partial x^3\partial y}+4D_{26}\frac{\partial^4 w}{\partial x\partial y^3}=-p \tag{7.7}$$

这是对称层合板的弯曲基本方程。当层合板具有弯曲正交各向异性时，$D_{16}=D_{26}=0$，方程进一步简化为

$$D_{11}\frac{\partial^4 w}{\partial x^4}+2(D_{12}+2D_{66})\frac{\partial^4 w}{\partial x^2\partial y^2}+D_{22}\frac{\partial^4 w}{\partial y^4}=-p \tag{7.8}$$

对于各向同性板，$D_{11}=D_{22}=Et^3/12(1-\mu^2)=D$，$D_{12}=\mu D$，$D_{66}=(1-\mu)D/2$，$D_{16}=D_{26}=0$，故有

$$\frac{\partial^4 w}{\partial x^4}+2\frac{\partial^4 w}{\partial x^2\partial y^2}+\frac{\partial^4 w}{\partial y^4}=-\frac{p}{D} \tag{7.9}$$

7.2 弯曲变形求解方法

1. 级数展开法

考虑一四边简支(simple support，SS)并承受分布横向载荷 $p(x,y)$作用的矩形层合板，如图 7-2 所示。研究最简单的特殊正交层合板——$[0°_m/90°_n]_s$层合板，此时 $D_{16}=D_{26}=0$，边界条件为

$$x=0,\quad a:w=0,\quad M_x=-D_{11}\partial^2 w/\partial x^2-D_{12}\partial^2 w/\partial y^2=0$$
$$y=0,\quad b:w=0,\quad M_y=-D_{12}\partial^2 w/\partial x^2-D_{22}\partial^2 w/\partial y^2=0$$

利用边界上 $w=0$ 的条件，有

$$x=0,\quad a:\partial^2 w/\partial y^2\equiv 0$$
$$y=0,\quad b:\partial^2 w/\partial x^2\equiv 0$$

所以边界条件可简化成

$$\begin{cases}x=0,\quad a:w=0,\quad \partial^2 w/\partial x^2=0\\ y=0,\quad b:w=0,\quad \partial^2 w/\partial y^2=0\end{cases}\tag{7.10}$$

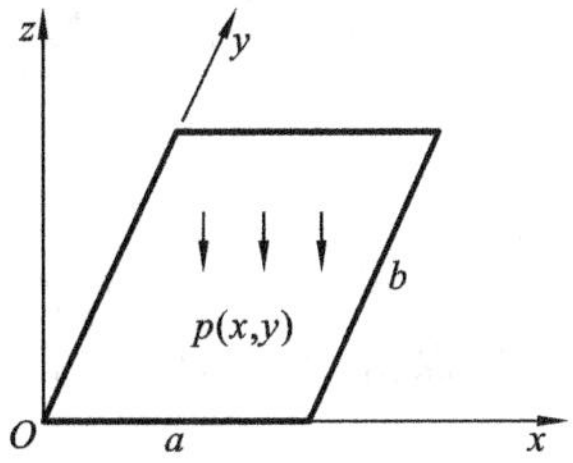

图 7-2　四边简支矩形层合板

设载荷为正弦波载荷

$$p(x,y)=p_0\sin\frac{\pi x}{a}\sin\frac{\pi y}{b}\tag{7.11}$$

可以假定该问题有如下形式的解：

$$w=\delta\sin\frac{\pi x}{a}\sin\frac{\pi y}{b}\tag{7.12}$$

上述形式的解满足边界条件式(7.10)，代入基本方程(7.8)后得

$$\delta=-\frac{p_0}{\pi^4}\frac{a^4b^4}{D_{11}b^4+2(D_{12}+2D_{66})a^2b^2+D_{22}a^4}\tag{7.13}$$

式(7.12)、式(7.13)就是这个问题的解。

对于一般的横向载荷 $p(x,y)$，可以进行傅里叶展开：

$$p(x,y)=\sum_{m=1}^{\infty}\sum_{n=1}^{\infty}p_{mn}\sin\frac{m\pi x}{a}\sin\frac{n\pi y}{b}\tag{7.14}$$

$$p_{mn}=\frac{4}{ab}\int_0^a\int_0^b p(x,y)\sin\frac{m\pi x}{a}\sin\frac{n\pi y}{b}\mathrm{d}x\mathrm{d}y\tag{7.15}$$

将解的形式设为

$$w=\sum_{m=1}^{\infty}\sum_{n=1}^{\infty}W_{mn}\sin\frac{m\pi x}{a}\sin\frac{n\pi y}{b}\tag{7.16}$$

式(7.16)满足边界条件式(7.10)。将式(7.14)至式(7.16)代入基本方程(7.8)可确定 W_{mn}，从而得到该问题的解：

$$W_{mn}=-\frac{p_{mn}}{\pi^4\left[D_{11}\left(\frac{m}{a}\right)^4+2(D_{12}+2D_{66})\left(\frac{m}{a}\right)^2\left(\frac{n}{b}\right)^2+D_{22}\left(\frac{n}{b}\right)^4\right]}\tag{7.17}$$

例如 $p=p_0$(常数)时，首先由式(7.15)求出

$$p_{mn}=\begin{cases}\dfrac{16p_0}{\pi^2 mn} & (m,n\text{ 为奇数})\\ 0 & (\text{其他情况})\end{cases}\tag{7.18}$$

由基本方程确定

$$W_{mn}=-\frac{16p_0}{\pi^6}\frac{1}{mn\left[D_{11}\left(\frac{m}{a}\right)^4+2(D_{12}+2D_{66})\left(\frac{m}{a}\right)^2\left(\frac{n}{b}\right)^2+D_{22}\left(\frac{n}{b}\right)^4\right]}\tag{7.19}$$

且

$$w=-\frac{16p_0}{\pi^6}\sum_{m=1,3,\cdots}^{\infty}\sum_{n=1,3,\cdots}^{\infty}\frac{\sin\left(\frac{m\pi x}{a}\right)\sin\left(\frac{n\pi y}{b}\right)}{mn\left[D_{11}\left(\frac{m}{a}\right)^4+2(D_{12}+2D_{66})\left(\frac{m}{a}\right)^2\left(\frac{n}{b}\right)^2+D_{22}\left(\frac{n}{b}\right)^4\right]} \tag{7.20}$$

式(7.19)和式(7.20)中 m, n 均为奇数。由式(7.19)可知,W_{mn} 随 m,n 的增大迅速衰减。仅保留 $m=1$,$n=1$ 的项,则层合板挠度近似解为

$$w=-\frac{16p_0}{\pi^6}\frac{a^4b^4}{D_{11}b^4+2(D_{12}+2D_{66})a^2b^2+D_{22}a^4}\sin\frac{\pi x}{a}\sin\frac{\pi y}{b} \tag{7.21}$$

求得位移函数后,通过几何方程(应变位移关系)和物理方程(应力应变关系)可进一步确定层合板的应变以及层合板内各单层的应力。

例 7.1　某四边简支$[0°/90°]_s$对称正交层合板,已知其尺寸为 $a=0.5$ m,$b=0.25$ m,$t=0.005$ m,承受横向均布载荷,$p_0=10$ N/m²。求最大弯曲变形和板内的最大应力。单层板弹性常数如下:$E_1=148$ GPa,$E_2=10.5$ GPa,$G_{12}=5.61$ GPa,$\mu_{12}=0.3$。

解　计算刚度系数矩阵、弯曲刚度矩阵,得

$$\boldsymbol{Q}=\begin{bmatrix}148.95 & 3.17 & 0\\ 3.17 & 10.57 & 0\\ 0 & 0 & 5.61\end{bmatrix}\text{GPa}$$

$$\boldsymbol{D}=\begin{bmatrix}1371.4 & 33.02 & 0\\ 33.02 & 290.26 & 0\\ 0 & 0 & 58.44\end{bmatrix}\text{kN}\cdot\text{mm}$$

令 $x=a/2$,$y=b/2$,求出最大变形量(单位:m)为

$$w\left(\frac{a}{2},\frac{b}{2}\right)=-8.67\times10^{-6}\sum_{m=1}^{\infty}\sum_{n=1}^{\infty}\frac{(-1)^{1-[(m+n)/2]}}{mn(1.14m^4+3.87n^4+m^2n^2)}$$

取第一项($m=1$,$n=1$)时,最大变形量为-1.4402×10^{-6} m,收敛值为-1.4081×10^{-6} m。

由 w 求出中面曲率,进而计算不同高度处的应变和各单层的应力。绝对值最大应力出现在板中央的上、下表面($z=\pm t/2$),该处 x 和 y 方向的正应力分别为 19.9 kPa 和 6.1 kPa,切应力为零。

2. 能量法

对于一般的四边简支对称层合板,$B_{ij}=0$,但 D_{16},D_{26} 一般不为零。采用微分的简洁表示方法,用 $w_{,x}$ 表示$\partial w/\partial x$,用 $w_{,xy}$ 表示$\partial^2 w/\partial x\partial y$ 等,则边界条件表示为

$$x=0,\quad a:w=0,\quad M_x=-D_{11}w_{,xx}-D_{12}w_{,yy}-2D_{16}w_{,xy}=0$$

$$y=0,\quad b:w=0,\quad M_y=-D_{12}w_{,xx}-D_{22}w_{,yy}-2D_{26}w_{,xy}=0$$

此时,形如式(7.16)的函数形式不满足边界条件,代入基本方程时变量又不

能分离，因此不能求解，需要寻求其他的方法。下面用近似解法——瑞利-里茨(Rayleigh-Ritz)法来求解这个问题。

层合板的总势能为

$$\Pi=U-W^{*} \tag{7.22}$$

式中：U 为应变能；W^{*} 为外力所做的功。有

$$\begin{aligned} U &= \frac{1}{2}\iint (M_x K_x + M_y K_y + M_{xy} K_{xy})\mathrm{d}x\mathrm{d}y \\ &= \frac{1}{2}\iint [D_{11} w_{,xx}^2 + 2D_{12} w_{,xx} w_{,yy} + D_{22} w_{,yy}^2 \\ &\quad + 4D_{66} w_{,xy}^2 + 4D_{16} w_{,xx} w_{,xy} + 4D_{26} w_{,yy} w_{,xy}]\mathrm{d}x\mathrm{d}y \end{aligned} \tag{7.23}$$

$$W^{*} = \iint p(x,y) w \mathrm{d}x\mathrm{d}y \tag{7.24}$$

式(7.23)中第二步用到了弯矩和曲率的关系。选取一近似解

$$w=w(x,y,a_{mn}) \quad (m,n=1,2,\cdots,N) \tag{7.25}$$

a_{mn} 是待定常数。将这个 w 代入式(7.22)至式(7.24)，可求出系统的势能

$$\Pi=\Pi(a_{mn})$$

根据最小势能原理，由条件

$$\frac{\partial \Pi}{\partial a_{mn}}=0 \quad (m,n=1,2,\cdots,N) \tag{7.26}$$

所确定的 a_{mn} 可使形如式(7.25)的近似解最大限度地接近精确解。如果取 $m=1,2,\cdots,7$，取 $n=1,2,\cdots,7$，由式(7.26)可得到 49 个线性代数方程(组)，可解得 49 个未知量 a_{mn}。

上述利用最小势能原理求近似解的方法称为瑞利-里茨法。这种方法的精度取决于近似解的选取(包括解的形式、待定常数的个数)。若近似解的形式较好地满足边界条件，可得到较精确的结果。

回到对称层合板的弯曲问题。仍选取式(7.16)所示的函数作为解函数，它部分地满足边界条件，即

$$x=0,\quad a: w=0,\quad M_x\neq 0$$

$$y=0,\quad b: w=0,\quad M_y\neq 0$$

设 $p=p_0$(常数)，$a=b$，且有

$$D_{22}/D_{11}=1,\quad (D_{12}+2D_{66})/D_{11}=1.5,\quad D_{16}/D_{11}=D_{26}/D_{11}=-0.5$$

则由瑞利-里茨法确定的层合板最大挠度为

$$w_{\max}=\frac{0.00425a^4 p_0}{D_{11}} \tag{7.27}$$

该问题的精确解是

$$w_{\max}=\frac{0.00452a^4 p_0}{D_{11}} \tag{7.28}$$

误差为 6%,可见这个近似解的精度是很不错的。如果忽略弯扭耦合刚度系数 D_{16} 和 D_{26},把对称铺设层合板作为特殊正交板来处理,求得的最大挠度为

$$w_{\max}=\frac{0.00324a^4p_0}{D_{11}} \tag{7.29}$$

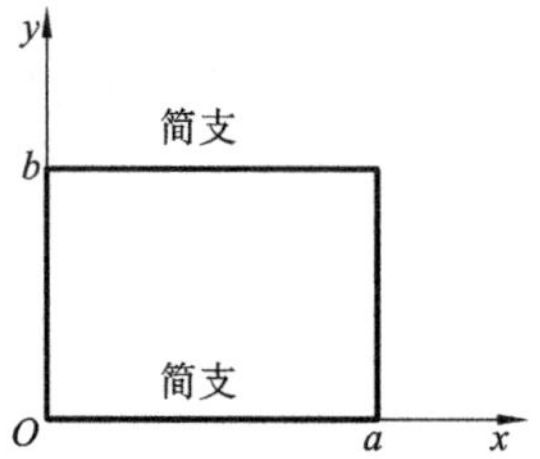

图 7-3 两对边简支层合板

误差为 28%,因此这样一种近似处理一般是不能接受的。

3. 变量分离法

为简单起见,仅考虑 $D_{16}=D_{26}=0$ 的两对边简支层合板。边界条件为(见图 7-3):

$$y=0,\quad b:w=0,\quad \partial^2 w/\partial y^2=0$$

另外两个边界条件任意设置。设载荷 $p(x,y)$ 可以分离成如下形式:

$$p(x,y)=g(x)h(y) \tag{7.30}$$

对 $h(y)$ 进行三角级数展开,得

$$h(y)=\sum_{n=1}^{\infty}h_n\sin\frac{n\pi y}{b} \tag{7.31}$$

$$h_n=\frac{2}{b}\int_0^b h(y)\sin\frac{n\pi y}{b}\mathrm{d}y \tag{7.32}$$

我们期望该问题有如下形式的解:

$$w=\sum_{n=1}^{\infty}w_n(x)\sin\frac{n\pi y}{b} \tag{7.33}$$

将式(7.33)代入基本方程(7.8)得

$$D_{11}\frac{\mathrm{d}^4 w_n}{\mathrm{d}x^4}-2(D_{12}+2D_{66})\lambda_n^2\frac{\mathrm{d}^2 w_n}{\mathrm{d}x^2}+D_{22}\lambda_n^4 w_n=-h_n g(x) \tag{7.34}$$

$$\lambda_n=n\pi/b$$

这是一个非齐次线性常微分方程,它的解分为通解(homogeneous solution)和特解(particular solution)两部分:

$$w_n=w_{nh}+w_{np} \tag{7.35}$$

通过求解特征方程

$$s^4-2A\lambda_n^2 s^2+B\lambda_n^4=0 \tag{7.36}$$

可得到通解。通解的形式取决于 A^2-B 的正负,$A=\dfrac{D_{12}+2D_{66}}{D_{11}}$,$B=\dfrac{D_{22}}{D_{11}}$。举例说明如下。

$x=0,a$ 的边为自由边;$y=0,b$ 的边为简支边。层合板受 $p=p_0\sin(\pi y/b)$ 的作用。即

$$g(x)=p_0$$

$$h(y)=\sin(\pi y/b)$$

$$h_n = h_1 = 1$$

$$\lambda_n = \lambda_1 = \pi/b = \lambda$$

该问题的特解是

$$w_{\mathrm{p}} = -\frac{p_0}{\lambda^4 D_{22}}$$

假设 $A^2 - B > 0$，通解表达式为

$$w_{\mathrm{h}} = C_1 \cosh(\lambda s_1 x) + C_2 \sinh(\lambda s_1 x) + C_3 \cosh(\lambda s_2 x) + C_4 \sinh(\lambda s_2 x)$$

s_1, s_2 是特征方程(7.36)在 $\lambda = 1$ 时的根，有

$$s_{1,2} = \sqrt{A \pm \sqrt{A^2 - B}}$$

由边界条件

$$x = 0,\quad a:\ \partial^3 w/\partial x^3 = 0,\quad \partial^2 w/\partial x^2 = 0$$

得

$$s_1^3 C_2 + s_2^3 C_4 = 0$$

$$s_1^3 [C_1 \sinh(\lambda s_1 a) + C_2 \cosh(\lambda s_1 a)] + s_2^3 [C_3 \sinh(\lambda s_2 a) + C_4 \cosh(\lambda s_2 a)] = 0$$

$$s_1^2 C_1 + s_2^2 C_3 = 0$$

$$s_1^2 [C_1 \cosh(\lambda s_1 a) + C_2 \sinh(\lambda s_1 a)] + s_2^2 [C_3 \cosh(\lambda s_2 a) + C_4 \sinh(\lambda s_2 a)] = 0$$

由以上方程解得

$$C_1 = C_2 = C_3 = C_4 = 0$$

所以挠度函数为

$$w = -\frac{p_0}{\lambda^4 D_{22}} \sin \frac{\pi y}{b} \tag{7.37}$$

4. 有限元法

对于一般的层合板结构和边界条件，需要利用有限元方法进行数值求解。考虑边长为 0.5 m、总厚度为 5 mm 的正方形层合板，承受横向均布载荷 $p_0 = 10\ \mathrm{N/m^2}$。单层板性能和例 7.1 相同，即 $E_1 = 148$ GPa，$E_2 = 10.5$ GPa，$G_{12} = 5.61$ GPa，$\mu_{12} = 0.3$。对几种铺层结构进行有限元计算，得到板中央的最大位移以及应力见表 7-1。表中“S”和“C”分别表示简支和固支。铝板的材料参数为 $E = 70$ GPa，$\mu = 0.33$。

表 7-1　正方形板中央的最大位移以及应力

支撑条件	材料或铺层结构	位移 $w_0/(10^{-6}\ \mathrm{m})$	应力/kPa		
			σ_x	σ_y	τ_{xy}
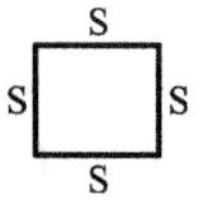	铝	3.11	29.4	29.4	0
	$[0°/90°]_s$	5.18	74.9	6.1	0
	$[45°/-45°]_s$	3.74	42.2	5.2	0
	[30°/50°]	5.26	60.8	8.9	−0.4

续表

支撑条件	材料或铺层结构	位移 $w_0/(10^{-6}\ \mathrm{m})$	应力/kPa		
			σ_x	σ_y	τ_{xy}
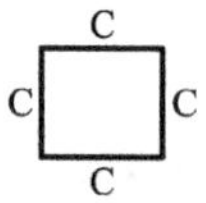	铝	0.97	14.1	14.1	0
	$[0°/90°]_s$	1.17	27.6	2.0	0
	$[45°/-45°]_s$	1.14	23.1	3.0	0
	[30°/50°]	1.89	27.6	4.7	0.5
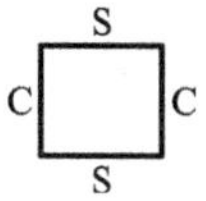	铝	1.47	20.3	15.1	0
	$[0°/90°]_s$	1.30	31.0	1.3	0
	$[45°/-45°]_s$	2.04	28.8	3.6	−0.7
	[30°/50°]	2.48	35.3	4.0	−0.4

由表可看出,四周简支时板的位移和应力最大,四周固支时最小。边界条件发生改变时,铺层结构不同,位移或应力的改变比例是不相同的。各向同性板的结果并不能反映复合材料层合板的响应特点。非对称层合板与两个方向边界条件各异的 $[\pm45°]_s$ 层合板均会产生剪应力。

7.3 减小板的弯曲变形的方法

按式(7.21)求出的四边简支板的最大挠度为

$$w_{\max}=\frac{b^4}{D_{11}k^4+2(D_{12}+2D_{66})k^2+D_{22}}\left(-\frac{16p_0}{\pi^6}\right)\quad\left(k=\frac{b}{a}>1\right)$$

由上式知道,相对增加 D_{22},增加 D_{11} 可以更有效地减轻弯曲变形。在材料性质、用量相同的条件下,图 7-4(a)所示的板要优于图 7-4(b)所示的板。

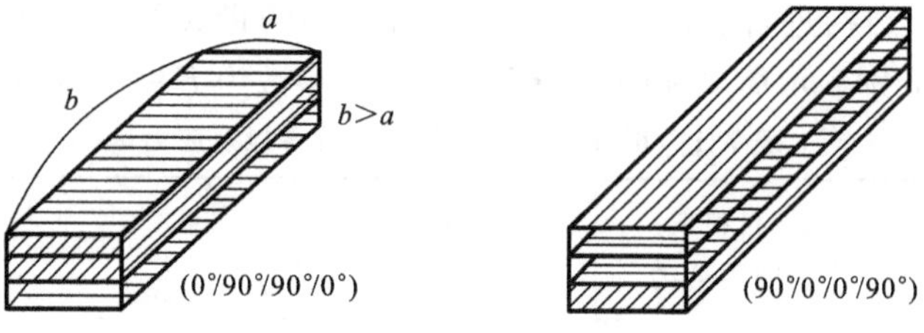

(a) (b)

图 7-4 四边简支板的弯曲刚度比较

若层合板两对边简支($y=0,b$),另两边自由,由式(7.37)可知,减小弯曲变形的有效方法是提高简支方向的刚度 D_{22}。

玻璃纤维增强复合材料有较高的强度,但弹性模量小。碳纤维增强复合材料具有高强度、高模量的优点，但耐冲击性能差，价格较高。将这两种材料结合而构成的混杂复合材料可以克服二者的弱点，是一种较理想的材料。对弯曲来说，将刚度较大的材料配置在离中面较远处是有利的，因此$(CFRP/GFRP)_s$结构比$(GFRP/CFRP)_s$结构要好。

除此以外，还有利用夹心结构来减小弯曲变形的方法。

7.4 层合板的屈曲

考虑沿主轴方向作用面内压缩载荷(绝对值)N_x，N_y，N_{xy}的层合板的屈曲问题。设$D_{16}=D_{26}=0$。屈曲变形发生后(见图 7-5(b))，面内力N_x的方向发生偏移，在z方向的投影分量为

$$-N_x\left(\frac{\partial w}{\partial x}+\frac{\partial^2 w}{\partial x^2}\right)\mathrm{d}x-\left(-N_x\ \frac{\partial w}{\partial x}\right)\mathrm{d}x=-N_x\ \frac{\partial^2 w}{\partial x^2}\mathrm{d}x$$

考虑N_x,N_y,N_{xy}的共同作用，它们对z方向的贡献为

$$-\left(N_x\ \frac{\partial^2 w}{\partial x^2}+N_y\ \frac{\partial^2 w}{\partial y^2}-2N_{xy}\frac{\partial^2 w}{\partial x\partial y}\right)$$

所以只需将简化的弯曲基本方程(7.8)中的$-p$换成上面的表达式即可得厚度方向的平衡条件：

$$D_{11}\frac{\partial^4 w}{\partial x^4}+2(D_{12}+2D_{66})\frac{\partial^4 w}{\partial x^2\partial y^2}+D_{22}\frac{\partial^4 w}{\partial y^4}=-\left(N_x\ \frac{\partial^2 w}{\partial x^2}+N_y\ \frac{\partial^2 w}{\partial y^2}-2N_{xy}\frac{\partial^2 w}{\partial x\partial y}\right) \tag{7.38}$$

这就是用位移表示的屈曲方程。它与弯曲方程相似，但二者有本质的不同。弯曲问题在数学上属于边界值问题，而屈曲问题属于求特征值的问题，其本质是求引起屈曲的最小载荷，屈曲后的变形大小是不确定的。

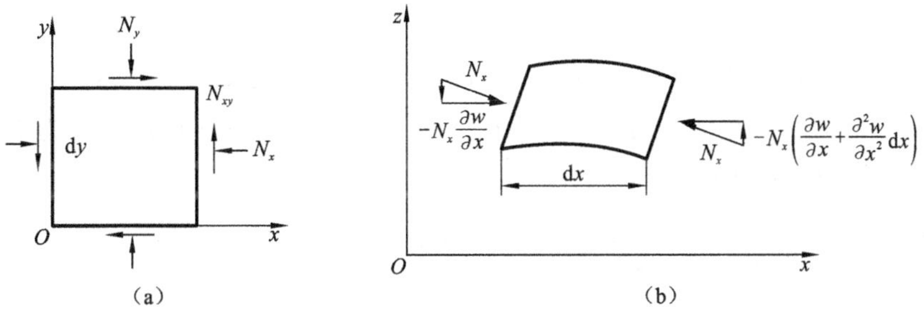

图 7-5　层合板的屈曲受力分析

(a) Oxy 面受力分析　(b) Oxz 面受力分析

1. 单向受压屈曲

设四周简支层合板受单向压缩载荷$\overline{N}_x$作用，其边界条件是

$$x=0,\quad a:w=\frac{\partial^2 w}{\partial x^2}=0$$

$$y=0,\quad b:w=\frac{\partial^2 w}{\partial y^2}=0$$

与弯曲问题一样，设满足边界条件的解的形式为

$$w=a_{mn}\sin(m\pi x/a)\sin(n\pi y/b) \tag{7.39}$$

式中：m 和 n 分别是 x 方向和 y 方向的屈曲半波数。将式(7.39)代入式(7.38)，得

$$\overline{N}_x=\pi^2\left[D_{11}\left(\frac{m}{a}\right)^2+2(D_{12}+2D_{66})\left(\frac{n}{b}\right)^2+D_{22}\left(\frac{n}{b}\right)^4\left(\frac{a}{m}\right)^2\right] \tag{7.40}$$

显然当 $n=1$ 时，$\overline{N}_x$ 有最小值，所以临界屈曲载荷为

$$\overline{N}_x=\pi^2\left[D_{11}\left(\frac{m}{a}\right)^2+2(D_{12}+2D_{66})\left(\frac{1}{b}\right)^2+D_{22}\left(\frac{1}{b}\right)^4\left(\frac{a}{m}\right)^2\right] \tag{7.41}$$

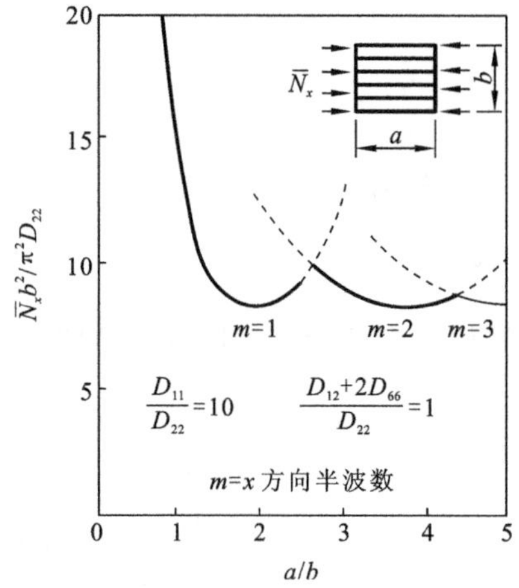

图 7-6　特殊正交各向异性板的 $\overline{N}_x$-a/b 关系

对于不同的 m 值，$\overline{N}_x$ 的最小值也是不同的，它随板的刚度和长宽比 a/b 而变化。图 7-6 是无量纲化 $\overline{N}_x$ 与 a/b 的关系曲线。对于 $a/b<2.5$ 的板，其在 x 方向上以半波形式发生屈曲。随着 a/b 的增加，在 x 方向上层合板以多个半波的形式发生屈曲，$\overline{N}_x$ 和 a/b 的关系曲线趋于平坦。

屈曲应力 $\sigma_{\mathrm{cr,min}}=\overline{N}_{x,\min}/t$ 可以由条件

$$\partial\overline{N}_x/\partial\left(\frac{a}{mb}\right)=0$$

求得，其结果是

$$\sigma_{\mathrm{cr,min}}=\frac{2\pi^2}{tb^2}\left[(D_{11}D_{22})^{1/2}+D_{12}+2D_{66}\right] \tag{7.42}$$

$$(a/mb)_{\min}=\left(\frac{D_{11}}{D_{22}}\right)^{1/4} \tag{7.43}$$

例 7.2　单向复合材料层合板 $a=100$ cm，$b=50$ cm，厚 $t=2$ mm，材料常数为 $E_x=140$ GPa，$E_y=10$ GPa，$\mu_{xy}=0.32$，$G_{xy}=5$ GPa。在 x 方向作用大小为 1.96 kN 压缩载荷时，板是否屈曲？

解

$$\sigma=\frac{1.96\times10^3}{2\times10^{-3}\times0.5}\ \mathrm{MPa}=1.96\ \mathrm{MPa}$$

$$\mu_{21}=\frac{10}{140}\times0.32=0.023$$

$$D_{11}=\frac{140\times10^9\times(2\times10^{-3})^3}{12\times(1-0.32\times0.023)}\ \mathrm{N\cdot m}=94\ \mathrm{N\cdot m}$$

$$D_{22}=\frac{E_y}{E_x}D_{11}=\frac{10}{140}\times94\ \mathrm{N\cdot m}=6.71\ \mathrm{N\cdot m}$$

$$D_{12}=\mu_{12}D_{22}=2.15\ \mathrm{N\cdot m}$$

$$D_{66}=5\times10^{9}\times(2\times10^{-3})^{3}/12\ \text{N}\cdot\text{m}=3.33\ \text{N}\cdot\text{m}$$

由式(7.42)得

$$\sigma_{\text{cr,min}}=\frac{2\times3.14^{2}\times(\sqrt{94\times6.71}+2.15+2\times3.33)}{2\times10^{-3}\times0.5^{2}}\ \text{Pa}=1.33\ \text{MPa}$$

由式(7.43)得

$$m=\frac{100}{50}\times\left(\frac{6.71}{94}\right)^{1/4}=1.03$$

$$\sigma>\sigma_{\text{cr,min}},\quad m\cong1$$

所以板在 x,y 方向上均发生半波形式的屈曲。

在例 5.1 中,$(0/90)_s$碳/环氧复合材料正交层合板单向受压时首层破坏的临界载荷为 $N_x=322$ N/mm。下面求其屈曲强度。由例 5.2 求出弯曲刚度为

$$D_{11}=1298,\quad D_{12}=31,\quad D_{22}=275,\quad D_{66}=52\ \text{N}\cdot\text{mm}$$

假定板的边长为 $a=b=100$ mm。由式(7.42)求出临界载荷为

$$\overline{N}_x=t\sigma_{\text{cr,min}}=\frac{2\pi^2}{b^2}(\sqrt{D_{11}D_{22}}+D_{12}+2D_{66})=1.44\ \text{N/mm}$$

这个值远小于其压缩强度。因此,尺寸较大的薄板在面内受压时,通常应考虑其屈曲强度,而不是压缩强度。

还应指出的是,求解屈曲强度的解析方法,在特殊的边界条件或简单的铺层结构下才是适用的。一般情况下,需要利用有限元等数值方法进行分析和求解。

2. 双向受压屈曲

设四周简支层合板受双向压缩载荷 $\overline{N}_x$,$\overline{N}_y$ 作用,利用式(7.38)、式(7.39),求出临界屈曲载荷满足以下关系:

$$\pi^2\left[D_{11}\left(\frac{m}{a}\right)^4+2(D_{12}+2D_{66})\left(\frac{mn}{ab}\right)^2+D_{22}\left(\frac{n}{b}\right)^4\right]=\left[\overline{N}_x\left(\frac{m}{a}\right)^2+\overline{N}_y\left(\frac{n}{b}\right)^2\right]\tag{7.44}$$

考虑正方形板,并假定两个方向上的载荷相等,得临界屈曲载荷为

$$\overline{N}(m,n)=\frac{\pi^2}{a^2}\frac{D_{11}m^2+2(D_{12}+2D_{66})n^2+D_{22}(n^4/m^2)}{1+(n/m)^2}\tag{7.45}$$

假设 $D_{11}\geqslant D_{22}$,则 $m=1$ 时得到最小临界屈曲载荷:

$$\overline{N}(1,n)=\frac{\pi^2}{a^2}\frac{D_{11}+2(D_{12}+2D_{66})n^2+D_{22}n^4}{1+n^2}\tag{7.46}$$

例 7.3　考虑例 7.1 的$[0°/90°]_s$正交层合板,$b=1$ m,$t=0.005$ m,另一边的边长 a 取不同值,$a/b=0.5\sim4.0$。单层板弹性常数如下:$E_1=148$ GPa,$E_2=10.5$ GPa,$G_{12}=5.61$ GPa,$\mu_{12}=0.3$。求不同 a/b 值下该正交层合板的临界屈曲载荷。考虑单向受压和双向等值受压两种情形。

解　将例 7.1 中求出的弯曲刚度代入式(7.41)和式(7.44),分别求出板在单向受压、双向等值受压时的临界屈曲载荷:

$$\overline{N}_x(m,1)=2864.7\left[4.72m^2\left(\frac{b}{a}\right)^2+1.03+\frac{1}{m^2}\left(\frac{a}{b}\right)^2\right]$$

$$\overline{N}=\frac{2864.7\left[4.72m^4\left(\frac{b}{a}\right)^4+1.03m^2n^2\left(\frac{b}{a}\right)^2+n^4\right]}{m^2(b/a)^2+n^2}$$

计算结果如图 7-7 所示。

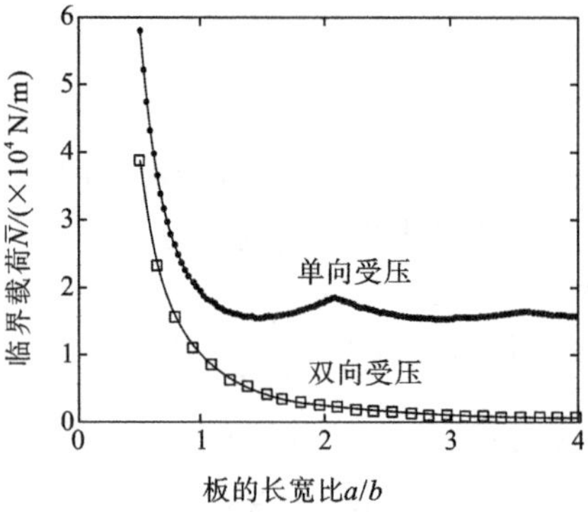

图 7-7　正交层合板单向和双向等值受压时的临界屈曲载荷与 a/b 的关系

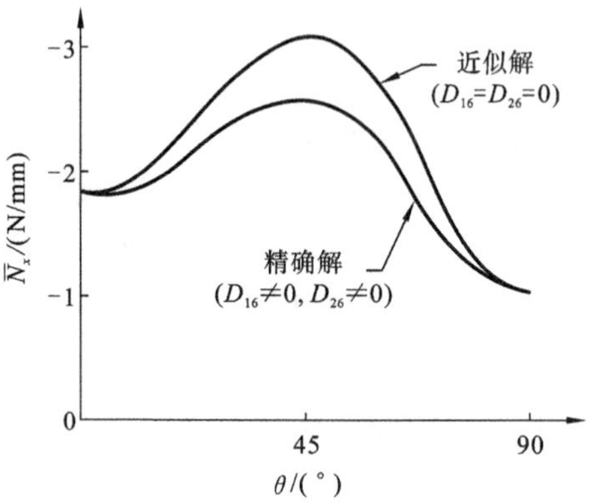

图 7-8　$(\theta/-\theta)_s$ 简支层合板单向受压时的临界屈曲载荷($a=b=100$ mm)

3. 弯-扭耦合效应对屈曲的影响

从以上例子和讨论看出,具有弯曲正交各向异性($D_{16}=D_{26}=0$)的层合板,其屈曲强度一般远小于材料的压缩强度。增大扭转刚度 D_{66} 是提高层合板屈曲强度的途径之一,可以通过加入±45°层来达到这一目的。然而,这会导致 D_{16} 或 D_{26} 耦合项不为零。板不具备弯曲正交各向异性时,临界屈曲载荷的求解变得更为复杂和困难,往往需要通过数值分析方法来求解。

作为初步的估算,可忽略 D_{16} 或 D_{26} 耦合项的影响,得到近似的临界屈曲载荷。图 7-8 所示是对称角铺设层合板临界屈曲载荷的近似解和精确解的对比结果。单层板性能参数为 $E_1=140$ MPa,$E_2=10$ MPa,$G_{12}=5$ GPa,$\mu_{12}=0.3$。可以看出,当角度为 0°或 90°时,近似解和精确解重合,对于其他不同的角度,近似解的误差不同,耦合项的影响不可忽略。

4.4 节指出,增加层合板层数可以降低弯-扭耦合效应的影响。考虑 $([45°/-45°]_n)_s$ 的层合板结构。图 7-9 的结果表明,对于单向压缩的情形,$n=2$ 对应的 $([45°/-45°]_2)_s$ 层合板,其临界屈曲载荷的近似解相对精确解的误差约为 5%。而对于剪切的情形,要使误差不超过 5%,需要 $n=10$,即 40 层的 $([45°/-45°]_{10})_s$ 层合板。对称角铺设层合板不具备弯曲正交各向异性,D_{16} 和 D_{26} 不等于零。此外,对于正剪切与负剪切的情形,临界屈曲载荷有完全不同的结果(见图 7-9)。

图 7-10 显示了层合板形状对临界屈曲载荷的影响。对于单向压缩的情形,形状

参数大于 2 时，其屈曲临界载荷的近似解就有相当的精度（误差为 5%）。而对于剪切的情形，形状参数大于 5，才能使误差不超过 5%。

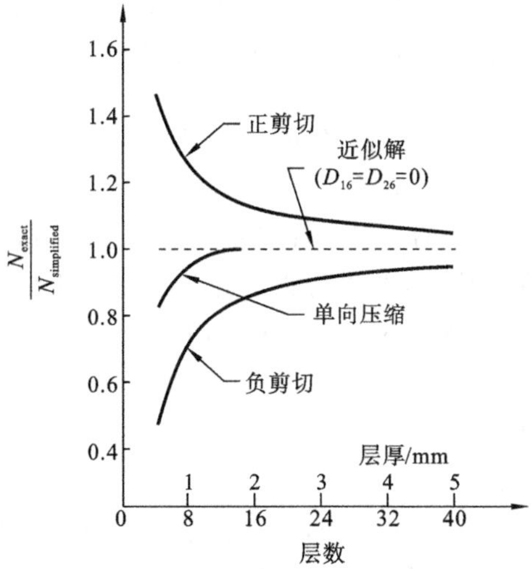

图 7-9　层合板层数对（$[45°/-45°]_n$）$_s$ 层合板临界屈曲载荷的影响（$a=b=100$ mm）

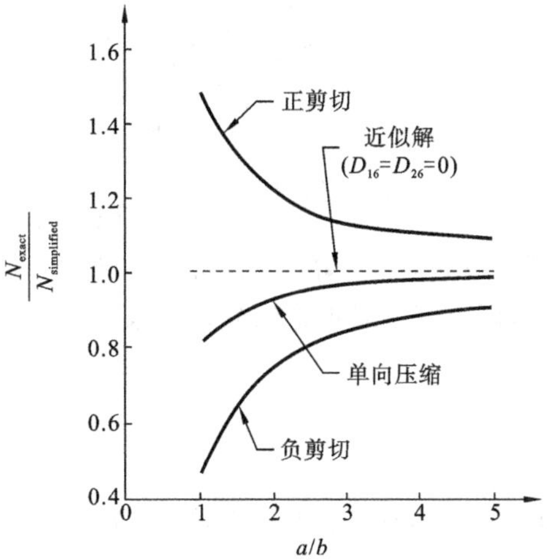

图 7-10　长宽比 a/b 对（45°/−45°）$_s$ 层合板临界屈曲载荷的影响

综上所述，可知弯-扭耦合效应对屈曲强度会产生重要影响，影响程度取决于加载方式、层合板结构形式、层合板尺寸和形状。

7.5　层合梁的分析计算

1. 基本方程

梁是一种基本的结构。考虑到梁的几何特点，即长宽比远大于 1，假定变形和应力在宽度方向上保持不变，因此重新定义弯矩、剪力及横向载荷如下：

$$N_b=bN_x,\quad M_b=bM_x,\quad Q_b=bQ_x,\quad p(x)=bp(x,y)$$

其他内力分量设为零。根据上述假定和定义，对式（7.3）至式（7.6）进行简化，得

$$\frac{dQ_b}{dx}-p(x)=0 \tag{7.47}$$

$$\frac{dM_b}{dx}-Q_b=0 \tag{7.48}$$

$$\frac{d^2M_b}{dx^2}-p(x)=0 \tag{7.49}$$

以下讨论限于对称层合板。将 $M_b=-bD_{11}(d^2w/dx^2)$ 代入式（7.49），得到以梁的中面位移表示的方程：

$$bD_{11}\frac{d^4w}{dx^4}=-p(x) \tag{7.50}$$

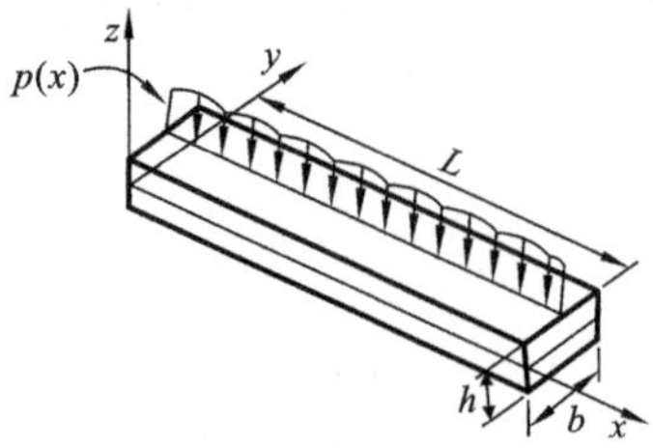

图 7-11　梁的模型

式(7.47)至式(7.50)构成梁的基本控制方程。

2. 梁的弯曲

考虑图 7-11 所示对称层合梁，其承受均布载荷作用，$p(x)=p_0$。对式(7.50)进行积分得

$$w(x)=-\frac{p_0}{24bD_{11}}x^4+C_1\frac{x^3}{6}+C_2\frac{x^2}{2}+C_3x+C_4 \tag{7.51}$$

积分常数通过两端的边界条件确定。解出位移后，按第 4 章和第 5 章的方法，可以求解曲率、应变和应力，并进行强度计算。需要指出的是，以上基于梁理论的分析结果是近似解。由曲率和内力矩的关系，有

$$\begin{bmatrix}K_x\\K_y\\K_{xy}\end{bmatrix}=\boldsymbol{d}\begin{bmatrix}M_x\\0\\0\end{bmatrix} \tag{7.52}$$

即，K_y 和 K_{xy} 一般不为零，$K_y=d_{12}M_x$，$K_{xy}=d_{16}M_x$。当梁的长宽比足够大时，K_y 和 K_{xy} 的影响可以忽略，否则，由梁理论得到的解存在不可忽视的误差。

例 7.4　考虑两端简支对称层合梁(见图 7-12(a))和两端固定梁(见图 7-12(b))，其承受均布载荷作用。求其最大位移。

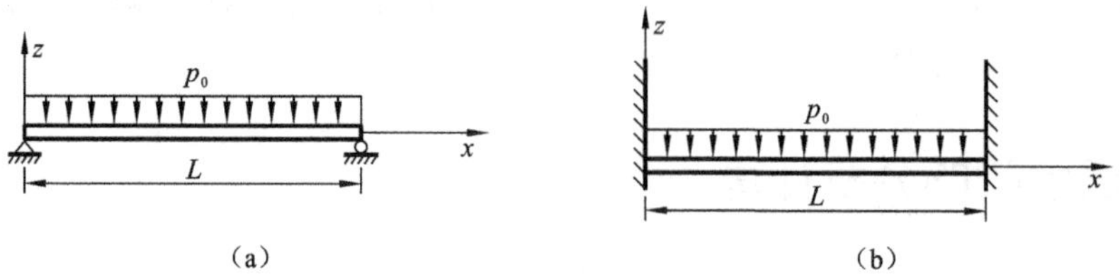

图 7-12　均布载荷下的简支梁与两端固定梁

解　对于图 7-12(a)所示的简支梁，两端的边界条件是：位移=0，位移的二阶导数(弯矩)=0。由此确定式(7.51)的积分常数如下：

$$C_1=\frac{p_0L}{2bD_{11}},\quad C_2=0$$

$$C_3=-\frac{p_0L^2}{24bD_{11}},\quad C_4=0$$

代入式(7.51)得到位移表达式

$$w(x)=-\frac{p_0}{24bD_{11}}(x^4-2Lx^3+L^3x)$$

最大位移(绝对值)出现在梁的中央截面，其大小为

$$w_{\max}=\frac{5p_0L^4}{384bD_{11}}$$

对于图 7-12(b)所示两端固定的梁，最大位移(绝对值)为

$$w_{\max}=\frac{p_0 L^4}{384bD_{11}}$$

可见两端固定梁的最大位移(绝对值)仅为简支梁的 20%。

3. 梁的屈曲

两端简支梁，受到轴向压缩载荷 N_0 作用时，由层合板屈曲的基本方程(7.38)得

$$bD_{11}\frac{\mathrm{d}^4 w}{\mathrm{d}x^4}=-N_0\frac{\mathrm{d}^2 w}{\mathrm{d}x^2} \tag{7.53}$$

假设有以下形式的满足边界条件的解：

$$w(x)=\sum_{m=1}^{\infty}W_m\sin\frac{m\pi x}{L} \tag{7.54}$$

将其代入基本方程，得

$$N_0=\frac{\pi^2 bD_{11}m^2}{L^2} \tag{7.55}$$

最小的临界屈曲载荷($m=1$)以及对应的屈曲模态分别为

$$\overline{N}_0=\frac{\pi^2 bD_{11}}{L^2} \tag{7.56}$$

$$w(x)=\sin\frac{mx}{L} \tag{7.57}$$

习　题

7.1　某各向同性材料，$E_x=E_y=E$，$\mu_{xy}=\mu_{yx}=\mu$，$G_{xy}=G=E/2(1+\mu)$，求其弯曲的基本方程。

7.2　各向同性板四周简支，受面外均布载荷作用，即 $p(x,y)=p_0$。(1) 证明 $w=-\frac{16p_0}{\pi^6 D}\cdot\frac{a^4b^4}{a^4+2a^2b^2+b^4}\sin\frac{\pi x}{a}\sin\frac{\pi y}{b}$。(2) 利用力矩和曲率的关系，计算 M_x。(3) 当 $t=5$ mm，$a=b=50$ cm，$\mu=0.3$，$p_0(ab)=500$ N 时，由公式 $\sigma_x=6M_x/t^2$，求板中央表面的应力。

7.3　证明式(7.18)。

7.4　证明式(7.23)。

7.5　板的材料参数同例 7.2，受 $p=p_0$ 的面外均布载荷作用，四周简支，比较 W_{11}，W_{13} 和 W_{31} 的相对大小。若板的材料为各向同性材料，其结果又如何？

7.6　板的材料参数同例 7.2，受 $p=p_0$ 的面外均布载荷作用，$x=0,a$ 的边为自由边，$y=0,b$ 的边为简支边。求挠度函数。

7.7　证明屈曲的基本方程(7.38)。

7.8　证明式(7.46)。

7.9　例 7.4 中，求两端固定梁的最大位移。

7.10　例 7.4 中，求一端固定、一端简支梁的最大位移。

7.11　求正方形各向同性板在双向压缩载荷作用下的临界屈曲载荷。两个方向上的载荷相等。

7.12　单向层合板材料性能参数为 $E_x=140$ GPa，$E_y=10$ GPa，$\mu_{xy}=0.3$，$G_{xy}=5$ GPa。板厚 $t=5$ mm，$a=b=50$ cm，四周简支，受横向均布载荷 $p_0=25$ N/m^2 作用。求板的最大位移和应力。单向层合板换为$[0°/90°]_s$层合板或$(90°/0°)_s$层合板，总的厚度和其他条件不变，则结果如何？

7.13　在习题 7.12 中，将板的厚度大到为 10 mm，正方形板的边长改变为 100 cm，结果如何？

7.14　在习题 7.12 中，$b=25$ cm，其他条件不变，结果如何？

7.15　在习题 7.12 中：(1) 板在 x 方向上受压缩载荷作用，求临界屈曲载荷。(2) 板在 y 方向上受压缩载荷作用，求临界屈曲载荷。

7.16　在习题 7.12 中，板在 x 方向上受压，且沿 x 方向边长改变为 100 cm，其他条件不变，求临界屈曲载荷。

7.17　在习题 7.12 中，正方形板 x、y 方向受等值压缩载荷作用，求临界屈曲载荷。

第 8 章　若干强度专题

在前面有关单层板或层合板强度的章节里，材料强度是根据均匀连续体力学分析方法和相关的强度准则来估算的。在最后发生瞬时破坏之前，笼统地考虑材料内部微观缺陷的形成和累积。材料在制作以及服役过程中，不可避免地会产生裂纹等宏观缺陷，此时需利用断裂力学方法来评估材料的强度行为。本章简要介绍了复合材料破坏特征、断裂力学应用于复合材料静强度和疲劳强度评估时的基本方法、断裂韧性测量、带孔复合材料的强度计算、连接件的强度行为等。

8.1　复合材料与断裂力学

断裂力学是按力学的观点处理材料中裂纹的发生、传播及由此引起的断裂现象的一门学科。当材料为线弹性体材料时，可以应用线弹性断裂力学（linear fracture mechanics，LFM）来比较方便地确定裂纹尖端的力学状态，用应力强度因子（stress intensity factor）K 来表征裂纹尖端的奇异应力应变场。K 综合了裂纹形状和尺寸以及载荷因素的影响。对于两种不同的构件，只要 K 一样，就可以期待它们有相同的断裂行为。随载荷增大，K 也变大，当 K 达到某一特定的临界值 K_c 时，裂纹体发生破坏，所以裂纹体的应力强度因子 K 和其临界值 K_c 作为力学参量，分别与非裂纹体的应力和破坏应力相对应。

将断裂力学应用于复合材料时，有两种考虑方法：一种是将复合材料作为均质各向异性材料处理；另一种是从细观的角度考虑复合材料的非均匀性。目前对第一种方法研究得较多，并已取得一些满意的结果。但第二种方法也是十分重要和必要的。在金属材料等均质各向同性材料中，裂纹一旦发生，就很容易随外力的增大而扩展。与此不同，复合材料层合板中纤维以及不同纤维方向的铺层对裂纹的扩展起阻碍作用，因此复合材料层合板具有更高的断裂韧性。图 8-1 是单向纤维复合材料的断裂模型图。裂纹沿纤维方向扩展（见图 8-1(a)）时，纤维桥、树脂层厚度等将对其产生很大影响。当裂纹垂直于纤维方向扩展（见图 8-1(b)）时，会出现裂纹的绕道、分岔等。而层合板的破坏形态包括层间裂纹、基材内裂纹、纤维断裂及其相互作用，情况更加复杂。上述现象表明，复合材料的断裂行为受到细观组织结构的强烈影响，也就是说需要考虑材料的非均匀性。但目前对这种方法的研究尚不成熟，本章将主要讨论较为成熟的第一种方法。

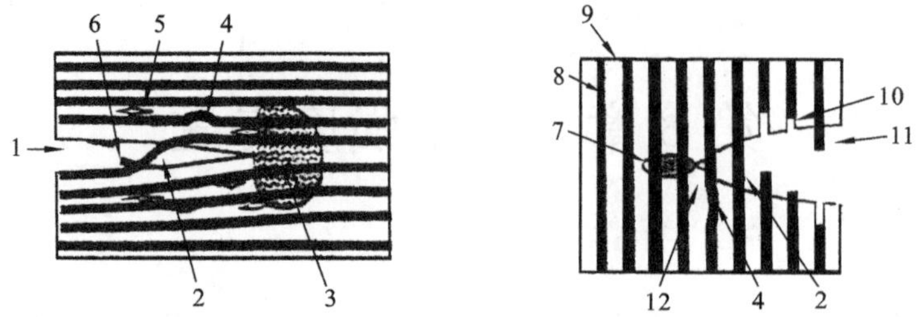

(a)　(b)

图 8-1　单向纤维复合材料的断裂模型图

(a) 裂纹沿纤维方向　(b) 裂纹垂直于纤维方向

1—主裂纹；2—纤维桥；3—基体塑性变形/微裂纹；4—脱胶；5—树脂开裂；6—纤维断裂；7—基体屈服；8—纤维；9—基体；10—纤维断裂；11—纤维拔出；12—基体裂纹

8.2　各向异性板的线弹性断裂力学

1. 各向同性材料裂纹尖端应力场

首先考虑图 8-2(a)所示各向同性材料无限大板带中心裂纹问题。在线弹性条件下，裂纹面延长线上 y 方向应力分量为

$$\sigma_y=\frac{\sigma(a+x)}{\sqrt{x(2a+x)}}\quad (x>0) \tag{8.1}$$

当 $x\to 0$ 时，$\sigma_y\to\infty$。在裂纹面上 $-2a<x<0$，$\sigma_y=0$，因此 $x=0$ 是应力奇异点，裂纹尖端具有应力奇异性。在 $0<x\ll a$ 的范围内，即在裂纹尖端局部区域，将式(8.1)展开，略去高阶项，得

$$\sigma_y=\frac{K}{\sqrt{2\pi x}} \tag{8.2}$$

$$K=\sigma\sqrt{\pi a} \tag{8.3}$$

式(8.2)表明，裂纹尖端的应力场可以通过 K 唯一地确定。K 称为应力强度因子，其大小与加载应力以及裂纹几何尺寸有关。K 越大，距离裂纹尖端相同距离处的 σ_y 就

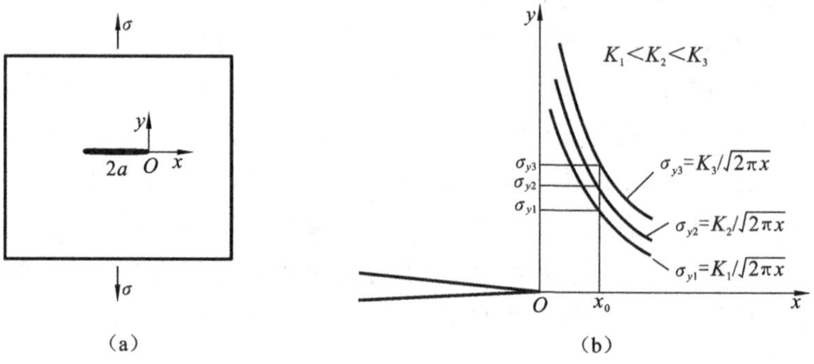

(a)　(b)

图 8-2　无限大板中心裂纹尖端应力场

越大，如图 8-2(b)所示。另一方面，即使两试样裂纹长度 a 不相等，通过调整加载应力的大小，使得两试样的 K 值相同，裂纹尖端的应力分布也将完全相同。

对于一般的三维问题，裂纹有三种基本的变形形式，如图 8-3 所示，分别称为Ⅰ型(张开型)、Ⅱ型(面内剪切型)、Ⅲ型(面外剪切型)。与前述方法类似，可以定义各基本变形形式下的应力强度因子，相应的裂纹尖端的应力场表示如下(见图 8-4)。

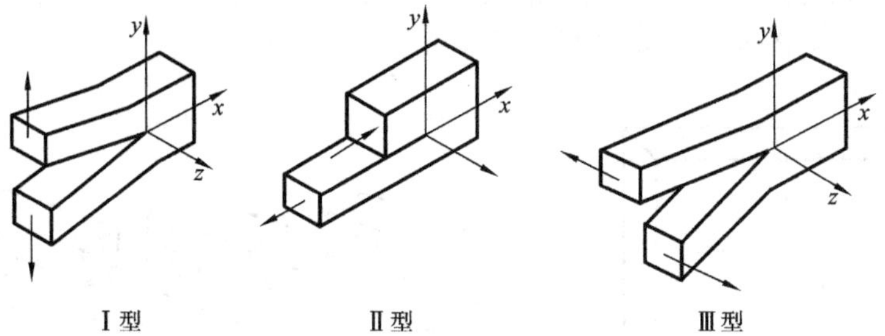

图 8-3　三种裂纹变形形式

Ⅰ型：

$$\begin{pmatrix}\sigma_x\\ \sigma_y\\ \tau_{xy}\end{pmatrix}=\frac{K_{\mathrm{I}}}{\sqrt{2\pi r}}\begin{cases}\cos\dfrac{\theta}{2}\left(1-\sin\dfrac{\theta}{2}\sin\dfrac{3\theta}{2}\right)\\ \cos\dfrac{\theta}{2}\left(1+\sin\dfrac{\theta}{2}\sin\dfrac{3\theta}{2}\right)\\ \cos\dfrac{\theta}{2}\sin\dfrac{\theta}{2}\cos\dfrac{3\theta}{2}\end{cases}\tag{8.4}$$

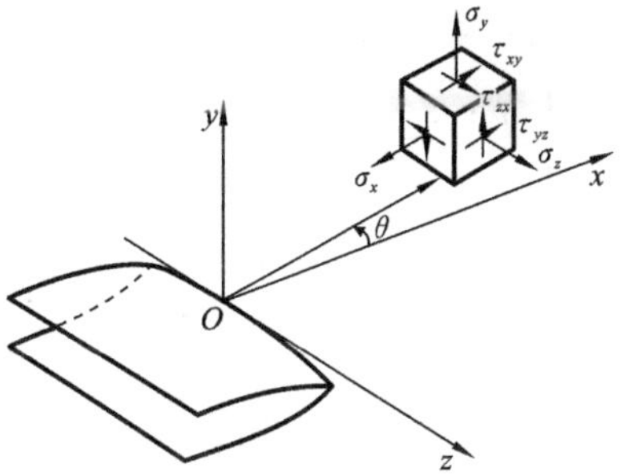

图 8-4　裂纹尖端坐标系

Ⅱ型：

$$\begin{pmatrix}\sigma_x\\ \sigma_y\\ \tau_{xy}\end{pmatrix}=\frac{K_{\mathrm{II}}}{\sqrt{2\pi r}}\begin{cases}-\sin\dfrac{\theta}{2}\left(2+\cos\dfrac{\theta}{2}\cos\dfrac{3\theta}{2}\right)\\ \sin\dfrac{\theta}{2}\cos\dfrac{\theta}{2}\cos\dfrac{3\theta}{2}\\ \cos\dfrac{\theta}{2}\left(1-\sin\dfrac{\theta}{2}\sin\dfrac{3\theta}{2}\right)\end{cases}\tag{8.5}$$

Ⅲ型：

$$\begin{pmatrix}\tau_{yz}\\ \tau_{zx}\end{pmatrix}=\frac{K_{\mathrm{III}}}{\sqrt{2\pi r}}\begin{pmatrix}\cos\dfrac{\theta}{2}\\ -\sin\dfrac{\theta}{2}\end{pmatrix}\tag{8.6}$$

对于Ⅰ型和Ⅱ型裂纹，有

$$\sigma_z=\begin{cases}0 & (\text{平面应力})\\ \mu(\sigma_x+\sigma_y) & (\text{平面应变})\end{cases}$$

式中：μ 是泊松比。

对于Ⅲ型裂纹，有

$$\sigma_x=\sigma_y=\sigma_z=\tau_{xy}=0$$

2. 各向异性材料平面裂纹尖端应力场

各向异性弹性体与各向同性材料的力学问题相比，不同之处仅表现在应力应变关系上，其他基本方程是一样的。线弹性断裂力学可以用来分析各向异性弹性体的断裂问题。

均匀各向异性材料裂尖应力场的求解十分复杂，应用复变函数解析方法求得的各种变形形式(见图 8-5)下的结果如下(Sih et al.，1965)。

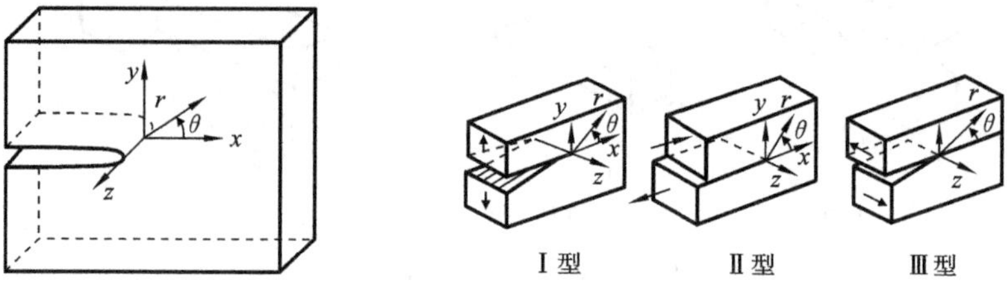

图 8-5　复合材料裂纹体的三种变形公式

Ⅰ型：

$$\begin{pmatrix}\sigma_x\\ \sigma_y\\ \tau_{xy}\end{pmatrix}=\frac{K_{\mathrm{I}}}{\sqrt{2\pi r}}\begin{cases}\mathrm{Re}\left[\dfrac{\lambda_1\lambda_2}{\lambda_1-\lambda_2}\left(\dfrac{\lambda_2}{P_2}-\dfrac{\lambda_1}{P_1}\right)\right]\\ \mathrm{Re}\left[\dfrac{1}{\lambda_1-\lambda_2}\left(\dfrac{\lambda_1}{P_2}-\dfrac{\lambda_2}{P_1}\right)\right]\\ \mathrm{Re}\left[\dfrac{\lambda_1\lambda_2}{\lambda_1-\lambda_2}\left(\dfrac{1}{P_1}-\dfrac{1}{P_2}\right)\right]\end{cases}\tag{8.7}$$

Ⅱ型：

$$\begin{pmatrix}\sigma_x\\ \sigma_y\\ \tau_{xy}\end{pmatrix}=\frac{K_{\mathrm{II}}}{\sqrt{2\pi r}}\begin{cases}\mathrm{Re}\left[\dfrac{1}{\lambda_1-\lambda_2}\left(\dfrac{\lambda_2^2}{P_2}-\dfrac{\lambda_1^2}{P_1}\right)\right]\\ \mathrm{Re}\left[\dfrac{1}{\lambda_1-\lambda_2}\left(\dfrac{1}{P_2}-\dfrac{1}{P_1}\right)\right]\\ \mathrm{Re}\left[\dfrac{1}{\lambda_1-\lambda_2}\left(\dfrac{\lambda_1}{P_1}-\dfrac{\lambda_2}{P_2}\right)\right]\end{cases}\tag{8.8}$$

Ⅲ型：

$$\begin{pmatrix}\tau_{yz}\\ \tau_{xz}\end{pmatrix}=\frac{K_{\mathrm{III}}}{\sqrt{2\pi r}}\begin{cases}\mathrm{Re}\left(\dfrac{1}{P_3}\right)\\ \mathrm{Re}\left(\dfrac{\lambda_3}{P_3}\right)\end{cases}\tag{8.9}$$

以上各式中

$$\begin{cases}P_1=\sqrt{\cos\theta+\lambda_1\sin\theta}\\ P_2=\sqrt{\cos\theta+\lambda_2\sin\theta}\\ P_3=\sqrt{\cos\theta+\lambda_3\sin\theta}\end{cases}\tag{8.10}$$

参数 $\lambda_1,\bar{\lambda}_1,\lambda_2,\bar{\lambda}_2$ 是以下方程的四个复数根：

$$\bar{S}_{11}\lambda^4-2\bar{S}_{16}\lambda^3+(2\bar{S}_{12}+\bar{S}_{66})\lambda^2-2\bar{S}_{26}\lambda+\bar{S}_{22}=0 \tag{8.11}$$

而参数 $\lambda_3,\bar{\lambda}_3$ 满足下面的特征方程：

$$C_{44}\lambda^2+2C_{45}\lambda+C_{55}=0 \tag{8.12}$$

式(8.11)中的 $\bar{S}_{ij}$ 为柔度系数，式(8.12)中的 C_{ij} 是三维弹性问题的刚度系数，即

$$\begin{bmatrix}\sigma_x\\ \sigma_y\\ \sigma_z\\ \tau_{yz}\\ \tau_{xz}\\ \tau_{xy}\end{bmatrix}=C_{ij}\begin{bmatrix}\varepsilon_x\\ \varepsilon_y\\ \varepsilon_z\\ \gamma_{yz}\\ \gamma_{xz}\\ \gamma_{xy}\end{bmatrix} \tag{8.13}$$

$$\begin{bmatrix}\varepsilon_x\\ \varepsilon_y\\ \gamma_{xy}\end{bmatrix}=\begin{bmatrix}\bar{S}_{11} & \bar{S}_{12} & \bar{S}_{16}\\ \bar{S}_{12} & \bar{S}_{22} & \bar{S}_{26}\\ \bar{S}_{16} & \bar{S}_{26} & \bar{S}_{66}\end{bmatrix}\begin{bmatrix}\sigma_x\\ \sigma_y\\ \tau_{xy}\end{bmatrix} \tag{8.14}$$

在裂纹面前方，$\theta=0$，应力场表达式变得十分简洁，如

$$\begin{cases}\sigma_y=\dfrac{K_{\mathrm{I}}}{\sqrt{2\pi r}} & (\text{Ⅰ型})\\[2ex] \tau_{xy}=\dfrac{K_{\mathrm{II}}}{\sqrt{2\pi r}} & (\text{Ⅱ型})\\[2ex] \tau_{yz}=\dfrac{K_{\mathrm{III}}}{\sqrt{2\pi r}} & (\text{Ⅲ型})\end{cases} \tag{8.15}$$

对于受均匀分布力作用的无限大板，均质各向异性材料的裂纹应力强度因子与各向同性材料的相同。而对于有限板，各向异性的影响将通过边界条件反映到 K_i($i=$ Ⅰ，Ⅱ，Ⅲ)中。

若考虑材料的非均匀性，则应力强度因子的定义及应力分布将更为复杂。当裂纹尖端落在两相异材料的交界处时，应力奇异性一般不能表达成 $r^{-1/2}$ 的形式。

3. 能量释放率

从能量的观点考察裂纹体的断裂行为时，利用能量释放率(energy release rate)的概念是很方便的。能量释放率 G 定义为裂纹扩展单位面积时体系势能 Π 的减少量，即

$$G=-\frac{\partial \Pi}{\partial A} \tag{8.16}$$

考虑某一受恒力作用的线弹性裂纹体，其载荷-位移关系如图 8-6 所示。裂纹长度为 a(面积为 A)时，系统的势能(potential)是储存在裂纹体内的弹性应变能(strain energy)，即

$$\Pi=\frac{1}{2}Fu \tag{8.17}$$

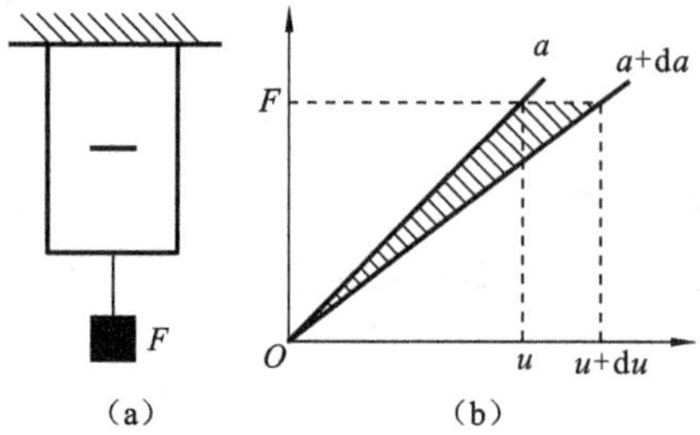

图 8-6　能量释放率的说明

当裂纹长度增加到 $a+\mathrm{d}a$、裂纹面积相应地增加到 $A+\mathrm{d}A$ 时，系统的势能等于外力势能与此时的应变能之和，即

$$\Pi+\Delta\Pi=-F\mathrm{d}u+\frac{1}{2}F(u+\mathrm{d}u) \tag{8.18}$$

式(8.18)右端第一项的外力势能为一负值，这是因为裂纹变长时外力做正功，外力势能减少了。由式(8.17)、式(8.18)求得系统势能的减少量为

$$-\Delta\Pi=\frac{1}{2}F\mathrm{d}u$$

这个量的大小对应图 8-6(b)中的阴影部分面积。由定义求得

$$G=-\frac{\partial\Pi}{\partial A}=\frac{1}{2}F\frac{\partial u}{\partial A}=\frac{F^2}{2}\frac{\partial\lambda}{\partial A} \tag{8.19}$$

$$u=\lambda F \tag{8.20}$$

可以证明，对于其他受力形式，G 的表达式仍为式(8.19)。

能量释放率 G 是描述裂纹体力学状态的另一参量。对于正交各向异性材料，当坐标轴与材料主轴一致时，Ⅰ，Ⅱ，Ⅲ型裂纹的能量释放率相互独立，且与 K_i 之间存在下面的关系：

$$G_i=H_iK_i^2\quad(i=\mathrm{I},\mathrm{II},\mathrm{III}) \tag{8.21}$$

三种裂纹尖端变形形式同时存在，则总的能量释放率为

$$G=G_{\mathrm{I}}+G_{\mathrm{II}}+G_{\mathrm{III}}$$

将正交各向异性材料的柔度系数记为 S_{ij}，则在平面应力条件下，H_{I}、H_{II}、H_{III} 可分别按以下各式求得：

$$H_{\mathrm{I}}=\sqrt{\frac{S_{11}S_{22}}{2}}\left[\sqrt{\frac{S_{22}}{S_{11}}}+\frac{2S_{12}+S_{66}}{2S_{11}}\right]^{1/2} \tag{8.22}$$

$$H_{\mathrm{II}}=\frac{S_{11}}{\sqrt{2}}\left[\sqrt{\frac{S_{22}}{S_{11}}}+\frac{2S_{12}+S_{66}}{2S_{11}}\right]^{1/2} \tag{8.23}$$

$$H_{\mathrm{III}}=\frac{\sqrt{S_{44}S_{55}}}{2} \tag{8.24}$$

对于平面应变问题，以 T_{ij} 代替式(8.22)至式(8.24)中的 $S_{ij}(i,j=1,2)$ 即可，有

$$T_{ij}=S_{ij}-\frac{S_{i3}S_{j3}}{S_{33}}$$

材料断裂一般要满足两个条件，即能量条件和应力条件：

$$G\geqslant G_{\mathrm{c}} \tag{8.25}$$

$$\sigma\geqslant\sigma_{\mathrm{c}} \tag{8.26}$$

式中：σ 是裂纹尖端应力；σ_c 是临界断裂应力。线弹性断裂力学的研究对象是尖锐裂纹，尖锐裂纹尖端应力非常大，应力条件一般自动满足。裂纹扩展时会产生新的裂纹面，需要消耗能量。式(8.25)中的 G_c 是这种所需能量的量度，称为断裂韧性。它与材料有关，其值越大，说明扩展阻力越大，裂纹越不容易扩展。G 是系统能够提供的动力，所以又称为裂纹扩展力(crack extension force)。

8.3　层间断裂

1. 层间断裂简介

用于飞机机翼等结构中的碳纤维增强复合材料多采用层合结构。复合材料层合结构的断裂形式与均质各向同性材料是不相同的。对金属材料，一般说来，裂纹倾向于沿垂直于载荷的方向扩展，即发生Ⅰ型断裂。而复合材料的断裂受各向异性的强烈影响。竹子或三合板的破坏形式不同于一般均质材料是我们熟知的事实。

单向碳/环氧材料的拉伸疲劳破坏例子如图 8-7(a)所示，破坏沿纤维纵向发生，呈刷子状；图 8-7(b)所示是$(45°/-45°/0°/90°)_{2s}$碳/聚醚酰亚胺准各向同性层合板的疲劳破坏例子(三木光範 等，1997)。层合板首先在 90°层内产生横向裂纹，然后在 0°/90°界面发生层间断裂，随后 90°/45°界面也发生层间断裂，最后 0°层纤维断裂，导致层合板最终破坏。

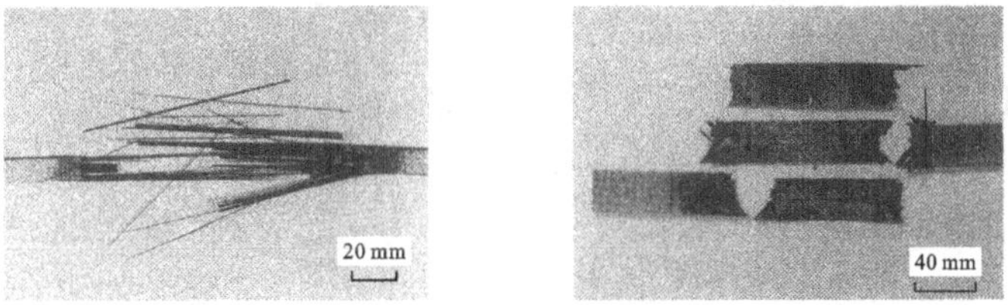

(a)　　　　(b)

图 8-7　碳纤维增强复合材料层合板的拉伸疲劳破坏

(a) 单向碳/环氧材料　(b) $(45°/-45°/0°/90°)_{2s}$碳/聚醚酰亚胺层合板

层合板受冲击载荷作用时，层间断裂为其主要的损伤破坏形式。由于层间断裂会引起结构压缩强度大大下降，且从表面不易发现，因此在航空结构应用中，采用冲击后压缩强度(compressive strength after impact，CAI)作为重要的强度指标，并有专门的评价标准(见图 8-8)。

由接合部的孔边发生的初期破坏也是以层间断裂形式出现的。上述例子表明，层间断裂是层合板的典型和严重的断裂形式。引发层间断裂的原因，一是材料的各向异性，二是层间应力作用。

要提高复合材料结构的强度，需要对强化方向以外的破坏，特别是层间断裂的力学特性和机理做深入研究。由于裂纹在复合材料中的扩展路径受到限制，材料中会

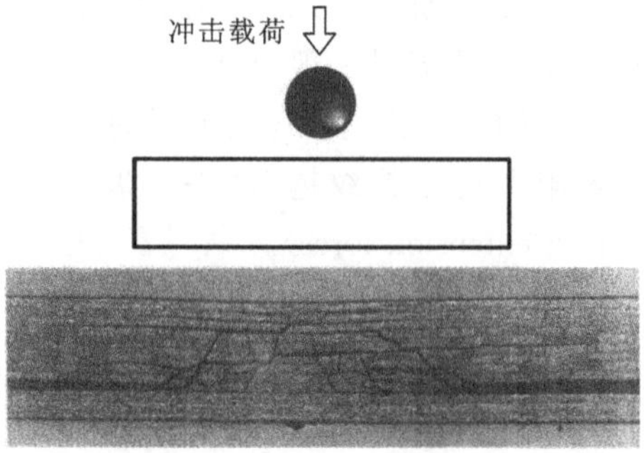

图 8-8　冲击引起的层间断裂(碳/环氧(T300/2500),$(0^\circ_3/90^\circ_3)_s$)

注:板厚 3 mm,冲击速度为 2.52 m/s,冲击能量为 8.05 J。

发生Ⅰ型裂纹的扩展,有时还会同时发生Ⅱ,Ⅲ型或混合型裂纹扩展。冲击后压缩强度与Ⅱ型断裂韧性在试验上有对应关系,因此Ⅱ型裂纹的研究受到了特别的重视。

复合材料的破坏分为沿纤维方向的破坏和垂直于纤维方向的破坏两大类(见图 8-1)。鉴于上面的原因,近年来开展的研究集中于层间断裂的评价。当垂直于纤维方向的断裂变得重要时,需要知道纤维/树脂的界面特性及树脂本身的断裂特性。树脂断裂的一个重要特征是脆性断裂(brittle fracture),在拉伸载荷作用下,树脂不易发生剪切屈服。特别是热固性树脂,其即使处于纯剪切的应力状态,也倾向于发生拉伸型断裂。目前对纤维和树脂的界面特性的认识还很有限,需要做进一步的研究。

2. 层间断裂韧性测量

测定层间断裂韧性的方法根据不同的目的,有Ⅰ型试验、Ⅱ型试验和Ⅰ-Ⅱ混合型试验。Ⅰ型试验的试样如图 8-9(a)所示。在层合板成型过程中,将聚四氟乙烯(teflon)薄膜插入相邻两层之间,以这一部分作为初始裂纹。典型的试样尺寸是:宽度 $B=20\sim25$ mm,板厚 $2h=3$ mm,长 100～200 mm。记录下裂纹扩展过程中的载荷和位移(又称裂纹张开位移)的关系,如图 8-9(b)所示。试验在拉伸位移速度一定(1.27 mm/min)的条件下进行,这种情况对应 $\mathrm{d}G/\mathrm{d}a<0$,裂纹通常稳定扩展。试验中的裂纹长度 a 和柔度 h 之间的关系可由下面的经验式表达:

$$\frac{a}{2h}=\alpha_0+\alpha_1(B\lambda)^{1/3} \tag{8.27}$$

材料力学中梁的理论对应 $\alpha_0=0$,$\alpha_1=0.25E_L^{1/3}$,E_L 是材料在长度方向上的弯曲模量。由于复合材料剪切模量很小,裂纹尖端不满足横截面平面变形假设,一般 $\alpha_0\neq0$。对于碳纤维增强材料,$\alpha_0\approx1$。注意到式(8.19)中的 $A=Ba$,由式(8.27)和式(8.19)求得能量释放率为

$$G_\mathrm{I}=\frac{3}{4h}\left(\frac{F}{B}\right)^2\frac{(B\lambda)^{2/3}}{\alpha_1} \tag{8.28}$$

将裂纹开始扩展时的临界载荷值和柔度值代入式(8.28),就得到初始断裂韧性值。图 8-9(b)中的阴影部分面积表示裂纹由 a_1 扩展到 a_2 所需要的能量,即试

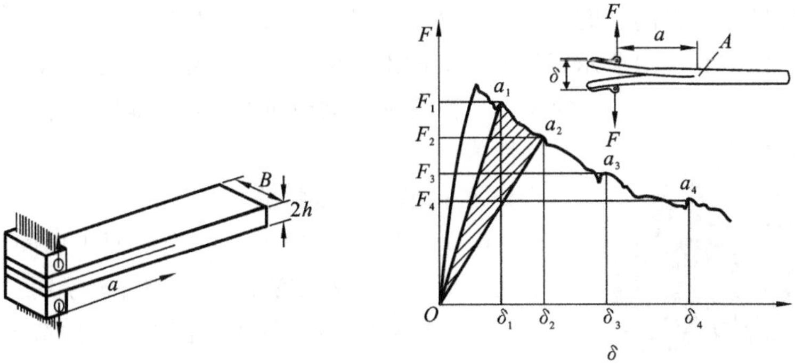

(a)　　　　(b)

图 8-9　Ⅰ型试验试样与载荷-位移关系曲线

(a) 试样　(b) 载荷-位移关系曲线

验过程中对应 a_1 的断裂韧性值。Ⅰ型试验又称为双悬臂梁(double cantilever beam，DCB)试验，其加载方式与将一次性筷子拉开时的加载方式是一样的。

Ⅱ型试验采用图 8-10 所示的三点弯曲方式。试样本身与Ⅰ型试验试样相同。只是跨度一般为 $2L=100$ mm。裂纹尖端应力以剪切型为主导。由梁的理论求得柔度 λ(λ=中央挠度/F)和裂纹 a 的关系如下：

$$(2h)^3 E_L B\lambda = \xi_0 L^3 + \xi_1 a^3 \tag{8.29}$$

其中

$$\xi_0 = 2, \quad \xi_1 = 3$$

将式(8.29)代入能量释放率的公式(8.19)得

$$G_{\text{Ⅱ}} = \frac{3\xi_1 F^2 a^2}{2E_L B^2 (2h)^3} \tag{8.30}$$

记录荷载-位移曲线，可确定Ⅱ型断裂韧性值。Ⅱ型试验又称为末端缺口弯曲(end notched flexure，ENF)试验。

Ⅰ-Ⅱ混合型试验设备如图 8-11 所示。

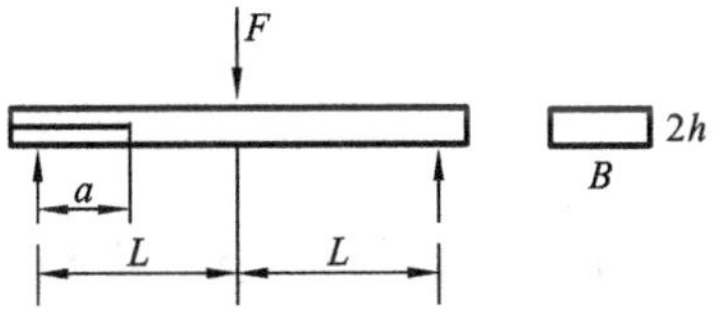

图 8-10　Ⅱ型试验三点弯曲方式示意图

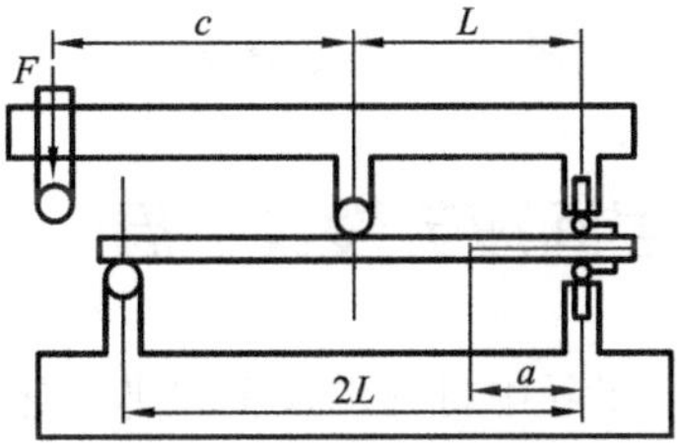

图 8-11　Ⅰ-Ⅱ混合型试验设备

本章开头已提到，复合材料的断裂受到细观结构的影响。树脂的特性对层间强度(断裂韧性)的影响很大，如碳/环氧复合材料和碳/聚醚醚酮复合材料相比，后者的断裂韧性大大高于前者，这是因为热塑性树脂聚醚醚酮本身的断裂韧性比环氧树脂的大很多。对同样的材料，交织纤维增强复合材料层合板的层间强度高于单向纤维增强复合材料层合板的层间强度。利用裂纹尖端纤维桥的作用原理,可制成高断裂韧性材料。如图 8-1(a)所示,纤维桥的作用相当于一个使裂纹闭合的力,即裂纹扩展的阻力。而且随着裂纹的扩展,纤维桥作用增大,材料断裂韧性值也变大。

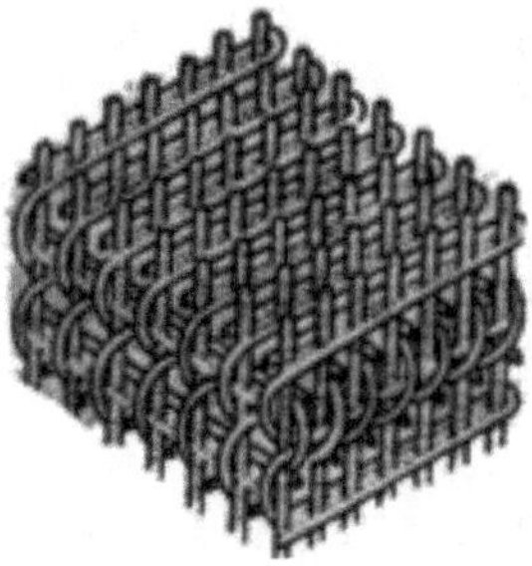

图 8-12　三维交织纤维

3. 层间断裂抑制措施

5.6 节指出,自由边界处的脱层源于层间应力,并介绍了几种抑制脱层的方法。以下是补充说明。

为减少层间断裂的发生,在层合板构造形式上可采用如下方法:

(1) 三维交织纤维增强法(见图 8-12)。由于在厚度方向上也进行了纤维强化,层间断裂可以得到有效的控制。

(2) 在容易发生层间断裂的地方,在树脂固化前用纤维进行缝合(stitching),像衣服锁扣眼一样,如图 8-13 所示。

(3) 如图 8-14 所示,在碳纤维增强复合材料结构中填入刚度较小、断裂韧性较大的玻璃纤维增强复合材料,以提高层间断裂强度。这种用两种以上强化纤维制成的复合材料称为混杂复合材料(hybrid composite material)。

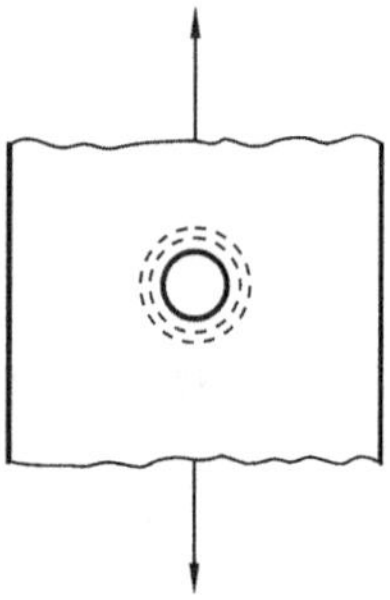

图 8-13　孔边缝合

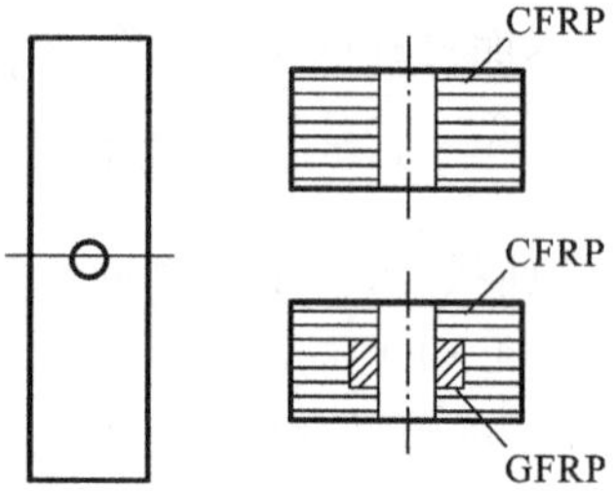

图 8-14　混杂复合材料

8.4　层间疲劳裂纹扩展

工程实际中材料的疲劳是非常重要的问题。随着复合材料在航空航天、汽车、动力工程等领域受交变载荷条件下的广泛应用,对复合材料的**疲劳破坏**(fatigue rupture)的研究越来越受到重视。复合材料的疲劳试验采用与断裂韧性试验相同的试样和加载方式。与金属材料一样,一般采用载荷(K,G)渐减的方法,由试验过程中裂纹长度的变化求出裂纹扩展速率(crack growth rate)$\mathrm{d}a/\mathrm{d}N$ 与 K,G 的关系。

金属材料的 $\mathrm{d}a/\mathrm{d}N$-ΔK 曲线分三个区域(见图 8-15),在中间区域,下面的 Paris 关系成立:

$$\frac{da}{dN}=C\Delta K^m \tag{8.31}$$

式中：ΔK 是 K 应力强度因子的幅值，$\Delta K=K_{max}-K_{min}$；$m=2\sim7$。

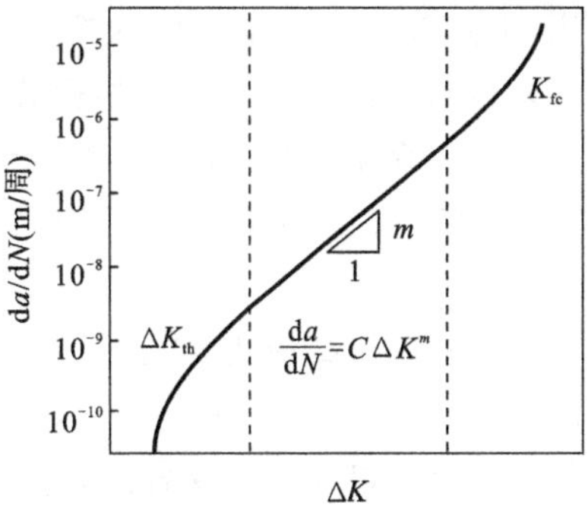

图 8-15　金属材料的疲劳裂纹扩展行为

图 8-16 是单向碳纤维增强复合材料层合板Ⅰ型疲劳裂纹扩展行为示意图，图中的 R 是应力比，$R=\sigma_{min}/\sigma_{max}$。对不同的基材（树脂），应力比的影响程度有很大差别。树脂的断裂韧性较低时，da/dN-K_{max} 关系受 R 的影响较小，也就是说裂纹的扩展基本上由 $K_{max}(G_{max})$ 控制。反之，当树脂的断裂韧性较高时，裂纹扩展倾向于由 ΔK 控制。在中间区域，幂函数关系式（8.31）成立，不过指数 m 的取值范围为8～40，大大高于金属材料。在 $da/dN<10^{-9}\sim10^{-10}$ m/周的低速扩展区，存在裂纹扩展的门槛值（门槛应力强度因子范围）。

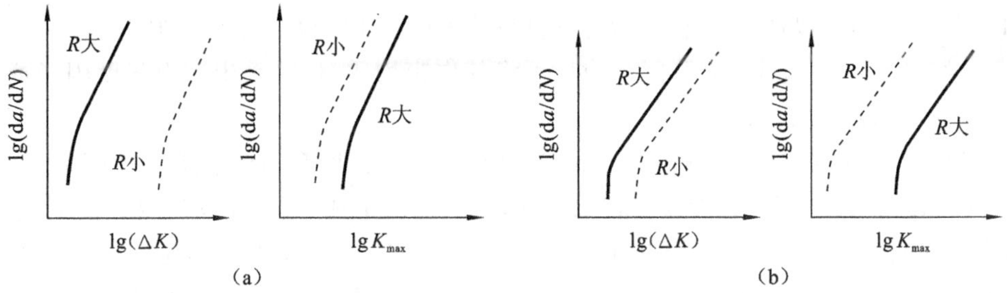

图 8-16　Ⅰ型疲劳裂纹扩展示意图

（a）碳/环氧树脂　（b）碳/热塑性树脂

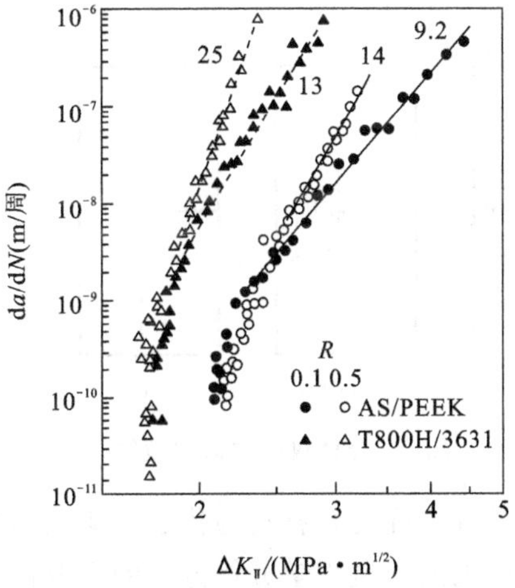

图 8-17　Ⅱ型疲劳裂纹扩展示意图

单向碳纤维增强复合材料的Ⅱ型疲劳裂纹扩展的例子如图 8-17 所示。碳/热塑性树脂 AS4/PEEK 和碳/环氧树脂 T800H/3631 复合材料的结果一同示于图中。在门槛区附近，两种材料的裂纹扩展均由 ΔK 控制，幂指数 $m=9\sim25$。

从上面的讨论可得出这样的规律。对于Ⅰ型扩展：在树脂断裂韧性高的情况下，树脂的循环塑性变形对裂纹扩展的贡献大，da/dN 倾向于由 ΔK 控制；而脆性树脂作为基体时的裂纹扩展主要依赖于 K_{max}，表现出与静载相似的破坏机理。对于Ⅱ型扩展：不论树脂的断裂韧性如何，循环剪切破坏均起主导作用，da/dN 基本上受 ΔK 的控制。

复合材料的疲劳与金属的疲劳相比，有以下特点：

(1) 疲劳性能好，疲劳寿命(fatigue life)长；

(2) 疲劳损伤是累积的，有明显的征兆(金属材料的损伤累积是隐蔽的，破坏有突发性)；

(3) 材料在高应力区往往出现较大范围的损伤，疲劳破坏很少由单一的裂纹控制；

(4) 疲劳裂纹扩展受各向异性影响，往往以混合型破坏形式出现(金属材料的疲劳裂纹扩展倾向于Ⅰ型，即沿垂直于载荷的方向进行)。

复合材料的破坏机理还有许多不明点，有待今后进一步的研究。

8.5　层合板的其他破坏形式

复合材料除了层间断裂外，还存在与纤维相垂直方向的断裂现象，一些特殊结构，如正交层合结构，以及交织纤维、短纤维材料的破坏特性等也是重要的研究对象。

对于发生Ⅰ型破坏的短纤维材料，可将其作为均质材料，采用应力强度因子或 J 积分进行断裂韧性的评价。

当裂纹以垂直于纤维方向的形式出现时，裂纹的扩展有两种可能：一种情况如图 8-18(a)、图 8-19(a)所示，裂纹自相似扩展，行为比较单纯，可沿用均质材料的断裂力学方法进行评价；另一种情况如图 8-18(b)、图 8-19(b)所示，裂纹扩展受界面强度和层间强度相互大小的影响，裂纹尖端会产生"钝化"现象，破坏行为介于断裂力学准则和应力准则之间。对于图 8-19(c)所示的情况，裂纹的影响很小，须采用净应力准则来描述它的破坏。不论哪种情况，在裂纹尚未扩展时，裂纹尖端的应力场都可由断裂力学方法确定。

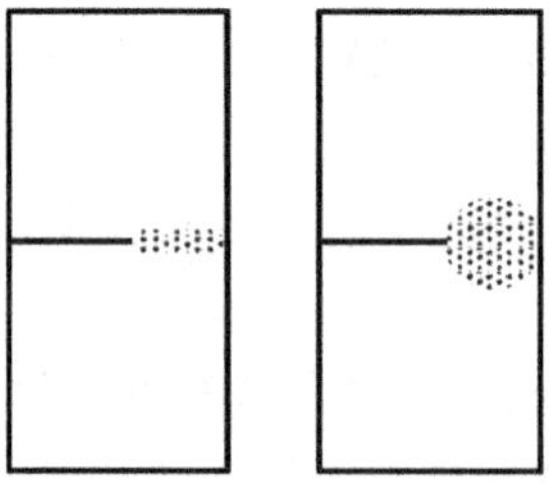

(a)　　(b)

图 8-18　交织纤维板的破坏

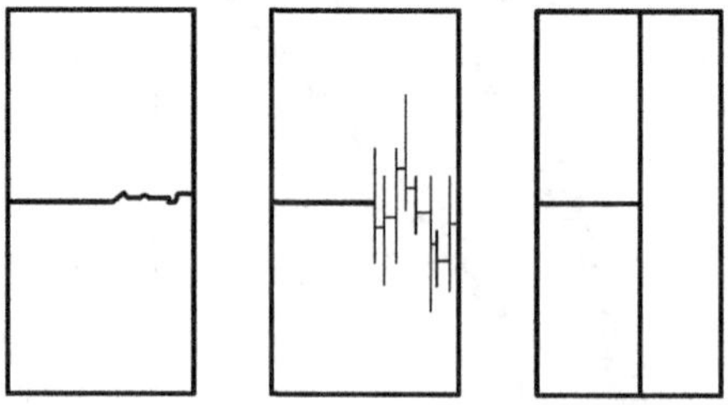

(a)　　(b)　　(c)

图 8-19　单向复合材料中的横向裂纹

大型结构中采用的复合材料大部分是以碳纤维增强复合材料为代表的树脂基复合材料。从耐久性、可靠性的角度来看，本章所讨论的断裂力学分析方法的重要性是不言而喻的。今后在数据积累、试验方法规范化等方面还有许多工作要做。复合材料的断裂受纤维、基体、界面、空间配置等细观组织影响较大，需要将复合材料作为非均质材料来处理。考虑细观结构的断裂力学性能研究是一个重要的研究方向。

8.6　带孔层合板的应力和强度分析

1. 单层板

在做层合板的刚度分析或强度分析时，假定板是连续的平面。实际工程中，会出现非连续的部位，如连接孔。此时，在孔边会存在应力集中现象。以下基于 Lekhnitskii(1968)等人的文章给出的结论，讨论层合板孔边的应力分布和强度计算。

考虑带孔层合板(见图 8-20)。假设板的尺寸与孔的直径相比足够大，且忽略层间应力影响。在孔边的任一点，周向弹性模量和周向正应力分量分别表示为

$$\frac{1}{E_\alpha}=\frac{\sin^4\alpha}{E_1}+\left(\frac{1}{G_{12}}-\frac{2\mu_{12}}{E_1}\right)\sin^2\alpha\cos^2\alpha+\frac{\cos^4\alpha}{E_2} \tag{8.32}$$

$$\sigma_\alpha=\frac{E_\alpha}{E_1}(A\sigma_1^0+B\sigma_2^0+C\tau_{12}^0) \tag{8.33}$$

式中：

$$A=-k\cos^2\alpha+(1+n)\sin^2\alpha$$
$$B=k[(k+n)\cos^2\alpha-\sin^2\alpha]$$
$$C=(1+k+n)n\sin2\alpha$$

其中：

$$k=\sqrt{E_1/E_2}$$
$$n=\sqrt{2(k-\mu_{12})+E_1/G_{12}}$$

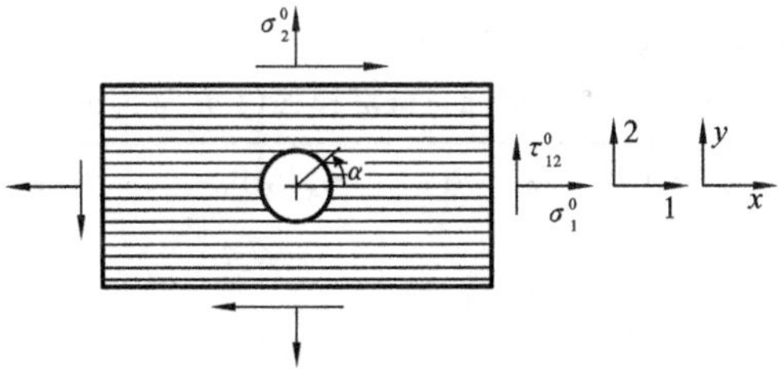

图 8-20　带孔层合板的单层板受面内应力作用

需指出的是，在只有正应力作用时，研究 $\alpha=0°\sim90°$时的情况即可；有剪应力作用或一般面内组合应力作用时，需研究 $\alpha=0°\sim180°$时的情况。上述公式的正确性通过有限元方法得到了验证。对于交织纤维板，定义适当的弹性常数，则以上公式仍然适用。

孔边的周向应力是该处唯一非零应力分量，因此，将其转换为该处材料主轴方向的应力分量，则有

$$\begin{bmatrix}\sigma_1\\ \sigma_2\\ \tau_{12}\end{bmatrix}=\sigma_\alpha\begin{bmatrix}\sin^2\alpha\\ \cos^2\alpha\\ -\cos\alpha\sin\alpha\end{bmatrix} \tag{8.34}$$

将上述结果代入适当的强度理论,可以判断是否发生破坏。应注意的是,复合材料强度具有各向异性,某处应力集中最严重,并不意味着该处的破坏指标就一定是最大的。

例 8.1 考虑碳/环氧复合材料单层板,中心带有小圆孔。已知 $E_1=140$ GPa,$E_2=10$ GPa,$G_{12}=5$ GPa,$\mu_{12}=0.3$,$X_t=1500$ MPa,$X_c=1200$ MPa,$Y_t=50$ MPa,$Y_c=250$ MPa,$S=70$ MPa,厚度为 0.125 mm。沿纤维方向承受名义拉伸应力 100 MPa 作用。求孔边应力及最可能发生破坏的危险点位置。

解 根据问题条件和相关计算公式,有

$$k=\sqrt{E_1/E_2}=\sqrt{140/10}=3.74$$

$$n=\sqrt{2(k-\mu_{12})+E_1/G_{12}}=5.91$$

$$A=-k\cos^2\alpha+(1+n)\sin^2\alpha=-3.74\cos^2\alpha+6.91\sin^2\alpha$$

$$\frac{1}{E_\alpha}=\frac{\sin^4\alpha}{140}+0.20\sin^2\alpha\cos^2\alpha+\frac{\cos^4\alpha}{10}$$

$$\sigma_\alpha=\frac{E_\alpha}{E_1}(A\sigma_1)=\frac{E_\alpha}{140}(-3.74\cos^2\alpha+6.91\sin^2\alpha)\times 100$$

$$=\frac{0.714(-3.74\cos^2\alpha+6.91\sin^2\alpha)}{\dfrac{\sin^4\alpha}{140}+0.20\sin^2\alpha\cos^2\alpha+\dfrac{\cos^4\alpha}{10}}\ \text{MPa}$$

计算孔边各处的弹性模量、周向应力及材料主轴方向应力,结果见表 8-1。破坏指标(F. I.)以及可能的破坏模式(MOF,2 表示横方向破坏,12 表示剪切破坏)也在表 8-1 中一同示出。图 8-21 是孔边应力分布图。

表 8-1 孔边各处应力、破坏指标与破坏模式(1 方向名义应力为 100 MPa)

α/(°)	E_α/GPa	σ_α/MPa	σ_1/MPa	σ_2/MPa	τ_{12}/MPa	F. I.	MOF
0	10.0	−26.7	0.0	−26.7	0.0	0.11	2
5	10.0	−26.1	−0.2	−25.9	2.3	0.10	2
10	10.0	−24.4	−0.7	−23.7	4.2	0.09	2
15	10.0	−21.7	−1.5	−20.2	5.4	0.08	2
20	10.1	−18.0	−2.1	−15.9	5.8	0.08	12
25	10.3	−13.5	−2.4	−11.1	5.2	0.07	12
30	10.6	−8.2	−2.0	−6.1	3.5	0.05	12
35	11.1	−1.9	−0.6	−1.3	0.9	0.01	12

续表

α/(°)	E_α/GPa	σ_α/MPa	σ_1/MPa	σ_2/MPa	τ_{12}/MPa	F. I.	MOF
40	11.9	5.6	2.3	3.3	−2.8	0.07	2
45	13.2	14.7	7.4	7.4	−7.4	0.15	2
50	14.7	26.3	15.5	10.9	−13.0	0.22	2
55	17.2	41.8	28.0	13.8	−19.6	0.28	12
60	20.9	63.5	47.6	15.9	−27.5	0.39	12
65	26.8	95.7	78.6	17.1	−36.7	0.52	12
70	36.2	146.6	129.4	17.1	−47.1	0.67	12
75	52.1	230.8	215.4	15.5	−57.7	0.82	12
80	79.0	371.7	360.4	11.2	−63.6	0.91	12
85	117.0	570.4	566.1	4.3	−49.5	0.71	12
90	140.0	690.7	690.7	0.0	0.0	0.46	1

在 90°时，孔边周向应力最大，应力集中系数达到 6.91，但破坏指标在 $\alpha=80°$时最大，即该处最易发生初始破坏。

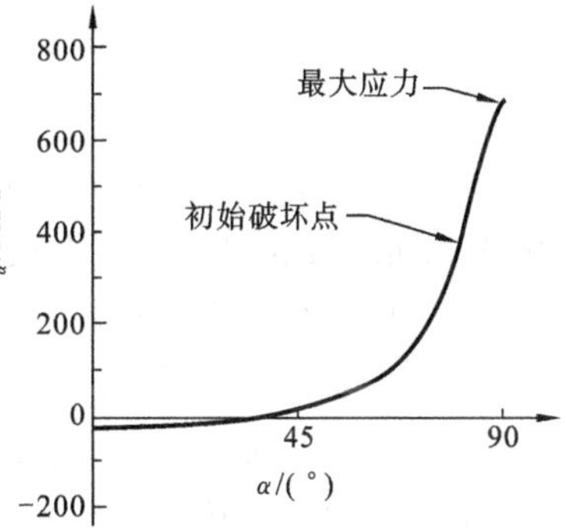

图 8-21　沿方向 1 拉伸(100 MPa)时孔边周向应力分布

2. 层合板

关于单层板的分析结果可以扩展到层合板，条件是：层合板对称，且具有面内正交各向异性，即 $A_{16}=A_{26}=0$；板的尺寸远大于孔的直径。层合板在参考坐标系中承受面内应力作用，如图 8-22 所示。相应的计算公式为

$$\frac{1}{E_\alpha}=\frac{\sin^4\alpha}{E_x}+\left(\frac{1}{G_{xy}}-\frac{2\mu_{xy}}{E_x}\right)\sin^2\alpha\cos^2\alpha+\frac{\cos^4\alpha}{E_y} \tag{8.35}$$

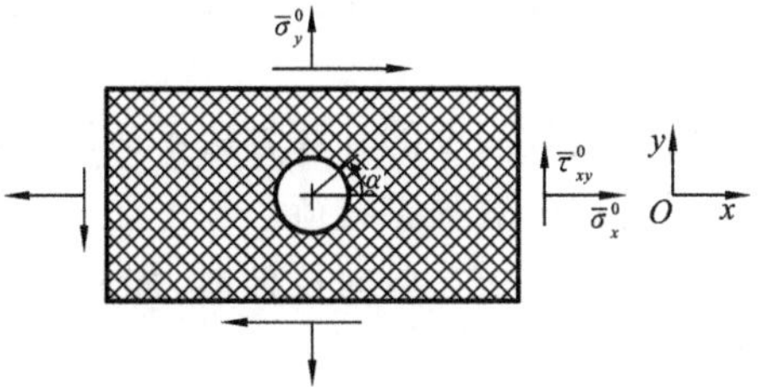

图 8-22　具有正交各向异性的层合板受面内应力作用

$$\bar{\sigma}_\alpha = \frac{E_\alpha}{E_x}(A\bar{\sigma}_x^0 + B\bar{\sigma}_y^0 + C\bar{\tau}_{xy}^0) \tag{8.36}$$

式中：

$$A = -k\cos^2\alpha + (1+n)\sin^2\alpha$$
$$B = k[(k+n)\cos^2\alpha - \sin^2\alpha]$$
$$C = (1+k+n)n\sin2\alpha$$

其中：

$$k = \sqrt{E_x/E_y}$$
$$n = \sqrt{2(k-\mu_{xy}) + E_x/G_{xy}}$$

应特别注意：上述公式中各应力分量均是指沿厚度方向的平均应力。将周向应力(见式(8.36))转换为 Oxy 坐标系下的应力分量，即

$$\begin{bmatrix} \bar{\sigma}_x \\ \bar{\sigma}_y \\ \bar{\tau}_{xy} \end{bmatrix} = \bar{\sigma}_\alpha \begin{bmatrix} \sin^2\alpha \\ \cos^2\alpha \\ -\cos\alpha\sin\alpha \end{bmatrix} \tag{8.37}$$

因此，作用在孔边某点处的合内力为

$$\begin{bmatrix} N_x \\ N_y \\ N_{xy} \end{bmatrix} = t\begin{bmatrix} \bar{\sigma}_x \\ \bar{\sigma}_y \\ \bar{\tau}_{xy} \end{bmatrix} = t\bar{\sigma}_\alpha \begin{bmatrix} \sin^2\alpha \\ \cos^2\alpha \\ -\cos\alpha\sin\alpha \end{bmatrix} \tag{8.38}$$

得到合内力后，就可以按第 5 章介绍的层合板的强度分析步骤来计算各单层板的应力、破坏指标、首层失效临界载荷等。带孔层合板的应力和强度计算步骤如下：

(1) 利用层合板刚度分析方法，计算层合板弹性常数 $E_x, E_y, G_{xy}, \mu_{xy}$；

(2) 选定 α 角，计算孔边该点的周向模量 E_α；

(3) 根据加载条件，计算孔边周向应力(厚度方向平均值)；

(4) 将周向应力转换为参考坐标系下的应力分量(厚度方向平均值)，由此得到局部合内力；

(5) 利用层合板的应力和强度分析方法，计算各单层板的破坏指标，确定首层失效临界载荷；

(6) 改变 α 角，重复第(3)至第(5)步，在所有 α 角对应的结果中，找出最小的临界载荷，即层合板的临界载荷。

第 5 章关于层合板最终层失效强度的计算方法不适用于有应力集中的情形。因此，通过以上步骤，只能求得首层失效临界载荷。

具有正交各向异性的对称层合板在单向拉伸时，周向应力(平均值)在 $\alpha=90°$ 时最大，应力集中系数定义为

$$K = \bar{\sigma}_{90°}/\bar{\sigma}_x = 1+n \tag{8.39}$$

利用第 5 章工程弹性常数的定义和计算公式，可以求出应力集中系数为

$$K=1+\sqrt{2(\sqrt{a_{22}/a_{11}}+a_{12}/a_{11})+a_{66}/a_{11}}$$
$$=1+\sqrt{2\left(\sqrt{\frac{A_{11}}{A_{22}}}-\frac{A_{12}}{A_{22}}\right)+\frac{A_{11}A_{22}-A_{12}^2}{A_{22}A_{66}}} \tag{8.40}$$

8.7　复合材料的连接

在复合材料结构的设计中，除了需要考虑材料的刚度和强度外，还要面对和解决复合材料构件的合适连接问题。连接方式有两类，即黏结和机械连接。

1．黏结接头和破坏模式

几种简单的黏结接头如图 8-23 所示。在进行接头设计时，首先应根据已有知识和承载要求，初步设计和制作简单的接头，然后进行验证试验和修改完善。

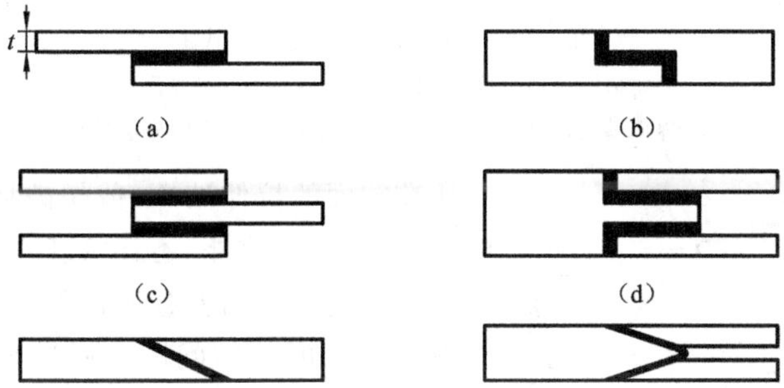

(a)　(b)　(c)　(d)　(e)　(f)

图 8-23　黏结形式

(a) 单搭接　(b) 阶梯搭接　(c) 双搭接　(d) 改进型双搭接　(e) 斜搭接　(f) 改进型斜搭接

黏结接头的主要破坏模式如图 8-24 所示，分别为黏结层剥离、黏结层剪切破坏、界面剥离、界面剪切破坏、构件拉伸破坏、构件分层破坏。除此以外，还可能发生复合材料的基体破坏。

接头的应力分析多采用数值分析方法，或近似的解析方法。载荷的传递通过界面的剪切来进行。图 8-25 所示是单搭接头的界面应力分析结果。在接头端部有很严重的应力集中现象，从而导致构件内产生较大应力或发生破坏。为避免这一情况，可以在接头部位插入多个单层，形成多层黏结，使应力分散到各个单层，降低应力集中程度。

黏结接头具有表面光滑、有利于减振和疲劳性能好等优点，但可连接的构件厚度受到限制，检测和拆装不便。

2．机械连接接头和破坏模式

复合材料构件可以通过螺钉或铆钉连接。与金属材料不同，复合材料自身的结构设计对机械连接接头的承载能力有很大影响。接头的破坏模式有材料挤压破坏，

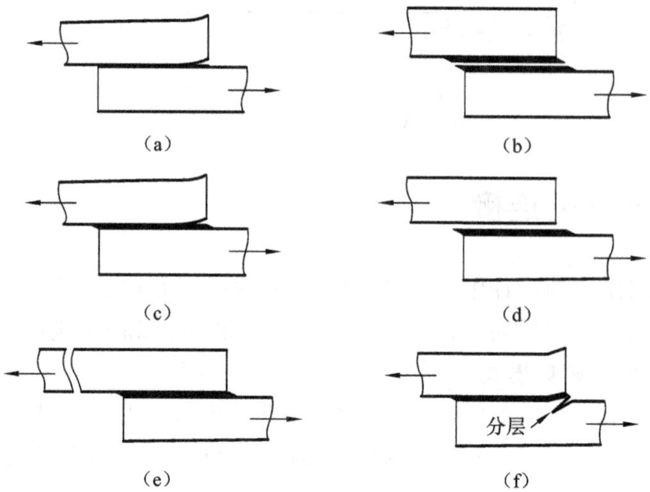

图 8-24　黏结接头的破坏模式
(a) 黏结层剥离　(b) 黏结层剪切破坏　(c) 界面剥离
(d) 界面剪切破坏　(e) 构件拉伸破坏　(f) 构件分层破坏

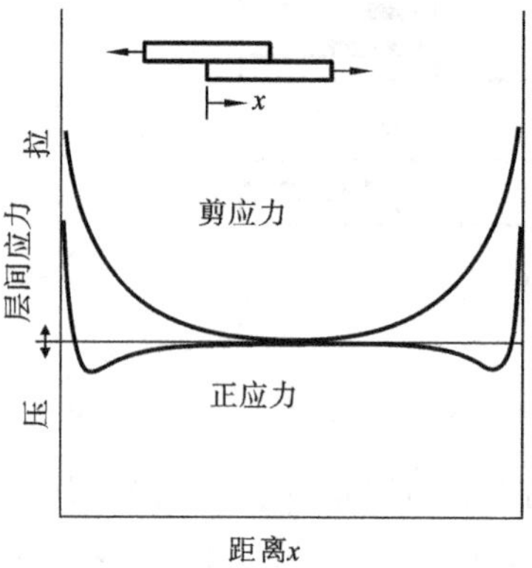

图 8-25　单搭接头界面应力分布

孔所在截面的拉伸破坏、剪切破坏、劈裂破坏，如图 8-26 所示。此外，还有螺钉的剪切破坏。

在孔边区域加上金属薄垫片，可以应对复合材料挤压强度低的问题。通过采用准各向同性层合板，部分牺牲材料的利用效率，可以克服单向复合材料剪切强度低的弱点。

机械连接的优点是，构件厚度没有限制，检测和拆装方便。其缺点有：在孔边会产生很大的集中应力，因此孔边往往成为破坏起点；连接孔对复合材料会造成损害；应力集中会加重层间破坏的趋势；疲劳性能较差。采用黏结和机械连接

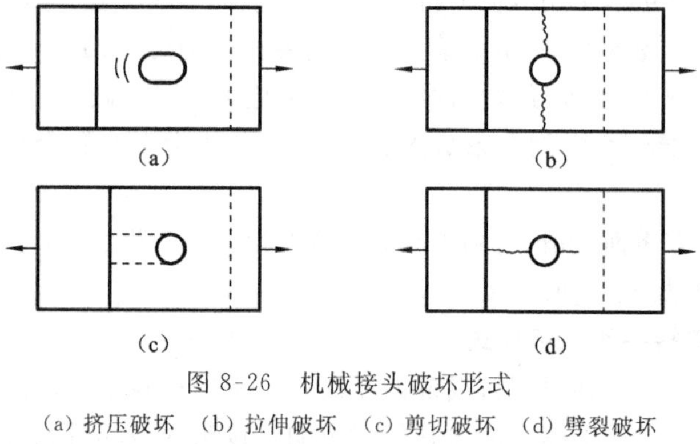

图 8-26　机械接头破坏形式
(a) 挤压破坏　(b) 拉伸破坏　(c) 剪切破坏　(d) 劈裂破坏

的组合方式，可以克服相应缺点，得到性能更优的接头设计。

习　题

8.1　带中心裂纹平板受拉伸作用（见图 8-27）时，应力强度因子的表达式为

$$K_{\mathrm{I}}=\sigma\sqrt{\pi c}f\left(\frac{c}{w}\right),\quad f\left(\frac{c}{w}\right)=\sqrt{\sec\left(\frac{\pi c}{w}\right)}$$

现在有两相似的平板，$2c_1>2c_2$，$w_1>w_2$，$c_1/w_1=c_2/w_2$，利用断裂韧性 K_{IC}，求各自的断裂破坏应力 σ_{f}。

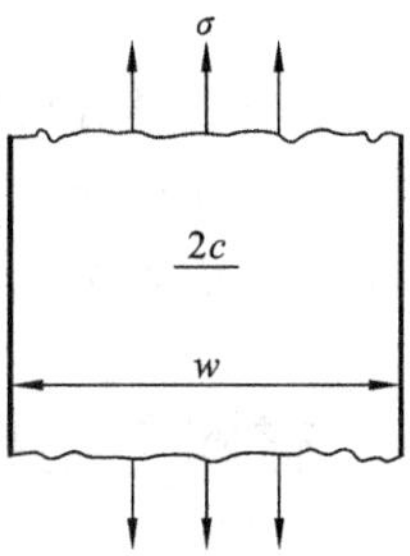

图 8-27　带中心裂纹平板

8.2　参考问题 8.1，说明大型结构的强度随着所含缺陷尺寸的增大而急剧降低的规律。

8.3　已知 T800/3630 单层板的材料常数为 $E_1=167$ GPa，$E_2=9$ GPa，$G_{12}=5$ GPa，$\mu_{12}=0.34$，$\mu_{23}=0.55$，$S_{44}=2(1+\mu_{23})/E_2$，$S_{55}=S_{66}=1/G_{12}$，分别求式(8.23)至式(8.24)中的 H_{I}，H_{II}，H_{III}。

8.4　求各向同性材料的 H_i（$i=$ Ⅰ，Ⅱ，Ⅲ）。

8.5　证明式(8.28)成立。

8.6　证明式(8.30)成立。

8.7　由梁的理论，证明式(8.29)成立。

8.8　双悬臂梁试样分别在载荷一定和位移一定的条件下进行试验时，裂纹是否稳定扩展？设 $\alpha_0=0$。

8.9　证明在位移恒定的条件下，计算能量释放率的公式与式(8.19)相同。

8.10　证明式(8.39)成立。

8.11　证明式(8.40)成立。

8.12　计算带孔单层板分别受 1 方向拉伸作用和 2 方向拉伸作用时的应力集中系数。单层板性能参数为：$E_1=147.5$ GPa，$G_{12}=5.3$ GPa，$E_2=11.0$ GPa，$\mu_{12}=0.29$。

8.13　计算 $(0°/\pm45°/90°)_{2s}$ 和 $(0°/90°)_{4s}$ 两种带孔层合板的应力集中系数。单层板性能参数为：$E_1=147.5$ GPa，$G_{12}=5.3$ GPa，$E_2=11.0$ GPa，$\mu_{12}=0.29$。

8.14　重新求解题 8.13 中的问题，单层板性能参数更换为：$E_1=38.6$ GPa，$G_{12}=4.1$ GPa，$E_2=8.3$ GPa，$\mu_{12}=0.26$。

第 9 章　复合材料的优化设计

复合材料具有较好的可设计性。通过对材料选材、外形及铺层结构的合理设计，可以达到优化性能的目的。本章介绍对复合材料结构进行刚度和强度最大化设计的基本方法。引入刚度不变量，使得刚度设计步骤更为清晰。

9.1　材料与结构的优化设计

优化设计是指在一定的限制条件下，通过改变材料或结构的几何形状或尺寸等设计变量，来得到目标函数的极小(大)值，包括质量最小优化设计、成本最低优化设计等。用式子表示为

$$\min F(x_1, x_2, \cdots, x_n) \tag{9.1}$$

$$\text{s.t.}\ g_k(x_1, x_2, \cdots, x_n) \geqslant 0 \quad (k=1,2,\cdots,m) \tag{9.2}$$

优化设计具有三个方面的要素，即设计变量 x_i，目标函数 $F(x_1, x_2, \cdots, x_n)$ 和约束条件式(9.2)。设计变量是设计者可以根据要求而改变的可控制的量。复合材料的设计有很大的灵活性，这是因为复合材料的刚度或强度与各种组成成分(纤维、基体的种类)以及组成结构(铺层结构)有密切联系。通过不同的材料组合或结构的变化，可以方便地改变层合板的整体性能。

对复合材料进行优化设计时，其设计变量可以分为以下几种：

(1) 材料的力学或物理性能参数；

(2) 铺层几何结构参数；

(3) 层合板形状、截面尺寸等。

对于第(1)种设计变量，可以选择不同的增强材料(碳纤维、玻璃纤维、芳纶纤维)和基体材料(各种树脂)，选择增强材料的形态(单向增强、编织增强、短纤维增强等)，以及增强材料的体积分数。对于第(2)种设计变量，可以选择铺设角度以及铺设顺序等。

目标函数根据具体的要求分为以下几种：

(1) 使结构的质量最小；

(2) 使结构的强度或刚度最大；

(3) 使结构的可靠性最大。

约束条件分为两类：一类是设计变量(如增强材料的体积分数、纤维铺设角度、单层板几何尺寸等)可选择的范围；另一类是功能性指标，如最大变形量、屈曲强度、可

靠度等指标应当满足的条件。

9.2　夹心梁单元模型

考虑图 9-1 所示的宽度为 1 的三层夹心梁单元。设计目标是在刚度一定的条件下，使其质量或费用最小。对于单一的材料，由于质量与费用成比例，因此质量最小与费用最小是等价的。但夹心梁的情况与之不同，如表层材料是碳纤维增强复合材料，芯材是环氧树脂，则表层材料用得越多，满足一定刚度条件的梁的整个厚度可以越小，即质量越小，但费用可能增加。以下以梁的刚度作为约束条件，以质量最小为目标来进行分析。

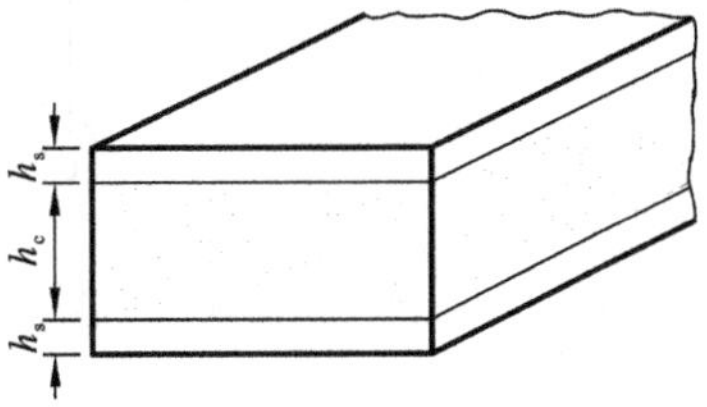

图 9-1　夹心梁单元

记夹心梁的质量为 f，引入拉格朗日乘子 λ，构造新的目标函数如下：

$$L=f+\lambda g \tag{9.3}$$

式中：$g=EI-D_0$，D_0 是一定值。该问题的优化解通过下述条件求得

$$\begin{cases}\partial L/\partial x_i=0 \quad (i=1,2,\cdots,n)\\ \partial L/\partial\lambda=0\end{cases} \tag{9.4}$$

式中：x_i 表示设计变量。

根据材料力学，若忽略芯材和表层的剪切变形，则弯曲刚度为

$$EI=\frac{1}{12}h^3[E_c r^3+E_s(1-r^3)] \tag{9.5}$$

式中：h 是板厚；E_c，E_s 分别是芯材和表层的弹性模量；r 是芯材的厚度比，即芯材厚度与整个板厚之比。r 和 h 是该问题的设计变量。取单位面积的质量 w 作为目标函数，则有

$$\begin{cases}f=w=h[\rho_c r+\rho_s(1-r)]\\ L=f+\lambda(EI-D_0)\end{cases} \tag{9.6}$$

式中：ρ_c，ρ_s 分别是芯材和表层材料的密度。

将式(9.5)、式(9.6)代入式(9.4)，得到最优解为

$$r_w=\left[\left(1-\frac{\rho_c}{\rho_s}\right)\left(\frac{1}{1-E_c/E_s}\right)\right]^{1/2} \tag{9.7}$$

$$h_w=\left[\frac{12D_0}{E_c r_w^3+E_s(1-r_w^3)}\right]^{1/3} \tag{9.8}$$

设表层材料为碳纤维增强复合材料，芯材是环氧树脂，刚度约束为 $D_0=1.962\times10^4$ N·m，则芯材厚度比与夹心梁单位面积质量的关系如图 9-2 所示。由图可知，存在一最佳的厚度比，使得梁的质量最小。

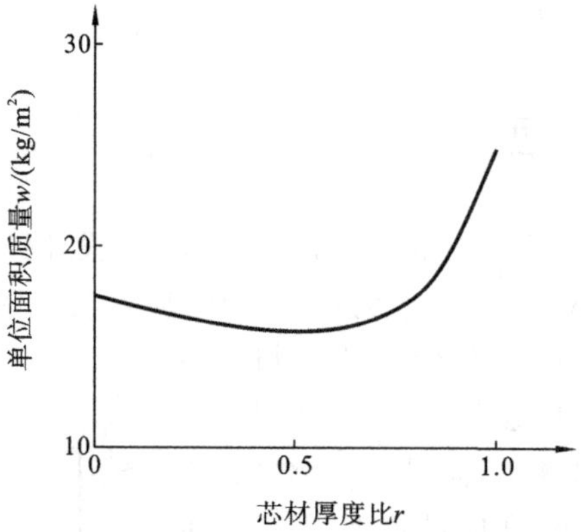

图 9-2　芯材厚度比与夹心梁单位面积质量的关系

9.3　面内加载层合板的刚度设计

层合板的本构方程形式上可写为

$$\begin{bmatrix} \boldsymbol{N} \\ \boldsymbol{M} \end{bmatrix}=\begin{bmatrix} \boldsymbol{A} & \boldsymbol{B} \\ \boldsymbol{B} & \boldsymbol{D} \end{bmatrix}\begin{bmatrix} \boldsymbol{\varepsilon} \\ \boldsymbol{K} \end{bmatrix} \tag{9.9}$$

若是对称层合板，有 $\boldsymbol{B}=\boldsymbol{0}$，因此，本构方程变成面内和面外分离的形式，即

$$\begin{cases} \boldsymbol{N}=\boldsymbol{A\varepsilon} \\ \boldsymbol{M}=\boldsymbol{DK} \end{cases} \tag{9.10}$$

设整个板的厚度为 h，记

$$\begin{cases} \boldsymbol{A}=h\boldsymbol{A}^{*} \\ \boldsymbol{D}=\dfrac{h^3}{12}\boldsymbol{D}^{*} \end{cases} \tag{9.11}$$

则

$$\begin{cases} A_{ij}^{*}=\dfrac{2}{h}\displaystyle\int_0^{\frac{h}{2}}\bar{Q}_{ij}\,\mathrm{d}z \\ D_{ij}^{*}=\dfrac{24}{h^3}\displaystyle\int_0^{\frac{h}{2}}\bar{Q}_{ij}z^2\,\mathrm{d}z \end{cases} \tag{9.12}$$

通常坐标系下的折减刚度系数 $\bar{Q}_{ij}$ 通过第 2 章相关公式求得。注意，此处的一般参考坐标轴为轴 1、轴 2，材料主轴方向为 x，y 方向。

经过三角函数运算，$\bar{Q}_{ij}$ 可以如下形式表示：

$$\begin{bmatrix} \bar{Q}_{11} \\ \bar{Q}_{22} \\ \bar{Q}_{12} \\ \bar{Q}_{66} \\ \bar{Q}_{16} \\ \bar{Q}_{26} \end{bmatrix}=\begin{bmatrix} U_1 & \cos 2\theta & \cos 4\theta \\ U_1 & -\cos 2\theta & \cos 4\theta \\ U_4 & 0 & -\cos 4\theta \\ U_5 & 0 & -\cos 4\theta \\ 0 & (\sin 2\theta)/2 & \sin 4\theta \\ 0 & (\sin 2\theta)/2 & -\sin 4\theta \end{bmatrix}\begin{bmatrix} 1 \\ U_2 \\ U_3 \end{bmatrix} \tag{9.13}$$

式中：U_i 为材料常数，称为刚度不变量，有

$$\begin{bmatrix} U_1 \\ U_2 \\ U_3 \\ U_4 \\ U_5 \end{bmatrix} = \begin{bmatrix} 3/8 & 3/8 & 1/4 & 1/2 \\ 1/2 & -1/2 & 0 & 0 \\ 1/8 & 1/8 & -1/4 & -1/2 \\ 1/8 & 1/8 & 3/4 & -1/2 \\ 1/8 & 1/8 & -1/4 & 1/2 \end{bmatrix} \begin{bmatrix} Q_{11} \\ Q_{22} \\ Q_{12} \\ Q_{66} \end{bmatrix} \tag{9.14}$$

$$\begin{cases} Q_{11} = mE_1 \\ Q_{22} = mE_2 \\ Q_{12} = m\mu_{12}E_2 \\ Q_{66} = G_{12} \\ m = \left(1 - \dfrac{\mu_{12}^2 E_2}{E_1}\right)^{-1} \end{cases} \tag{9.15}$$

将式(9.13)代入式(9.12)、式(9.11)，可求出拉伸刚度矩阵 **A** 和弯曲刚度矩阵 **D**。铺设角度 θ 的定义如图 9-3(a)所示，层合板的截面如图 9-3(b)所示。将各单层的 z 方向坐标进行归一化处理。令

$$\xi_k = \frac{z_k}{(h/2)} \tag{9.16}$$

则式(9.12)变为

$$\begin{cases} A_{ij}^* = \sum\limits_{k=1}^{N/2} (\bar{Q}_{ij})_k (\xi_k - \xi_{k-1}) \\ D_{ij}^* = \sum\limits_{k=1}^{N/2} (\bar{Q}_{ij})_k (\xi_k^3 - \xi_{k-1}^3) \end{cases} \tag{9.17}$$

N 是层合板总的层数。式(9.17)对于变厚度的情况，以及各单层板材料不同的情况均适用。

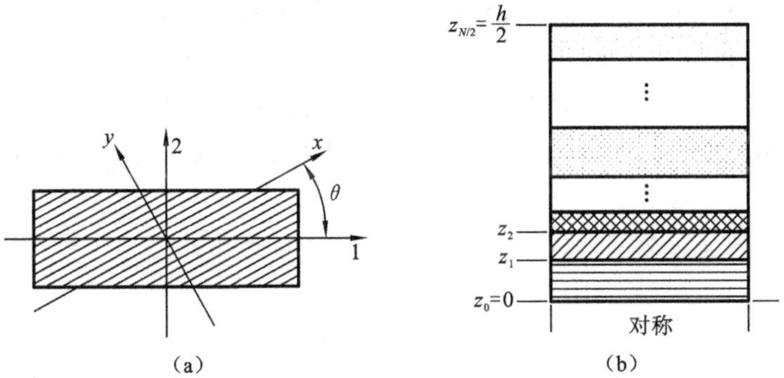

图 9-3　层合板中各单层的铺设角度与位置坐标

以下考虑面内刚度的设计问题。将式(9.12)中的 A_{ij}^* 表示为

$$\begin{bmatrix} A_{11}^* \\ A_{22}^* \\ A_{12}^* \\ A_{66}^* \\ A_{16}^* \\ A_{26}^* \end{bmatrix} = \begin{bmatrix} U_1 & V_1^* & V_2^* \\ U_1 & -V_1^* & V_2^* \\ U_4 & 0 & -V_2^* \\ U_5 & 0 & -V_2^* \\ 0 & V_3^*/2 & V_4^* \\ 0 & V_3^*/2 & -V_4^* \end{bmatrix} \begin{bmatrix} 1 \\ U_2 \\ U_3 \end{bmatrix} \tag{9.18}$$

式中:V_i^* 称为面内层合参数,其定义为

$$\begin{cases} V_1^* = \dfrac{2}{h}\displaystyle\int_0^{\frac{h}{2}} \cos 2\theta \mathrm{d}z \\ V_2^* = \dfrac{2}{h}\displaystyle\int_0^{\frac{h}{2}} \cos 4\theta \mathrm{d}z \\ V_3^* = \dfrac{2}{h}\displaystyle\int_0^{\frac{h}{2}} \sin 2\theta \mathrm{d}z \\ V_4^* = \dfrac{2}{h}\displaystyle\int_0^{\frac{h}{2}} \sin 4\theta \mathrm{d}z \end{cases} \tag{9.19}$$

若采用式(9.16)所示的归一化坐标 ξ_k,则有

$$\begin{cases} V_1^* = \displaystyle\sum_{k=1}^{N/2} (\xi_k - \xi_{k-1}) \cos 2\theta_k \\ V_2^* = \displaystyle\sum_{k=1}^{N/2} (\xi_k - \xi_{k-1}) \cos 4\theta_k \\ V_3^* = \displaystyle\sum_{k=1}^{N/2} (\xi_k - \xi_{k-1}) \sin 2\theta_k \\ V_4^* = \displaystyle\sum_{k=1}^{N/2} (\xi_k - \xi_{k-1}) \sin 4\theta_k \end{cases} \tag{9.20}$$

由式(9.18)可以看出,面内刚度由材料常数 U_i 和面内层合参数 V_i^* 决定。当各层材料均相同时,刚度的变化取决于 V_i^* $(i=1,2,3,4)$。即不论对称层合板包含多少个单层,其面内刚度均由四个参数完全确定。换句话说,在层合板的刚度设计问题中,设计变量不应是各单层的铺设角度,而是上述面内层合参数。这一点对寻求优化解十分有益。

对于多重斜交对称层合板,铺设角度为 $\pm\theta_k$。因此由式(9.18)和式(9.19)得

$$V_3^* = V_4^* = 0 \tag{9.21}$$

$$A_{16}^* = A_{26}^* = 0 \tag{9.22}$$

因此,该结构不存在拉-剪耦合效应,设计变量变为两个,即 V_1^* 和 V_2^*。其限制范围是

$$\begin{cases} V_2^* \geqslant 2(V_1^*)^2 - 1 \\ V_2^* \leqslant 1 \end{cases} \tag{9.23}$$

如图 9-4 所示，曲线和水平段所包围的区域就是设计空间。即使多重斜交对称层合板结构中存在多种不同的铺设角度，设计空间也并不会发生改变，设计变量仍然是 V_1^* 和 V_2^*。

设约束条件为

$E_1 \geqslant 120$ GPa，　$E_2 \geqslant 40$ GPa，　$E_6(G_{12}) \geqslant 15$ GPa

则图 9-5 中的阴影区域为设计区域。在该区域内使目标函数最小(大)的点就是最优解。

设斜交对称层合板中仅有两种不同的铺设角度，即考虑最简单的铺设形式为 $[(\pm\theta_2)_{N_2}/(\pm\theta_1)_{N_1}]_s$ 的层合板结构，有

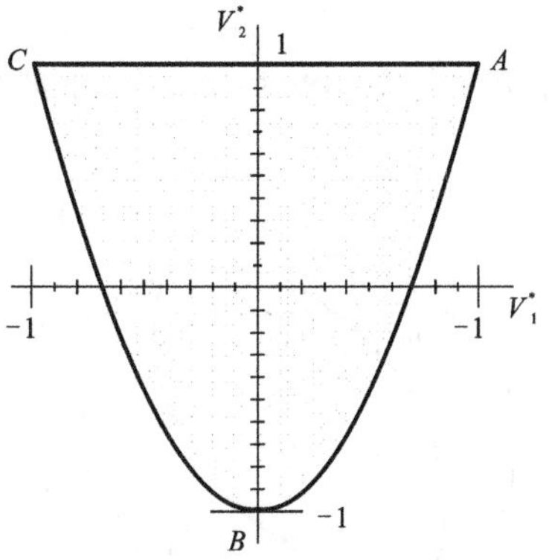

图 9-4　面内层合参数的限制范围

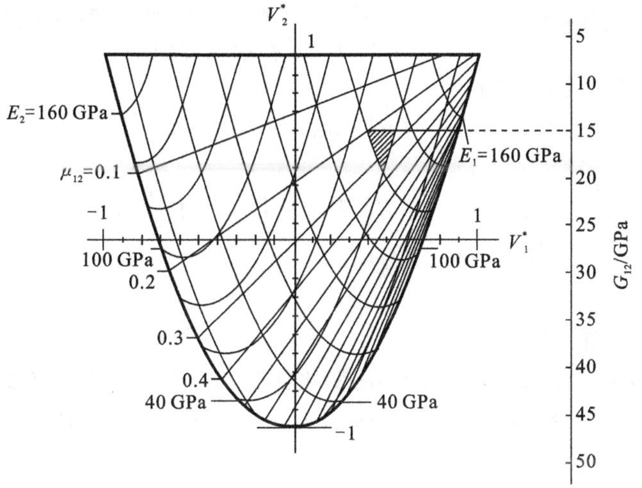

图 9-5　刚度设计

$$\begin{cases} V_1^* = V_1\cos 2\theta_1 + V_2\cos 2\theta_2 \\ V_2^* = V_1\cos 4\theta_1 + V_2\cos 4\theta_2 \end{cases}$$

$$V_1 = \frac{N_1}{N_1+N_2},\quad V_2 = \frac{N_2}{N_1+N_2}$$

在得到最优解(V_1^*, V_2^*)后，根据以上关系可唯一地确定 θ_1 和 θ_2 的值。由此可知，对于设计空间内的任一点，都有一特定的仅有两种铺设角度的斜交对称层合板结构与之对应。

9.4　面内加载层合板的最大强度设计

若层合板内任一单层发生破坏，就认为层合板破坏，这种评价方法就是首层破坏准则。判断单层板的破坏用得较多的是 Tsai-Wu 理论，其表达式为

$$F_{xx}\sigma_x^2+F_{yy}\sigma_y^2+F_{ss}\tau_{xy}^2+2F_{xy}\sigma_x\sigma_y+F_x\sigma_x+F_y\sigma_y=1 \tag{9.24}$$

式中各强度参数与式(3.6)中的相同(x 和 y 分别对应 1、2)。

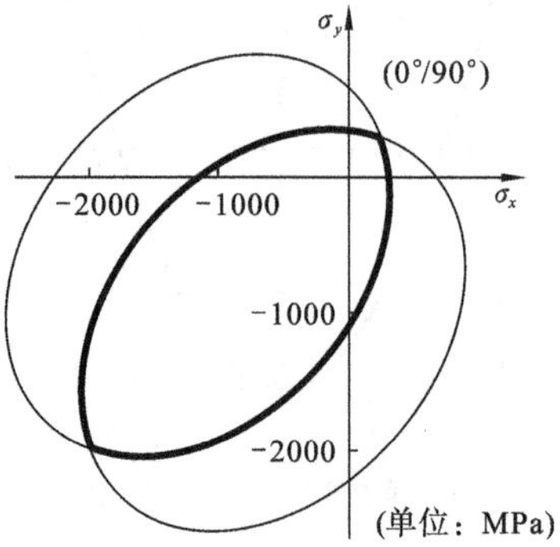

图 9-6　破坏包络线

在三维空间 σ_x-σ_y-τ_{xy} 内，式(9.24)表示一曲面，称为破损包络面(failure envelope)。

考虑(0°/90°)正交层合板，包络面在 σ_x-σ_y 平面上的投影成为两条包络线，如图 9-6 所示。则粗实线包围的区域是安全区，之外的区域是破坏区，边界上的点表示破坏的临界点。加载时，若应力从原点出发，沿某一直线增加，则刚刚到达包络线时，会发生首层破坏。定义

$$\sigma_{ij}=R\sigma_{ija} \tag{9.25}$$

式中：σ_{ija} 是实际工作应力；σ_{ij} 是满足式(9.24)的临界应力；R 表示临界应力与工作应力之比，为强度比。将 σ_{ij} 代入式(9.24)，得到

$$aR^2+bR+c=0 \tag{9.26}$$

其中

$$\begin{cases} a=F_{xx}\sigma_{xa}^2+F_{yy}\sigma_{ya}^2+F_{ss}\tau_{xya}^2+2F_{xy}\sigma_{xa}\sigma_{ya} \\ b=F_x\sigma_{xa}+F_y\sigma_{ya} \\ c=-1 \end{cases}$$

解上述方程，可求解强度比 R。

$[\pm\theta]_s$ 斜交层合板的强度比随 θ 的变化如图 9-7 所示。图中各组数字表示加载各分量之间的比例关系，如(1,0.4,0)表示 $\sigma_x=10$ MPa，$\sigma_y=4$ MPa，$\tau_{xy}=0$。对应每

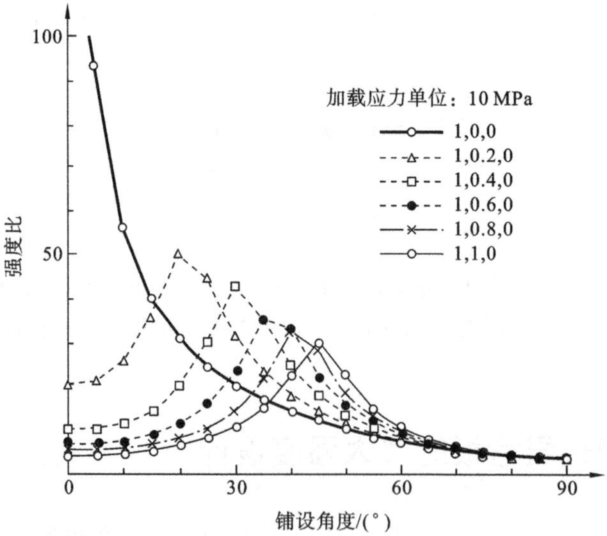

图 9-7　斜交层合板的强度比与铺设角度的关系

种情况，都存在一个使 R 最大的铺设角度，即最优解。

9.5　层合板弯曲刚度设计

对称层合板中各单层材料相同时，归一化刚度可以表示为

$$\begin{bmatrix} D_{11}^* \\ D_{22}^* \\ D_{12}^* \\ D_{66}^* \\ D_{16}^* \\ D_{26}^* \end{bmatrix} = \begin{bmatrix} U_1 & W_1^* & W_2^* \\ U_1 & -W_1^* & W_2^* \\ U_4 & 0 & -W_2^* \\ U_5 & 0 & -W_2^* \\ 0 & W_3^*/2 & W_4^* \\ 0 & W_3^*/2 & -W_4^* \end{bmatrix} \begin{bmatrix} 1 \\ U_2 \\ U_3 \end{bmatrix} \tag{9.27}$$

式中：W_i^* 称为弯曲层合参数，其定义为

$$W_1^* = \frac{24}{h^3}\int_0^{\frac{h}{2}} \cos 2\theta \cdot z^2 \mathrm{d}z, \quad W_2^* = \frac{24}{h^3}\int_0^{\frac{h}{2}} \cos 4\theta \cdot z^2 \mathrm{d}z$$

$$W_3^* = \frac{24}{h^3}\int_0^{\frac{h}{2}} \sin 2\theta \cdot z^2 \mathrm{d}z, \quad W_4^* = \frac{24}{h^3}\int_0^{\frac{h}{2}} \sin 4\theta \cdot z^2 \mathrm{d}z$$

若采用归一化 z 坐标 $\xi_k = z_k/(h/2)$，则有

$$W_1^* = \sum_{k=1}^{N/2} (\xi_k^3 - \xi_{k-1}^3)\cos 2\theta_k \tag{9.28}$$

其他几个参数按类似方法求得。对于对称多重斜交层合板，弯曲层合参数的限制范围（即设计空间）为

$$\begin{cases} W_2^* \geqslant 2W_1^{*2} - 1 \\ W_2^* \leqslant 1 \end{cases} \tag{9.29}$$

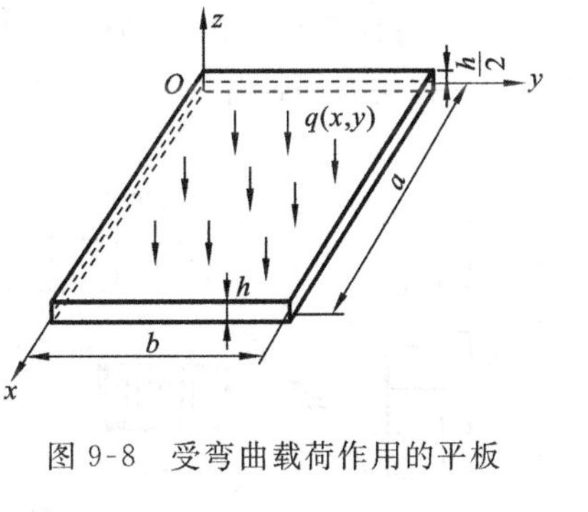

图 9-8　受弯曲载荷作用的平板

考虑图 9-8 所示层合板，在弯曲载荷作用下，要使其挠度最小，需要其弯曲刚度最大。在外载确定之后，结构的刚度最大与其应变能最小是等价的。薄板的应变能由下式确定：

$$\begin{aligned} U &= \frac{1}{2}\iiint(\sigma_x\varepsilon_x + \sigma_y\varepsilon_y + \tau_{xy}\gamma_{xy})\mathrm{d}x\mathrm{d}y\mathrm{d}z \\ &= \frac{1}{2}\int_0^b\int_0^a \boldsymbol{K}^{\mathrm{T}}\boldsymbol{D}\boldsymbol{K}\,\mathrm{d}x\mathrm{d}y \end{aligned} \tag{9.30}$$

对于较一般的加载条件和边界条件，理论上精确求出挠度 $w(x,y)$ 或曲率 K 是非常困难的。通常利用瑞利-里茨法来近似求解。

假定挠度函数可表示为

$$w(x,y) = \sum_{m=1}^{M}\sum_{n=1}^{N} C_{mn} W_{mn}(x,y) \tag{9.31}$$

由 $K_1=-\dfrac{\partial^2 w}{\partial x^2}$，$K_2=-\dfrac{\partial^2 w}{\partial y^2}$，$K_6=-2\dfrac{\partial^2 w}{\partial x\partial y}$，求出 $\boldsymbol{K}^{\mathrm{T}}$，代入式(9.30)，积分后得

$$U=U(C_{mn}) \tag{9.32}$$

另一方面，外力势能为

$$V=-\iint q\cdot w\mathrm{d}x\mathrm{d}y=V(C_{mn}) \tag{9.33}$$

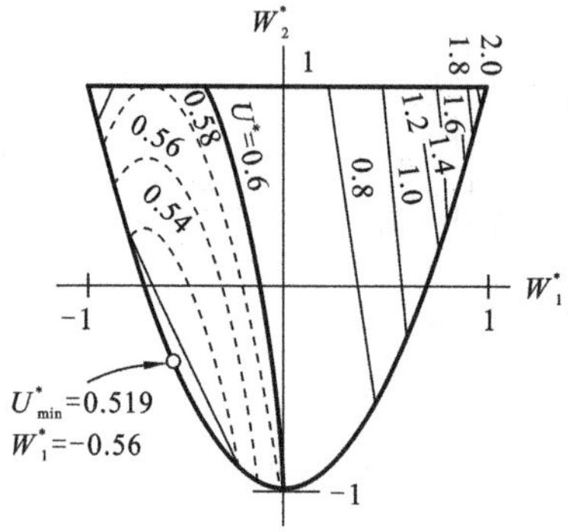

图 9-9　应变能等高线

系统的势能为

$$\Pi=U+V \tag{9.34}$$

根据最小势能原理，有

$$\delta\Pi=\frac{\partial\Pi}{\partial C_{mn}}\delta C_{mn}=0$$

因为 δC_{mn} 是任意的，所以得到如下方程：

$$\frac{\partial\Pi}{\partial C_{mn}}=\frac{\partial U}{\partial C_{mn}}+\frac{\partial V}{\partial C_{mn}}=0 \tag{9.35}$$

将式(9.32)、式(9.33)代入式(9.35)，求解代数方程，即可得到式(9.31)所示的近似解。设 $a/b=2$，层合板结构为$[\pm\theta]_s$，平板中央作用集中载荷，四周简支，则刚度最大(应变能最小)的解落在设计空间的边界上(见图 9-9)。

$$\begin{cases}W_1^*=-0.56\\W_2^*=2W_1^{*2}-1\end{cases} \tag{9.36}$$

由关系式 $W_1^*=(\xi_1^3-\xi_0^3)\cos2\theta_1$，得到 $\theta=62°$。

图 9-10(a)，(b)所示分别是板上作用均布载荷和板中央作用集中载荷时的最优铺设角度与板的长宽比(a/b)的关系曲线。当 $a/b=1$ 时，两种情况下的最优角度都是 45°。在均布载荷作用下，a/b 超过 1 之后，最优铺设角度急剧变大，而在中央集中

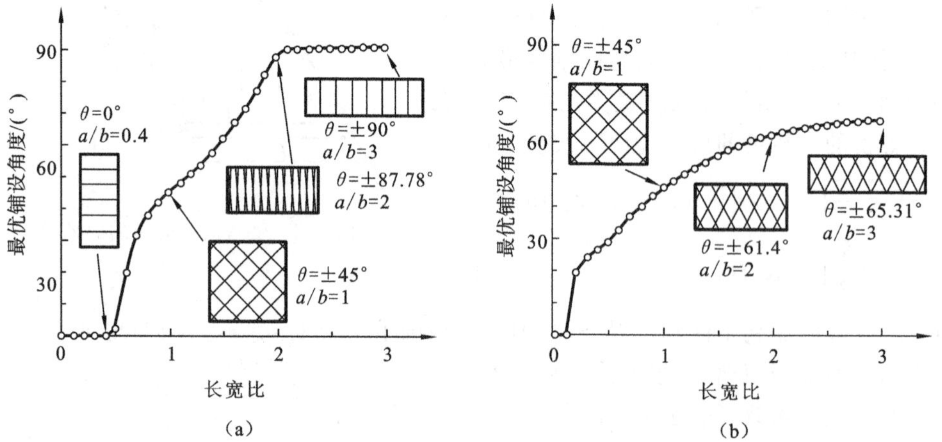

图 9-10　最优铺设角度与形状比的关系曲线

(a) 作用均布载荷时　(b) 作用集中载荷时

载荷作用下，最优铺设角度变化较平缓。对于细长板，将纤维平行于短边配置，可得到最大刚度（见图 9-10(a)）。

9.6　最大屈曲强度设计

考虑四边简支矩形板的屈曲，如图 9-11 所示。层合结构是多重斜交结构，这时，$D_{16}=D_{26}=0$，控制方程为

$$D_{11}\frac{\partial^2 w}{\partial x^4}+2(D_{12}+2D_{66})\frac{\partial^4 w}{\partial x^2\partial y^2}+D_{22}\frac{\partial^4 w}{\partial y^4}=N_x\frac{\partial^2 w}{\partial x^2}+N_y\frac{\partial^2 w}{\partial y^2} \tag{9.37}$$

式中，N_x，N_y 是代数量。设式(9.37)解的形式为

$$w=T_{mn}\sin\frac{m\pi x}{a}\sin\frac{n\pi y}{b} \tag{9.38}$$

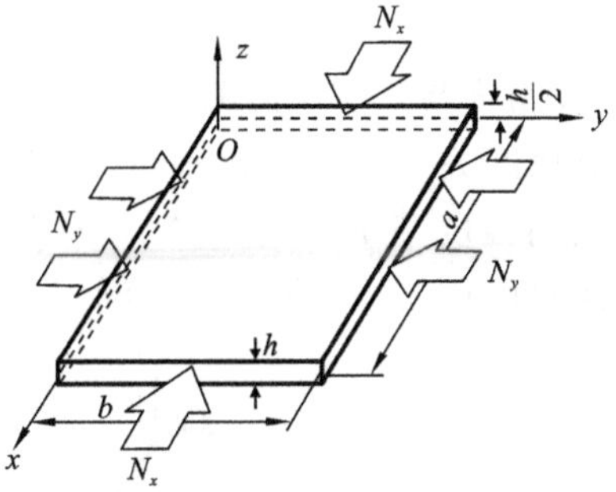

图 9-11　层合板受面内压缩载荷作用

式(9.38)满足四边简支的边界条件，将其代入控制方程得

$$\pi^2[D_{11}m^4+2(D_{12}+2D_{66})m^2n^2R^2+D_{22}n^4R^4]=-a^2[N_xm^2+N_yn^2R^2] \tag{9.39}$$

其中 $R=a/b$。若 $N_x=-N_0$，$N_y=0$，则由式(9.39)解出

$$N_0=\frac{\pi^2}{m^2a^2}[D_{11}m^4+2(D_{12}+2D_{66})m^2n^2R^2+D_{22}n^4R^4] \tag{9.40}$$

当 $n=1$ 时，N_0 有最小值（屈曲强度），即

$$N_{cr}=\frac{\pi^2}{m^2a^2}[D_{11}m^4+2(D_{12}+2D_{66})m^2R^2+D_{22}R^4] \tag{9.41}$$

当 $R<1$ 时，x 方向的屈曲半波数 $m=1$，因此有

$$N_{cr}=\frac{\pi^2}{a^2}[D_{11}+2(D_{12}+2D_{66})R^2+D_{22}R^4] \tag{9.42}$$

对于$[(\pm\theta)_N]_s$ 类型的结构，$B_{ij}=0$，且当 N 较大时，D_{16}/D_{11} 和 D_{26}/D_{11} 趋近于零，上述结果是成立的。此时，可以利用弯曲层合参数 W_i^* 进行最大屈曲强度设计。定义

$$N_{cr}^*=\frac{12b^2N_{cr}}{\pi^2h^3},\quad \alpha=R^{-2}-R^2,\quad \beta=R^{-2}+R^2$$

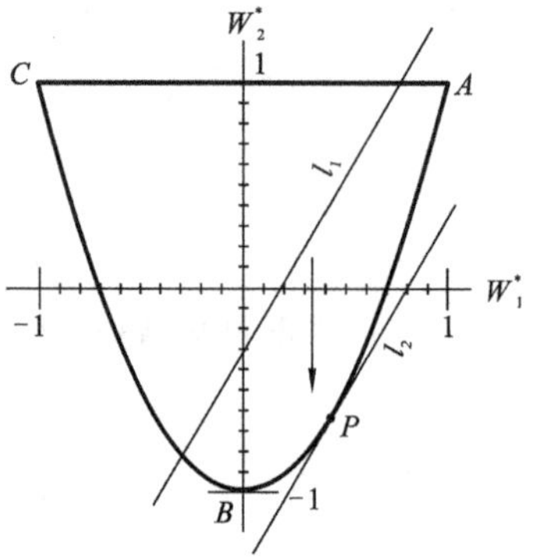

图 9-12　最大屈曲强度设计

利用式(9.27)和式(9.42)，则有

$$N_{cr}^* = \alpha U_2 W_1^* + (\beta - 6) U_3 W_2^* + \beta U_1 + 2U_4 + 4U_5 \tag{9.43}$$

在 $W_1^* - W_2^*$ 平面上的斜直线表示屈曲强度的等高线，该直线的斜率可由式(9.43)求得，即

$$s = \frac{\alpha U_2}{(6-\beta) U_3} \tag{9.44}$$

屈曲强度最大的点就是斜率为 s 的直线与设计空间边界线相切的点，即图 9-12 中的 P 点。最优解 W_1^*、W_2^* 和最优铺设角度分别为

$$w_1^* = \frac{s}{4}, \quad w_2^* = 2w_1^{*2} - 1, \quad \theta = \frac{1}{2}\cos^{-1} W_1^* \tag{9.45}$$

图 9-13 所示是最优铺设角度与长宽比的关系曲线。图 9-14 所示是几种不同结构层合板的屈曲强度与长宽比的关系曲线，由该图可知：当 $a/b < 0.7$ 时，$\theta = 0°$ 的层合板与最优结构层合板的屈曲强度基本一致。在 0.7～1.0 的范围内，±45°的层合板与最优结构层合板的屈曲强度也大致相同(三木光範 等，1997)。

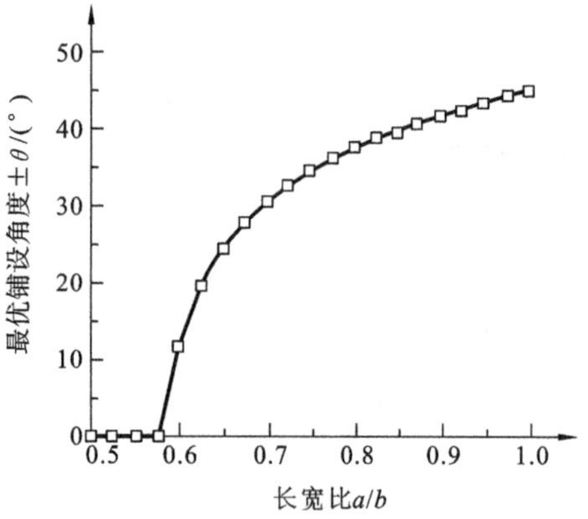

图 9-13　最优铺设角度与长宽比的关系曲线

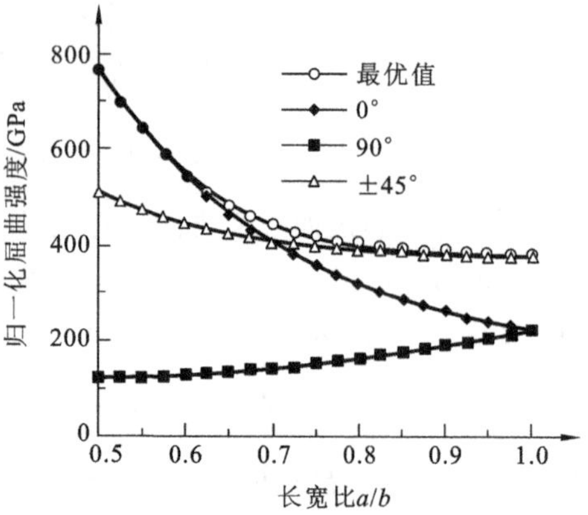

图 9-14　屈曲强度与长宽比的关系曲线

习　　题

9.1　推导式(9.7)和式(9.8)。

9.2　证明式(9.17)成立。

9.3　证明式(9.20)成立。

9.4　证明式(9.39)成立。

第 10 章　复合材料结构的有限元分析

前面各章论述了复合材料结构的力学原理以及不同类别问题的分析计算方法。经典层合板理论是复合材料结构分析计算的基础。若复合材料结构和工况较简单，可采用基于层合板理论的解析/半解析的方法或近似方法，分析结构的变形和应力，并进行强度验算或结构设计。对于一般较复杂的结构分析问题，理论分析的方法不具有可行性，需要借助有限元法等数值分析方法。

10.1　有限元法

有限元分析(finite element analysis，FEA)方法简称有限元法，是利用数学近似来模拟真实物理系统的方法。其基本思想是：将连续的求解区域离散为一组按一定方式相互连接在一起的有限个单元的组合体，通过求解代数方程组得到原问题的近似解。有限元法具有很强的通用性，已成为广泛应用的工程分析手段。

在有限元法中，全域上待求的场函数由各单元内的近似函数来分片表示。单元内的近似函数为一个插值函数，通过未知场函数在节点处的信息来表达，场函数或其导数在各个节点上的数值成为待求的未知量，从而实现用有限数量的未知量去逼近无限自由度的真实系统。有限元法获得的数值解是近似解，随着单元数目的增加或单元内插值函数精度的提高，近似解逼近真实解的程度将不断得到改善。

10.2　复合材料结构有限元分析步骤

有限元法在应用于复合材料结构时，与应用于均匀各向同性材料的原理方法是一样的，只是离散方法和本构矩阵不同。复合材料的离散是双重的，包括对结构整体的离散和对每一铺层的离散，使得铺层的力学性能、铺层方向和构型直接体现在刚度矩阵中。以下所述有限元分析针对的是结构的宏观力学行为，将单一铺层视为均匀材料，不考虑复合材料的多相性导致的微观差异的细节。

目前得到广泛应用的有限元分析软件包括 ANSYS、ADINA、ABAQUS、MSC，以及专门针对复合材料的分析软件 Laminate Tools 等。众多分析软件的基本原理和流程大抵相同。本章利用有限元分析软件 ANSYS，针对几个复合材料结构分析问题进行有限元建模计算。

利用 ANSYS 对复合材料结构进行有限元分析的步骤包括如下几个。

1. 选择合适的单元类型

ANSYS 中用于建立复合材料模型的层状单元有 SHELL181、SHELL281、SOLSH190、SOLID185 和 SOLID186 等单元，可根据具体应用和要求选用。复合材料绝大多数采用板壳结构形式，对于面内加载，这是一种非常有效率的结构形式。对于薄板或薄壳结构，选取板壳单元可以简化分析，提高计算效率。

有限应变壳单元中，SHELL181 是一种四节点三维壳单元，每个节点有 6 个自由度。该单元具备完全非线性分析能力，适用于薄到中等厚度的板壳结构，一般要求宽厚比大于 10。SHELL281 是一种八节点三维壳单元，适用于薄到中等厚度的板壳结构，支持施加转动自由度或大应变的非线性分析。

三维层状结构实体壳单元中，SOLSH190 是一种八节点三维壳单元，适用于薄到中等厚度的板壳结构，支持包括大应变的所有非线性分析，允许有多达 250 层的材料层。

倘若研究对象为厚板，或需要分析层间应力，则采用实体单元，如八节点三维实体单元 SOLID185、三维层状结构体单元 SOLID186 等，可以模拟塑性、超弹性、蠕变、应力刚化、大变形和大应变等。

2. 定义材料的层叠结构

复合材料最重要的特征就是其层叠结构，即每一层可以具有不同的材料属性、铺层厚度以及铺层角度。定义材料层的配置方法有两种。

(1) 自下而上依次定义各铺层的材料性质、厚度以及纤维角度，这种方法称为层合板铺层顺序(laminate stacking sequence，LSS)法。

(2) 若只需分析复合材料结构的变形、屈曲模态或振动频率，可以将层合结构处理为等效的均匀板壳，通过输入等效的刚度参数来求解。

3. 定义失效准则

ANSYS 软件支持用户自定义失效准则，并预先提供了三种失效准则：最大应变失效准则，允许有 9 个失效应变；最大应力失效准则，允许有 9 个失效应力；Tsai-Wu 失效准则，允许有 9 个失效应力和 3 个附加的耦合系数。其中，失效应变、应力和耦合系数可以是与温度相关的量。

4. 建立模型并划分网格

建立 ANSYS 结构分析模型主要有两种方法：直接建模；输入在 CAD 等软件中创建好的模型。形状比较简单的结构可以直接建模，形状复杂的模型建议从 CAD 等软件导入以节省建模时间。对于板壳结构，若采用壳单元(Shell)，则建立曲面即可；如果分析的对象是实体结构，需采用实体单元(Solid)建模。

模型建好后，接下来要划分网格。在选定单元类型并设置网格尺寸后，程序会自动将网格划分好。

5. 有限元分析计算

根据实际要求定义相应的分析类型，施加相应的约束条件以及载荷，之后开始运行程序进行计算。ANSYS 的分析类型有：结构静力学分析、结构动力学分析、热分析、电磁场分析等。

6. 后处理

用于完成后处理的模块有两个：通用后处理模块 POST1 和时间历程后处理模块 POST26。通用后处理模块 POST1 可将分析计算结果以图形形式显示和输出。例如，应力在模型上的变化情况可用等值线图来表示。对于复合材料结构，可以查看各个铺层的计算结果。后处理模块 POST26 用于检查在一个时间段或子步历程中的结果，如节点位移、应力或支反力等。

ANSYS 结构分析流程如图 10-1 所示。

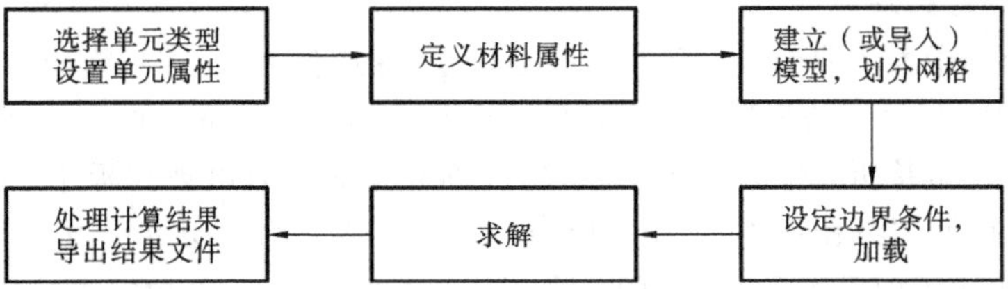

图 10-1　ANSYS 结构分析流程

10.3　复合材料结构的变形和应力分析

考虑四边简支对称正交层合板$[0°/90°]_s$，$a=0.5$ m，$b=0.25$ m，四条边分别用数字 1，2，3，4 表示，板的总厚度 $t=0.005$ m，承受横向均布载荷作用，$p_0=10$ N/m²，如图 10-2 所示。单层板的弹性常数如下：$E_1=148$ GPa，$E_2=E_3=10.5$ GPa，$G_{12}=G_{23}=G_{13}=5.61$ GPa，$\mu_{12}=\mu_{23}=\mu_{13}=0.3$。计算板内最大弯曲变形和最大应力。

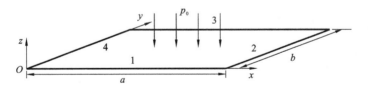

图 10-2　矩形层合板承受横向分布载荷

求解过程如下。

步骤一：选取单元类型。

根据问题描述和分析对象，采用 SHELL181 单元建立有限元模型。

步骤二：定义材料属性。

对于正交各向异性材料，需要定义各层材料的 9 个参数，包括三个方向上的弹性模量、剪切模量以及泊松比。

步骤三：层合板截面属性设置。

通过实常数或截面命令设置复合材料结构的层数、铺层厚度和铺层角度。

步骤四:创建模型并划分网格。

由于选择的单元类型是 SHELL181,因此,按尺寸参数定义平面范围即可。在划分网格前需要对网格密度进行设置。网格划分可以采用手动方式或者自动方式进行。在进行手动设置时,需要先选中欲控制网格密度的边线,指定其上的节点分布。本算例中,网格密度设置为 80×40(共计 3200 个单元)。

步骤五:设定边界条件、加载求解。

本算例对结构进行变形和应力分析,因此选择分析类型为静力学分析。选中目标节点,施加边界条件和载荷,并开始计算。

步骤六:后处理。

层合板的最大弯曲变形出现在其中心位置,变形量为 -1.4178×10^{-6} m。在第 7 章例 7.1 中,最大弯曲变形量的理论解为 -1.4081×10^{-6} m。可见,有限元分析结果和理论解非常接近,相差不到 1%。绝对值最大的应力出现在板中央的上、下表面,即出现在第 4 层(压应力)和第 1 层(拉应力)板内。第 4 层沿 x 方向的最大正应力绝对值为 19.94 kPa,沿 y 方向的最大正应力绝对值为 6.08 kPa,切应力为 0,与理论解相同。

在不同边界条件下,板中央最大位移(即最大弯曲变形量)和最大正应力的计算结果如表 10-1 所示。表中“S”表示简支,“C”表示固支。随着边界约束的增强,层合板的最大位移和应力减小。四周简支时的最大位移和正应力最大,四周固支时的最大位移和正应力最小。

表 10-1 板中央的最大位移和正应力

支撑方式(1234)	位移/(10^{-6} m)	σ_x/kPa	σ_y/kPa
SSSS	1.42	19.94	6.08
SCSC	0.80	18.50	3.49
CSCS	0.38	6.57	2.61
CCCC	0.32	6.55	2.25

10.4 复合材料结构强度分析

1. 薄壁圆管承受内/外压问题

考虑一段 $[0°/90°/90°/0°]_s$ 复合材料管道(长度 $L=1$ m,半径 $R=0.2$ m,壁厚 $t=0.01$ m)。纤维方向沿圆管环向的铺层定义为 0°层。材料性能参数如下:$E_1=148$ GPa,$E_2=E_3=10.5$ GPa,$\mu_{12}=\mu_{23}=\mu_{13}=0.3$,$G_{12}=G_{23}=G_{13}=5.61$ GPa。拉伸及压缩强度指标分别为:$X_t=767$ MPa,$Y_t=20$ MPa,$Z_t=30$ MPa;$X_c=392$ MPa,$Y_c=70$ MPa,$Z_c=55$ MPa。剪切强度为:$S_{12}=S_{13}=41$ MPa,$S_{23}=30$ MPa。失效拉伸应变和压缩应变分别为:$\varepsilon_{1t}=0.05$,$\varepsilon_{2t}=0.08$,$\varepsilon_{3t}=0.04$;$\varepsilon_{1c}=0.06$,$\varepsilon_{2c}=0.045$,$\varepsilon_{3c}=$

0.045。承受均匀内压或外压作用，对其进行屈曲失效和强度失效分析。

设定管道两端的约束为轴对称位移约束，并限制左端部的轴向位移。为消除管道的刚体位移，对管道下边缘各节点的位移施加径向和周向约束。划分网格后的有限元模型包含 16000(200(周向)×80(轴向))个单元。

在均匀内压 $p=1$ MPa 作用下，复合材料圆管的 0°层(第 1,4,5,8 层)的 1,2 方向应力分别为 37.4 MPa 和 0.7 MPa，90°层(第 2,3,6,7 层)的 1,2 方向应力分别为 −0.7 MPa 和 2.6 MPa。

在外压作用下，对其进行特征值屈曲分析。管道的一、二阶屈曲载荷分别为 $F_{cr1}=2853.91$ kPa 和 $F_{cr2}=2854.44$ kPa。如图 10-3 所示，一阶屈曲构型表现为截面形状改变和绕截面下边缘的偏转，位移最大值为 0.786×10^{-3} m（图 10-3 中 MX 标识处，即截面上顶点）。二阶屈曲构型表现为沿两垂直方向的截面拉伸和压缩，如图 10-4 所示，位移最大值出现在截面的上顶点，大小为 0.388×10^{-3} m。

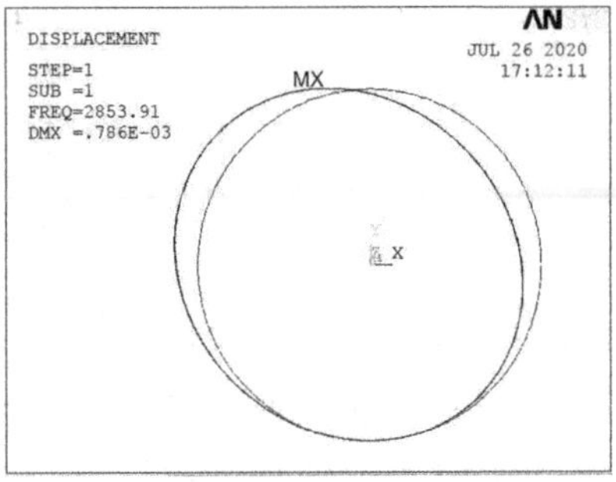

图 10-3　管道一阶屈曲构型

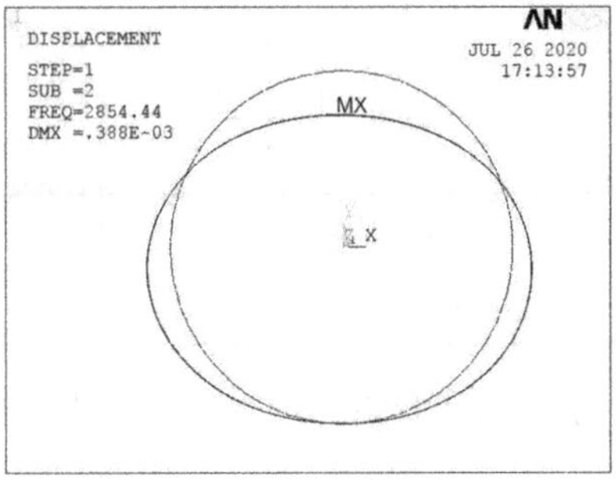

图 10-4　管道二阶屈曲构型

在临界载荷 F_{cr1} 作用下，根据最大应力失效准则，管道的破坏指标最大值为0.27，表明屈曲破坏会先于强度破坏发生。当圆管的内径减小时，比如当 $R=0.1$ m 时，最小屈曲载荷为 21823.0 kPa，相应的破坏指标为1.04，此时，强度破坏会先于屈曲破坏发生。

2. 薄壁圆管承受轴压问题

考虑复合材料薄壁圆管，$L=1.0$ m，$D=2R=0.12$ m，$t=0.002$ m。圆管一端固定，另一端承受轴压作用，如图 10-5 所示。圆管的铺层结构及材料属性与前例相同。

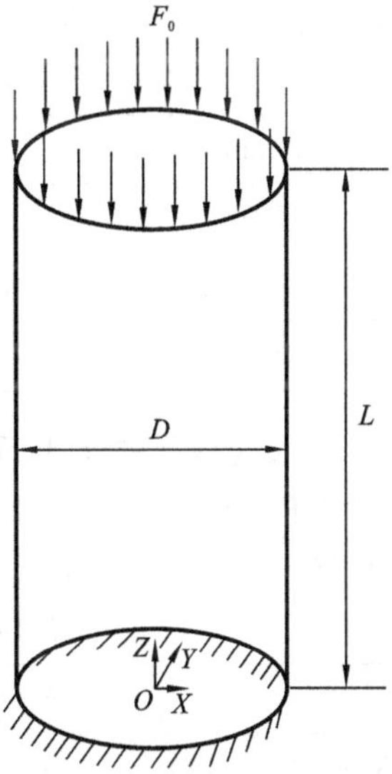

图 10-5　薄壁圆管承受轴压

该薄壁圆管的前 10 阶屈曲临界载荷计算结果如表 10-2 所示。在轴压作用下，发生屈曲失效的最小载荷为 $F_{cr1}=307.3$ N/mm²。在 F_{cr1} 作用下，根据最大应力失效准则，圆管的破坏指标最大值为 0.59。因此，屈曲破坏会先于强度破坏发生。

当薄壁圆管的几何尺寸发生改变时,其抗屈曲性能或失效模式将发生改变。表10-3列出了不同内径的圆管发生屈曲的临界载荷以及相应的破坏指标。当 R 从20 mm增加至60 mm时,长径比 L/D 减小,圆管抗屈曲性能增强;当 R 从60 mm继续增加至100 mm时,由于增大的 R/t 的影响,圆管抗屈曲性能下降。可见,R/t 及 L/D 共同影响薄壁圆管的抗屈曲性能。表中所有情形下的破坏指标均小于1,表明屈曲破坏会先于强度破坏发生。

表 10-2 薄壁圆管发生屈曲的前10阶临界载荷 (单位:N/mm^2)

n	1	2	3	4	5	6	7	8	9	10
F_{cr}	307.3	307.3	314.2	314.2	331.1	331.1	334.3	334.3	374.0	374.0

表 10-3 不同内径薄壁圆管发生屈曲的临界载荷(L=1000 mm,t=2 mm)

R/mm	20	40	60	80	100
R/t	10	20	30	40	50
L/D	25.00	12.50	8.33	6.25	5.00
F_{cr}/(N/mm^2)	38.7	149.1	307.3	236.6	190.1
破坏指标	0.07	0.28	0.59	0.45	0.37

壁厚对圆管临界屈曲载荷的影响示于表10-4。圆管抗屈曲性能随着壁厚的增大而增强。当 t 较小、R/t 较大时(见表中前面3列),圆管呈现出薄壁结构特性,屈曲破坏会先于强度破坏发生;而当 t 较大时(见表中后面2列),圆管不易发生屈曲,强度破坏会先于屈曲破坏发生。

表 10-4 不同厚度 t 对应的临界屈曲载荷(L=1000 mm,R=100 mm)

t/mm	1	2	5	10	20
R/t	100	50	20	10	5
F_{cr}/(N/mm^2)	97.9	190.1	444.1	734.2	740.8
破坏指标	0.19	0.37	0.86	1.42	1.43

3. 层合板面内受压问题

对第7章中的例7.3进行有限元建模分析,得到与理论解相同的结果,如表10-5、表10-6和图10-6所示。

表 10-5 层合板在单向受压时的临界屈曲载荷

a/b	0.5	1.0	1.5	2.0	2.5	3.0	3.5	4.0
$\bar{N}$/($\times10^4$ N/m)	5.765	1.933	1.540	1.778	1.608	1.540	1.614	1.565

表 10-6　层合板在双向等值受压时的临界屈曲载荷

a/b	0.5	1.0	1.5	2.0	2.5	3.0	3.5	4.0
$\bar{N}/(\times 10^4\ \mathrm{N/m})$	3.861	0.967	0.474	0.356	0.318	0.302	0.296	0.292

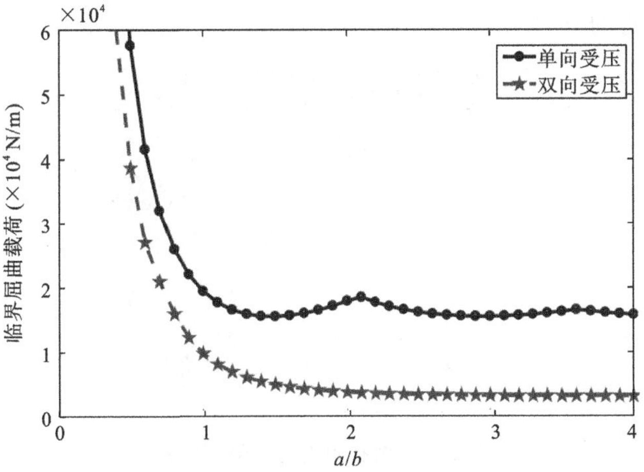

图 10-6　正交层合板单向和双向等值受压时的临界屈曲载荷与 a/b 的关系

10.5　复合材料结构应力集中问题

1. 带圆孔单层板的应力分析

假设单层板长度 $L=1$ m，宽度 $W=0.5$ m，圆孔的直径 D 与板宽 W 之比为0.2，板的厚度为 0.85 mm，沿纤维方向承受拉伸应力 $\sigma_1=100$ MPa 的作用，如图 10-7 所示。单层板的材料性能参数如下：$E_1=145.88$ GPa，$E_2=E_3=13.31$ GPa，$G_{12}=G_{13}=4.39$ GPa，$G_{23}=4.53$ GPa，$\mu_{12}=\mu_{13}=0.26$，$\mu_{23}=0.47$。分析计算孔边的应力。

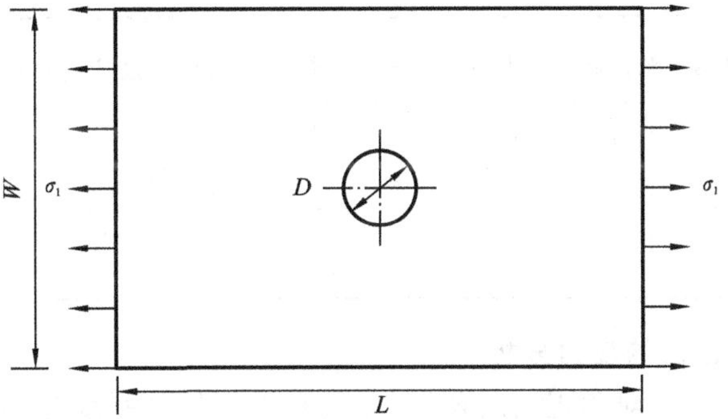

图 10-7　带圆孔平板示意图

含圆孔平板承受拉伸应力作用时，圆孔周围会出现应力集中现象。应力集中的程度用应力集中系数 K_t 来表示，定义为最大应力 σ_{max} 与名义应力 σ_{nom} 的比值，即

$$K_t = \sigma_{\max}/\sigma_{\text{nom}} \tag{10.1}$$

式中

$$\sigma_{\text{nom}} = \sigma_1/(1-D/W) \tag{10.2}$$

由于此处的研究对象为单层板结构，因此可以选用 PLANE182 单元进行模拟。考虑到平板的对称性，采用 1/4 模型进行分析，划分网格后的有限元模型包含 80472 个单元，圆孔附近的有限元网格如图 10-8 所示。

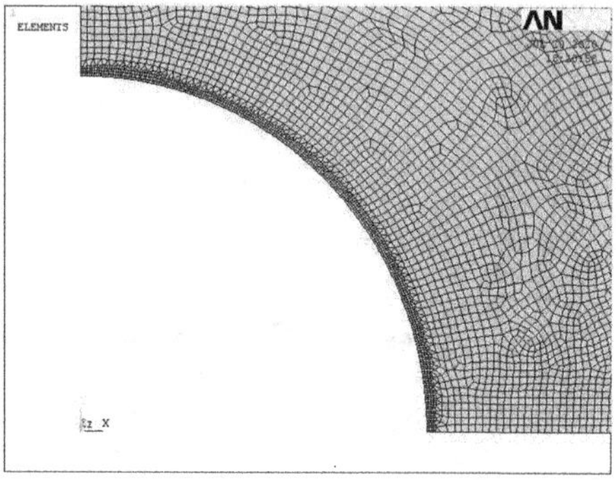

图 10-8　圆孔附近的有限元网格

圆孔周边各处的应力计算结果如表 10-7 和图 10-9 所示。最大周向应力为 805.6 MPa，发生在圆孔最上端(即 $\theta=90°$处)。表 10-8 列出了单层板取不同 D/W 值时的最大周向应力，以及基于式(10.1)和式(10.2)得到的应力集中系数。根据式(8.33)，可求出带圆孔无限大单层板在单向受拉时的最大周向应力，其与远场应力的比值(7.27)即为此时的应力集中系数。对于有限大平板，应力集中系数随 D/W 值的变化而变化。

表 10-7　孔边各处周向应力　(单位：MPa)

θ/(°)	0	10	20	30	40	50	60	70	80	90
σ_θ	−37.3	−33.1	−22.2	−8.2	7.8	29.4	66.2	153.3	426.9	805.6

表 10-8　单层板取不同 D/W 值时的最大周向应力及应力集中系数

D/W	0.05	0.10	0.15	0.20
最大周向应力/MPa	724.8	744.4	770.3	805.6
应力集中系数	6.89	6.70	6.55	6.45

2. 带圆孔层合板的应力分析

考虑$[(0°/90°)_3]_s$ 对称正交层合板，总共有 12 层，总厚度为 10.2 mm。除厚度之外，层合板的其他几何尺寸与前述单层板相同，材料性能相同，长宽比 $L/W=2$，在 x 方向上承受拉伸应力 $\sigma_x=100$ MPa 作用。

对于此问题，首先确定层合板的等效弹性常数，作为正交各向异性板的输入参

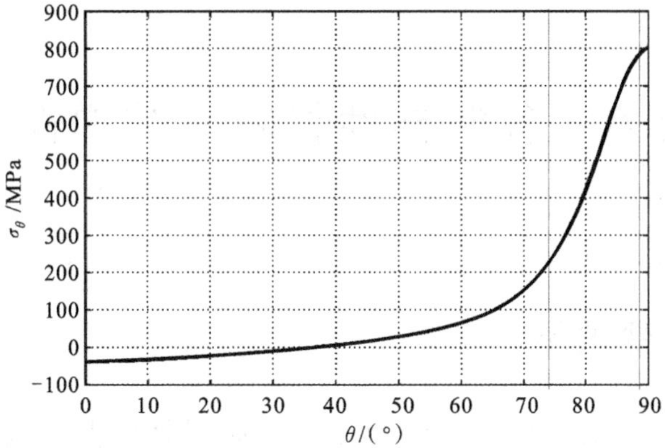

图 10-9　圆孔周边各处的应力(1/4 圆周)

数:E_x=79.985 GPa,E_y=79.985 GPa,E_z=16.128 GPa,G_{xy}=4.386 GPa,G_{yz}=4.458 GPa,G_{zx}=4.458 GPa,μ_{xy}=0.044,μ_{yz}=μ_{zx}=0.415。计算结果列于表 10-9,相比单层板,层合板的应力集中程度要小一些,根据式(8.40),无限大板的应力集中系数为 5.49(读者可自行确认)。

表 10-9　层合板取不同 D/W 值时的最大周向应力及应力集中系数

D/W	0.05	0.1	0.15	0.2
最大周向应力/MPa	550.6	556.6	568.2	584.9
应力集中系数	5.23	5.01	4.83	4.68

需要指出的是,计算得到的孔边周向应力是层合板沿厚度方向的平均值。在得到孔边的周向应力后,按 8.6 节所述的步骤,可进一步计算各单层板的应力(见习题 10.2)。

习　题

10.1　考虑轴向受压圆管,设圆管半径 R=100 mm,壁厚 t=10 mm,材料参数与 10.4 节中圆管的性能相同,分别计算长度为 L=1000 mm,1500 mm,2000 mm 时圆管的最小屈曲载荷,以及相应的破坏指标。

10.2　对于 10.5 节中带圆孔层合板,孔边的最大周向应力记为 σ,发生在圆孔的最上端,求该处 0°层和 90°层的应力。

附录 A　各向异性材料三维弹性理论

A.1　应力应变关系

对于图 A-1 所示的处于三维应力状态单元体，设材料是线弹性体，应力与应变成比例关系，叠加原理成立，则有

$$\begin{bmatrix} \varepsilon_x \\ \varepsilon_y \\ \varepsilon_z \\ \gamma_{yz} \\ \gamma_{zx} \\ \gamma_{xy} \end{bmatrix} = \begin{bmatrix} S_{11} & S_{12} & S_{13} & S_{14} & S_{15} & S_{16} \\ S_{21} & S_{22} & S_{23} & S_{24} & S_{25} & S_{26} \\ S_{31} & S_{32} & S_{33} & S_{34} & S_{35} & S_{36} \\ S_{41} & S_{42} & S_{43} & S_{44} & S_{45} & S_{46} \\ S_{51} & S_{52} & S_{53} & S_{54} & S_{55} & S_{56} \\ S_{61} & S_{62} & S_{63} & S_{64} & S_{65} & S_{66} \end{bmatrix} \begin{bmatrix} \sigma_x \\ \sigma_y \\ \sigma_z \\ \tau_{yz} \\ \tau_{zx} \\ \tau_{xy} \end{bmatrix} \tag{A.1}$$

或者写成

$$\begin{bmatrix} \sigma_x \\ \sigma_y \\ \sigma_z \\ \tau_{yz} \\ \tau_{zx} \\ \tau_{xy} \end{bmatrix} = \begin{bmatrix} C_{11} & C_{12} & C_{13} & C_{14} & C_{15} & C_{16} \\ C_{21} & C_{22} & C_{23} & C_{24} & C_{25} & C_{26} \\ C_{31} & C_{32} & C_{33} & C_{34} & C_{35} & C_{36} \\ C_{41} & C_{42} & C_{43} & C_{44} & C_{45} & C_{46} \\ C_{51} & C_{52} & C_{53} & C_{54} & C_{55} & C_{56} \\ C_{61} & C_{62} & C_{63} & C_{64} & C_{65} & C_{66} \end{bmatrix} \begin{bmatrix} \varepsilon_x \\ \varepsilon_y \\ \varepsilon_z \\ \gamma_{yz} \\ \gamma_{zx} \\ \gamma_{xy} \end{bmatrix} \tag{A.2}$$

S_{ij}和C_{ij}分别称为柔度系数和刚度系数。

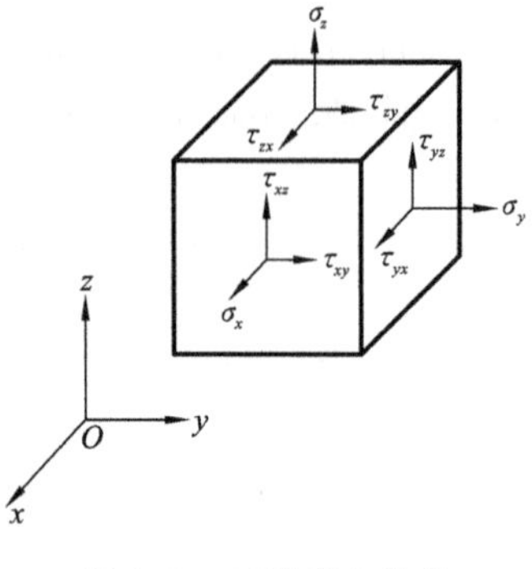

图 A-1　三维应力状态

完全弹性体在外力作用下只产生弹性变形。外力做功以能量形式储存在弹性体内，称为应变能。应变能只取决于最终的应力应变状态，与加载过程无关。单位体积的应变能 W 可表达为应变分量的二次函数形式，且有

$$\begin{cases} \sigma_x = \dfrac{\partial W}{\partial \varepsilon_x}, \quad \sigma_y = \dfrac{\partial W}{\partial \varepsilon_y}, \quad \sigma_z = \dfrac{\partial W}{\partial \varepsilon_z} \\ \tau_{yz} = \dfrac{\partial W}{\partial \gamma_{yz}}, \quad \tau_{zx} = \dfrac{\partial W}{\partial \gamma_{zx}}, \quad \tau_{xy} = \dfrac{\partial W}{\partial \gamma_{xy}} \end{cases} \tag{A.3}$$

由此得

$$\begin{cases}\dfrac{\partial\sigma_x}{\partial\varepsilon_y}=\dfrac{\partial\sigma_y}{\partial\varepsilon_x},\quad \dfrac{\partial\sigma_x}{\partial\varepsilon_z}=\dfrac{\partial\sigma_z}{\partial\varepsilon_x},\quad \dfrac{\partial\sigma_y}{\partial\varepsilon_z}=\dfrac{\partial\sigma_z}{\partial\varepsilon_y}\\ \dfrac{\partial\sigma_x}{\partial\gamma_{yz}}=\dfrac{\partial\tau_{yz}}{\partial\varepsilon_x},\quad \dfrac{\partial\sigma_x}{\partial\gamma_{zx}}=\dfrac{\partial\tau_{zx}}{\partial\varepsilon_x},\quad \dfrac{\partial\sigma_x}{\partial\gamma_{xy}}=\dfrac{\partial\gamma_{xy}}{\partial\varepsilon_x}\\ \dfrac{\partial\sigma_y}{\partial\gamma_{zx}}=\dfrac{\partial\tau_{zx}}{\partial\varepsilon_y},\quad \dfrac{\partial\sigma_y}{\partial\gamma_{xy}}=\dfrac{\partial\gamma_{xy}}{\partial\varepsilon_y},\quad \dfrac{\partial\sigma_y}{\partial\gamma_{yz}}=\dfrac{\partial\tau_{yz}}{\partial\varepsilon_y}\\ \dfrac{\partial\sigma_z}{\partial\gamma_{xy}}=\dfrac{\partial\tau_{xy}}{\partial\varepsilon_z},\quad \dfrac{\partial\sigma_z}{\partial\gamma_{yz}}=\dfrac{\partial\gamma_{yz}}{\partial\varepsilon_z},\quad \dfrac{\partial\sigma_z}{\partial\gamma_{zx}}=\dfrac{\partial\tau_{zx}}{\partial\varepsilon_z}\\ \dfrac{\partial\tau_{yz}}{\partial\gamma_{xy}}=\dfrac{\partial\tau_{xy}}{\partial\gamma_{yz}},\quad \dfrac{\partial\tau_{yz}}{\partial\gamma_{zx}}=\dfrac{\partial\tau_{zx}}{\partial\gamma_{yz}},\quad \dfrac{\partial\tau_{zx}}{\partial\gamma_{xy}}=\dfrac{\partial\tau_{xy}}{\partial\gamma_{zx}}\end{cases}\tag{A.4}$$

由式(A.2)和式(A.4)得

$$C_{ij}=C_{ji}(i,j=1,2,\cdots,6)\tag{A.5}$$

同样有

$$S_{ij}=S_{ji}(i,j=1,2,\cdots,6)\tag{A.6}$$

式(A.5)和式(A.6)说明，刚度矩阵 $\boldsymbol{C}$ 和柔度矩阵 $\boldsymbol{S}$ 为对称矩阵。所以对于一般的各向异性弹性体，独立的弹性常数个数是 36－15＝21。

A.2　具有一个弹性对称平面的材料

设 x-y 是材料的弹性对称平面，任一点 A 和镜像点 A' 的弹性性能相同，如图A-2所示。将 z 轴转 180°到 z'轴，应力应变关系不变。当 $Oxyz$ 坐标系变成$O'x'y'z'$ 坐标系时，应力和应变分量中部分发生符号改变：

$$\begin{cases}\tau_{y'z'}=-\tau_{yz}\\ \tau_{z'x'}=-\tau_{zx}\\ \gamma_{y'z'}=-\gamma_{yz}\\ \gamma_{z'x'}=-\gamma_{zx}\end{cases}\tag{A.7}$$

其他应力应变分量的大小和符号均不发生变化。

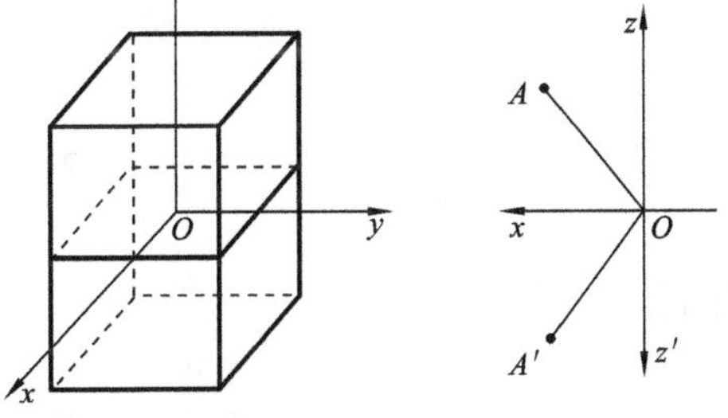

图 A-2　弹性对称平面

对于式(A.2)中的 σ_x，在新、旧坐标系下分别有

$$\sigma_x = C_{11}\varepsilon_x + C_{12}\varepsilon_y + C_{13}\varepsilon_z + C_{14}\gamma_{yz} + C_{15}\gamma_{zx} + C_{16}\gamma_{xy} \tag{A.8}$$

$$\sigma_{x'} = C_{11}\varepsilon_{x'} + C_{12}\varepsilon_{y'} + C_{13}\varepsilon_{z'} + C_{14}\gamma_{y'z'} + C_{15}\gamma_{z'x'} + C_{16}\gamma_{x'y'} \tag{A.9}$$

利用式(A.7)和条件式 $\sigma_{x'} = \sigma_x$,得

$$C_{14} = C_{15} = 0$$

对其他应力分量进行同样的分析,可以得到相应的一些结果,最后有

$$C_{14} = C_{15} = C_{24} = C_{25} = C_{34} = C_{35} = C_{46} = C_{56} = 0 \tag{A.10}$$

所以对于具有一个弹性对称平面的材料,独立的弹性常数个数为 21－8＝13。

A.3 正交各向异性

若材料具有两个对称平面,即除了 x-y 面以外,x-z 面也是它的弹性对称平面,通过与 A.2 节中相同的操作,可得

$$C_{16} = C_{26} = C_{36} = C_{45} = 0 \tag{A.11}$$

这时独立的弹性常数个数减为 9。通过分析可知,进一步设 y-z 平面也是对称平面,并不能得到新的刚度系数为零的条件。所以具有两个对称平面的材料实际上有三个对称平面,相应地有三个相互垂直的对称轴。这种材料称为正交各向异性材料,其刚度矩阵和柔度矩阵分别简化为

$$\boldsymbol{C} = \begin{bmatrix} C_{11} & C_{12} & C_{13} & 0 & 0 & 0 \\ & C_{22} & C_{23} & 0 & 0 & 0 \\ & & C_{33} & 0 & 0 & 0 \\ & & & C_{44} & 0 & 0 \\ & \text{sym.} & & & C_{55} & 0 \\ & & & & & C_{66} \end{bmatrix} \tag{A.12}$$

$$\boldsymbol{S} = \begin{bmatrix} S_{11} & S_{12} & S_{13} & 0 & 0 & 0 \\ & S_{22} & S_{23} & 0 & 0 & 0 \\ & & S_{33} & 0 & 0 & 0 \\ & & & S_{44} & 0 & 0 \\ & \text{sym.} & & & S_{55} & 0 \\ & & & & & S_{66} \end{bmatrix} \tag{A.13}$$

A.4 横观各向同性

对于图 A-3 所示的单向复合材料,y-z 面内纤维排列是随机的,材料在这个面内可看作是各向同性的,应力应变分量中下标 y 与 z 不加区别,参考式(A.12),应力应变关系为

$$\begin{bmatrix}\sigma_x\\ \sigma_y\\ \sigma_z\\ \tau_{yz}\\ \tau_{zx}\\ \tau_{xy}\end{bmatrix}=\begin{bmatrix}C_{11} & C_{12} & C_{12} & 0 & 0 & 0\\ & C_{22} & C_{23} & 0 & 0 & 0\\ & & C_{22} & 0 & 0 & 0\\ & & & C_{44} & 0 & 0\\ & \text{sym.} & & & C_{66} & 0\\ & & & & & C_{66}\end{bmatrix}\begin{bmatrix}\varepsilon_x\\ \varepsilon_y\\ \varepsilon_z\\ \gamma_{yz}\\ \gamma_{zx}\\ \gamma_{xy}\end{bmatrix} \tag{A.14}$$

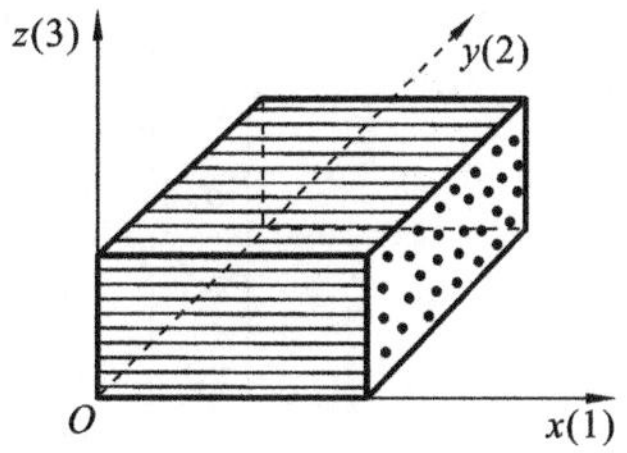

图 A-3　横观各向同性

由于各向同性材料弹性常数之间存在以下关系：

$$G_{23}=\frac{E_2}{2(1+\mu_{23})}$$

可以求得

$$C_{44}=\frac{C_{22}-C_{23}}{2} \tag{A.15}$$

即横观各向同性材料有五个独立的弹性常数。

单向复合材料的厚度一般很小，可近似为平面应力状态，有

$$\sigma_z=\tau_{yz}=\tau_{zx}=\gamma_{yz}=\gamma_{zx}=0$$

由式(A.14)得

$$C_{12}\varepsilon_x+C_{23}\varepsilon_y+C_{22}\varepsilon_z=0$$

解得

$$\varepsilon_z=-\frac{C_{12}}{C_{22}}\varepsilon_x-\frac{C_{23}}{C_{22}}\varepsilon_y \tag{A.16}$$

所以只需考虑 $\sigma_x,\sigma_y,\tau_{xy},\varepsilon_x,\varepsilon_y,\gamma_{xy}$ 这三个应力分量和三个应变分量。将式(A.16)代入式(A.14)，经整理后得

$$\begin{bmatrix}\sigma_x\\ \sigma_y\\ \tau_{xy}\end{bmatrix}=\begin{bmatrix}Q_{11} & Q_{12} & 0\\ Q_{12} & Q_{22} & 0\\ 0 & 0 & Q_{66}\end{bmatrix}\begin{bmatrix}\varepsilon_x\\ \varepsilon_y\\ \gamma_{xy}\end{bmatrix} \tag{A.17}$$

式中

$$Q_{11}=C_{11}-C_{12}^2/C_{22}$$
$$Q_{12}=C_{12}-C_{12}C_{23}/C_{22}$$
$$Q_{22}=C_{22}-C_{23}^2/C_{22}$$
$$Q_{66}=C_{66}$$

因此，单向复合材料独立的弹性常数有四个。Q_{ij} 称为**折减刚度系数**(reduced stiffnesses)。

A.5　各向同性

各向同性材料的应力应变关系可以写成

$$\begin{bmatrix}\sigma_x\\ \sigma_y\\ \sigma_z\\ \tau_{yz}\\ \tau_{zx}\\ \tau_{xy}\end{bmatrix}=\begin{bmatrix}C_{11} & C_{12} & C_{12} & 0 & 0 & 0\\ & C_{11} & C_{12} & 0 & 0 & 0\\ & & C_{11} & 0 & 0 & 0\\ & & & C_{44} & 0 & 0\\ & \text{sym.} & & & C_{44} & 0\\ & & & & & C_{44}\end{bmatrix}\begin{bmatrix}\varepsilon_x\\ \varepsilon_y\\ \varepsilon_z\\ \gamma_{yz}\\ \gamma_{zx}\\ \gamma_{xy}\end{bmatrix} \tag{A.18}$$

式中
$$C_{44}=(C_{11}-C_{12})/2$$

对于各向同性材料,没有材料主轴的概念,沿任意方向的应力应变关系都是一样的。

A.6 正交各向异性材料的工程弹性常数

正交各向异性材料的柔度系数 S_{ij} 与工程弹性常数间的关系是

$$\begin{cases}S_{11}=\dfrac{1}{E_1},S_{22}=\dfrac{1}{E_2},S_{33}=\dfrac{1}{E_3},S_{44}=\dfrac{1}{G_{23}},S_{55}=\dfrac{1}{G_{31}},S_{66}=\dfrac{1}{G_{12}}\\ S_{12}=-\dfrac{\mu_{12}}{E_1}=-\dfrac{\mu_{21}}{E_2},S_{13}=-\dfrac{\mu_{13}}{E_1}=-\dfrac{\mu_{31}}{E_3},S_{23}=-\dfrac{\mu_{23}}{E_2}=-\dfrac{\mu_{32}}{E_3}\end{cases} \tag{A.19}$$

由 $\boldsymbol{C}=\boldsymbol{S}^{-1}$,可求得刚度系数如下:

$$\begin{cases}C_{11}=(S_{22}S_{33}-S_{23}^2)/S\\ C_{22}=(S_{33}S_{11}-S_{13}^2)/S\\ C_{33}=(S_{11}S_{22}-S_{12}^2)/S\\ C_{12}=(S_{13}S_{23}-S_{12}S_{33})/S\\ C_{13}=(S_{12}S_{23}-S_{13}S_{22})/S\\ C_{23}=(S_{12}S_{13}-S_{23}S_{11})/S\\ S=S_{11}S_{22}S_{33}-S_{11}S_{23}^2-S_{22}S_{13}^2-S_{33}S_{12}^2+2S_{12}S_{13}S_{23}\end{cases} \tag{A.20}$$

将式(A.19)代入式(A.20),利用各柔度系数与工程弹性常数间的关系式,得

$$C_{11}=(1-\mu_{23}\mu_{32})/(E_2E_3\Delta)$$
$$C_{12}=(\mu_{12}+\mu_{13}\mu_{32})/(E_1E_3\Delta)=(\mu_{21}+\mu_{23}\mu_{31})/(E_2E_3\Delta)$$
$$C_{13}=(\mu_{13}+\mu_{12}\mu_{23})/(E_1E_2\Delta)=(\mu_{31}+\mu_{32}\mu_{21})/(E_2E_3\Delta)$$
$$C_{23}=(\mu_{23}+\mu_{21}\mu_{13})/(E_1E_2\Delta)=(\mu_{32}+\mu_{31}\mu_{12})/(E_1E_3\Delta)$$
$$C_{22}=(1-\mu_{13}\mu_{31})/(E_1E_3\Delta)$$
$$C_{33}=(1-\mu_{21}\mu_{12})/(E_1E_2\Delta)$$
$$C_{44}=G_{23},\quad C_{55}=G_{31},\quad C_{66}=G_{12}$$
$$\Delta=S=(1-\mu_{12}\mu_{21}-\mu_{23}\mu_{32}-\mu_{13}\mu_{31}-2\mu_{13}\mu_{32}\mu_{21})/(E_1E_2E_3)$$

A.7　面外剪切变形

在前面各章的讨论中，对层合板的变形采用直法线假设，忽略面外剪切变形，所导出的结果称为经典层合板理论。由于复合材料的面外剪切弹性模量较小，忽略剪切变形有时会导致较大的误差。以下讨论考虑面外剪切变形的处理方法。

对于薄板，$\varepsilon_3=0$ 仍成立，沿材料主轴的应力应变关系变为

$$\begin{bmatrix}\sigma_1\\ \sigma_2\\ \tau_{12}\end{bmatrix}=\begin{bmatrix}Q_{11} & Q_{12} & 0\\ Q_{12} & Q_{22} & 0\\ 0 & 0 & Q_{66}\end{bmatrix}\begin{bmatrix}\varepsilon_1\\ \varepsilon_2\\ \gamma_{12}\end{bmatrix}$$

$$\begin{bmatrix}\tau_{23}\\ \tau_{31}\end{bmatrix}=\begin{bmatrix}Q_{44} & 0\\ 0 & Q_{55}\end{bmatrix}\begin{bmatrix}\gamma_{23}\\ \gamma_{31}\end{bmatrix}$$

在一般的 $Oxyz$ 坐标系中有

$$\begin{bmatrix}\sigma_x\\ \sigma_y\\ \tau_{xy}\end{bmatrix}=\begin{bmatrix}\bar{Q}_{11} & \bar{Q}_{12} & \bar{Q}_{16}\\ & \bar{Q}_{22} & \bar{Q}_{26}\\ \text{sym.} & & \bar{Q}_{66}\end{bmatrix}\begin{bmatrix}\varepsilon_x\\ \varepsilon_y\\ \gamma_{xy}\end{bmatrix}\tag{A.21}$$

$$\begin{bmatrix}\tau_{yz}\\ \tau_{zx}\end{bmatrix}=\begin{bmatrix}\bar{Q}_{44} & \bar{Q}_{45}\\ \bar{Q}_{45} & \bar{Q}_{55}\end{bmatrix}\begin{bmatrix}\gamma_{yz}\\ \gamma_{zx}\end{bmatrix}\tag{A.22}$$

式(A.21)中的 $\bar{Q}_{ij}$ 按第 2 章相关公式计算，另外，有

$$\bar{Q}_{44}=Q_{44}m^2+Q_{55}n^2$$
$$\bar{Q}_{45}=(Q_{55}-Q_{44})mn$$
$$\bar{Q}_{55}=Q_{44}n^2+Q_{55}m^2$$

将板的变形表示成下面的形式：

$$\begin{cases}u(x,y,z)=u_0(x,y)+z\psi_x(x,y)\\ v(x,y,z)=v_0(x,y)+z\psi_y(x,y)\\ w(x,y,z)=w(x,y)\end{cases}\tag{A.23}$$

ψ_x，ψ_y 是考虑了剪切变形的转角。求得应变分量为

$$\begin{bmatrix}\varepsilon_x\\ \varepsilon_y\\ \gamma_{xy}\end{bmatrix}=\begin{bmatrix}\varepsilon_x^0\\ \varepsilon_y^0\\ \gamma_{xy}^0\end{bmatrix}+z\begin{bmatrix}\partial\psi_x/\partial x\\ \partial\psi_y/\partial y\\ \partial\psi_x/\partial y+\partial\psi_y/\partial x\end{bmatrix}\tag{A.24}$$

$$\begin{bmatrix}\gamma_{yz}\\ \gamma_{zx}\end{bmatrix}=\begin{bmatrix}\dfrac{\partial w}{\partial y}+\psi_y\\ \dfrac{\partial w}{\partial x}+\psi_x\end{bmatrix}\tag{A.25}$$

由剪力的定义，有

$$\begin{bmatrix} Q_y \\ Q_x \end{bmatrix} = \int_{-h/2}^{h/2} \begin{bmatrix} \tau_{yz} \\ \tau_{zx} \end{bmatrix} dz = \int_{-h/2}^{h/2} \begin{bmatrix} \bar{Q}_{44} & \bar{Q}_{45} \\ \bar{Q}_{45} & \bar{Q}_{55} \end{bmatrix} \begin{bmatrix} \gamma_{yz} \\ \gamma_{zx} \end{bmatrix} dz$$

利用式(A.25)并引入剪切修正系数(shear correction factor)k,有

$$\begin{bmatrix} Q_y \\ Q_x \end{bmatrix} = k \begin{bmatrix} A_{44} & A_{45} \\ A_{45} & A_{55} \end{bmatrix} \begin{bmatrix} \partial w/\partial y + \psi_y \\ \partial w/\partial x + \psi_x \end{bmatrix} \tag{A.26}$$

由弯(扭)矩的定义,有

$$\begin{bmatrix} M_x \\ M_y \\ M_{xy} \end{bmatrix} = \int_{-h/2}^{h/2} \begin{bmatrix} \sigma_x \\ \sigma_y \\ \tau_{xy} \end{bmatrix} z\,dz = \int_{-h/2}^{h/2} \begin{bmatrix} \bar{Q}_{11} & \bar{Q}_{12} & \bar{Q}_{16} \\ & \bar{Q}_{22} & \bar{Q}_{26} \\ \text{sym.} & & \bar{Q}_{66} \end{bmatrix} \begin{bmatrix} \varepsilon_x \\ \varepsilon_y \\ \gamma_{xy} \end{bmatrix} z\,dz$$

$$= \begin{bmatrix} B_{11} & B_{12} & B_{16} \\ & B_{22} & B_{26} \\ \text{sym.} & & B_{66} \end{bmatrix} \begin{bmatrix} \varepsilon_x^0 \\ \varepsilon_y^0 \\ \gamma_{xy}^0 \end{bmatrix} + \begin{bmatrix} D_{11} & D_{12} & D_{16} \\ & D_{22} & D_{26} \\ \text{sym.} & & D_{66} \end{bmatrix} \begin{bmatrix} \partial\psi_x/\partial x \\ \partial\psi_y/\partial y \\ \partial\psi_x/\partial y + \partial\psi_y/\partial x \end{bmatrix} \tag{A.27}$$

第 7 章已给出面外平衡方程:

$$\begin{cases} \dfrac{\partial Q_x}{\partial x} + \dfrac{\partial Q_y}{\partial y} - p = 0 \\ \dfrac{\partial M_{xy}}{\partial x} + \dfrac{\partial M_y}{\partial y} - Q_y = 0 \\ \dfrac{\partial M_x}{\partial x} + \dfrac{\partial M_{xy}}{\partial y} - Q_x = 0 \end{cases} \tag{A.28}$$

仅考虑 $B_{ij}=0$,$D_{16}=D_{26}=0$,$A_{45}=0$ 的特殊情况,将式(A.26)、式(A.27)代入式(A.28),得

$$\begin{cases} k\left[A_{55}\left(\dfrac{\partial\psi_x}{\partial x} + \dfrac{\partial^2 w}{\partial x^2}\right) + A_{44}\left(\dfrac{\partial\psi_y}{\partial y} + \dfrac{\partial^2 w}{\partial y^2}\right)\right] - p = 0 \\ D_{11}\dfrac{\partial^2\psi_x}{\partial x^2} + (D_{12}+D_{66})\dfrac{\partial^2\psi_y}{\partial x\partial y} + D_{66}\dfrac{\partial^2\psi_x}{\partial y^2} - kA_{55}\left(\psi_x + \dfrac{\partial w}{\partial x}\right) = 0 \\ D_{66}\dfrac{\partial^2\psi_y}{\partial x^2} + (D_{12}+D_{66})\dfrac{\partial^2\psi_x}{\partial x\partial y} + D_{22}\dfrac{\partial^2\psi_y}{\partial y^2} - kA_{44}\left(\psi_y + \dfrac{\partial w}{\partial y}\right) = 0 \end{cases} \tag{A.29}$$

这就是考虑剪切变形的板的基础方程。

图 A-4 所示是(0°/90°/0°)长条层合板中央挠度的计算结果。板在 $x=0,a$ 处简支,受正弦波载荷作用,且

$$p = p_0 \sin\frac{\pi x}{a}$$

单层材料的性能参数如下:

$$E_1/E_2=25,\quad G_{12}/E_2=0.5,\quad G_{22}/E_2=0.2,\quad \mu_{12}=0.25$$

从图看出,随板的跨厚比(a/h)变小,经典层合板理论误差增大。

根据式(A.23)的假设得到的结果称为线性剪切理论(first-order shear deformation theory)。近年来高阶剪切理论(higher-order shear deformation theory)的研究比较盛行,即假定变形为如下的形式:

$$\begin{cases} u(x,y,z) = u_0(x,y) + \sum_{n=1}^{N} z^n \psi_x^{(n)}(x,y) \\ v(x,y,z) = v_0(x,y) + \sum_{n=1}^{N} z^n \psi_y^{(n)}(x,y) \\ w(x,y,z) = w(x,y) \end{cases} \tag{A.30}$$

N 取到 3 时就无须引入剪切系数 k,精度也大为提高。

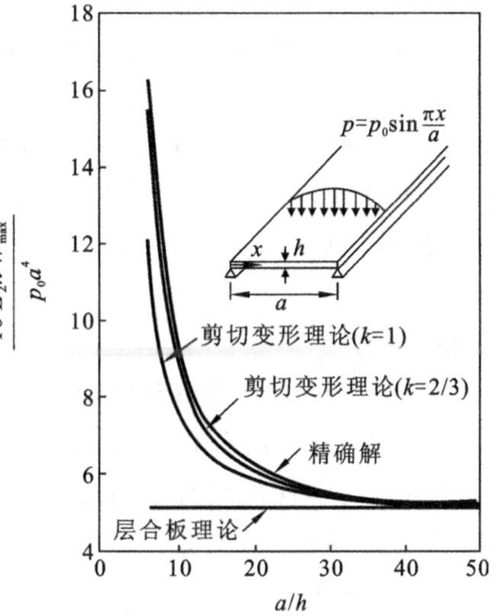

图 A-4 (0°/90°/0°)长条层合板的最大挠度

附录B 部分习题解答

第1章

1.1 块状玻璃表面存在一些小裂纹，裂纹尖端应力集中现象严重，易发生破坏。玻璃纤维表面很少有这种伤痕，其强度较块状玻璃大大增高，接近材料本来的强度值。

1.2 (1) 车辆：利用比强度高的材料，实现轻量化，可节省能源。

(2) 纺织机械等高速机械部件：由于质量、惯性小，因此动作快捷。

(3) 离心分离器：虽然超高速旋转，离心力仍较小，不易破坏，这也得益于轻量化的实现。

1.3 混凝土抗压，钢筋抗拉。

1.4 单层木板沿木纹易破裂，受水分影响伸缩变化大。三合板的这些方面性能有所改善，且中心部不需用好木板，可提高材料的利用效率。

1.5 指材料的强度、弹性模量等力学性能具有方向性。

1.6 比强度高，比模量高，振动衰减快，密度低。

1.7 软钢：$400\times10^6/(76\times10^3)$ m=5263 m

芳纶纤维复合材料：$1300\times10^6/(14\times10^3)$ m=92857 m

1.8 工业材料要求有高强度、高刚度，生体材料则不一定如此。工业材料一般为均质材料，而生体材料为非均质材料，有较强的各向异性。还有一点重要的区别是，生体材料是一种活性材料。

1.11 比刚度依次是：10.0×10^6 m，2.37×10^6 m，5.0×10^6 m，8.13×10^6 m，2.69×10^6 m，2.5×10^6 m。强度重度比依次是：188.0×10^3 m，57.9×10^3 m，78.6×10^3 m，143.8×10^3 m，7.05×10^3 m，16.1×10^3 m。

第2章

2.4 $\varepsilon_1=-\mu_{21}\varepsilon_2=-(\mu_{12}E_2/E_1)\varepsilon_2=-0.075$

2.5 (1) $\sigma_x=-3.5$ MPa，$\sigma_y=7.0$ MPa，$\tau_{xy}=-1.4$ MPa，$\theta=60^\circ$，由公式求出：

$$\boldsymbol{T}=\begin{bmatrix}1/4 & 3/4 & \sqrt{3}/2\\ 3/4 & 1/4 & -\sqrt{3}/2\\ -\sqrt{3}/4 & \sqrt{3}/4 & -1/2\end{bmatrix}$$

$$\begin{bmatrix}\sigma_1\\\sigma_2\\\tau_{12}\end{bmatrix}=\begin{bmatrix}1/4 & 3/4 & \sqrt{3}/2\\3/4 & 1/4 & -\sqrt{3}/2\\-\sqrt{3}/4 & \sqrt{3}/4 & -1/2\end{bmatrix}\begin{bmatrix}-3.5\\7.0\\-1.4\end{bmatrix}\text{ MPa}=\begin{bmatrix}3.16\\0.34\\5.25\end{bmatrix}\text{ MPa}$$

$$\begin{bmatrix}\varepsilon_1\\\varepsilon_2\\\gamma_{12}\end{bmatrix}=\begin{bmatrix}1/14.0 & -0.4/14.0 & 0\\-0.4/14.0 & 1/3.5 & 0\\0 & 0 & 1/4.2\end{bmatrix}\begin{bmatrix}3.16\\0.34\\5.25\end{bmatrix}\times10^{-3}=\begin{bmatrix}216\\6.7\\1250\end{bmatrix}\times10^{-6}$$

$$\begin{bmatrix}\varepsilon_x\\\varepsilon_y\\\gamma_{xy}\end{bmatrix}=\boldsymbol{T}_\mathrm{e}^{-1}\begin{bmatrix}\varepsilon_1\\\varepsilon_2\\\gamma_{12}\end{bmatrix}=\boldsymbol{T}^\mathrm{T}\begin{bmatrix}\varepsilon_1\\\varepsilon_2\\\gamma_{12}\end{bmatrix}=\begin{bmatrix}-482\\705\\-443\end{bmatrix}\times10^{-6}$$

(2) 由定义求出：

$$E_x=5.02\text{ GPa},\quad E_y=10.87\text{ GPa},\quad G_{xy}=2.70\text{ GPa},$$

$$\mu_{xy}/E_x=\mu_{yx}/E_y=-0.00446\text{ GPa}^{-1},\quad m_x=0.661,\quad m_y=0.594$$

$$\begin{bmatrix}\varepsilon_x\\\varepsilon_y\\\gamma_{xy}\end{bmatrix}=\begin{bmatrix}\dfrac{1}{E_x} & \dfrac{-\mu_{xy}}{E_x} & \dfrac{-m_x}{E_x}\\ & \dfrac{1}{E_y} & \dfrac{-m_y}{E_y}\\ \text{sym.} & & \dfrac{1}{G_{xy}}\end{bmatrix}\begin{bmatrix}-3.5\\7.0\\-1.4\end{bmatrix}\times10^{-3}=\begin{bmatrix}-482\\704\\-441\end{bmatrix}\times10^{-6}$$

2.6
$$\begin{bmatrix}\varepsilon_1\\\varepsilon_2\\\gamma_{12}\end{bmatrix}=\boldsymbol{R}\begin{bmatrix}\varepsilon_1\\\varepsilon_2\\\gamma_{12}/2\end{bmatrix}=\boldsymbol{RT}\begin{bmatrix}\varepsilon_x\\\varepsilon_y\\\gamma_{xy}/2\end{bmatrix}=\boldsymbol{RTR}^{-1}\begin{bmatrix}\varepsilon_x\\\varepsilon_y\\\gamma_{xy}\end{bmatrix}=\boldsymbol{T}_\mathrm{e}\begin{bmatrix}\varepsilon_x\\\varepsilon_y\\\gamma_{xy}\end{bmatrix}$$

2.7
$$S_{11}=0.00476\text{ GPa}^{-1},\quad S_{22}=0.18868\text{ GPa}^{-1},$$
$$S_{66}=0.38462\text{ GPa}^{-1},\quad S_{12}=-0.00133\text{ GPa}^{-1}$$

$$Q_{11}=210.42\text{ GPa},\quad Q_{22}=5.31\text{ GPa},\quad Q_{66}=2.6\text{ GPa},\quad Q_{12}=1.49\text{ GPa}$$

$$\bar{\boldsymbol{S}}=\begin{bmatrix}0.14385 & -0.04846 & -0.09196\\-0.04846 & 0.14385 & -0.09196\\-0.09196 & -0.09196 & 0.19078\end{bmatrix}\text{ GPa}^{-1}$$

2.8 (1) $\delta_1=\dfrac{FV_1l}{SE_1},\delta_2=\dfrac{F(1-V_1)l}{SE_2},\delta=\delta_1+\delta_2$

(2) $\sigma=F/S,\varepsilon=\delta/l=\sigma\left(\dfrac{V_1}{E_1}+\dfrac{1-V_1}{E_2}\right),\dfrac{1}{E_\mathrm{c}}=\dfrac{V_1}{E_1}+\dfrac{1-V_1}{E_2}$

2.9 $\Delta l=\alpha\Delta T\cdot l=\dfrac{Fl}{EA},\sigma_{\text{thermal}}=-\dfrac{F}{A}=-\alpha\Delta T\cdot E$

2.10 单层板截面图 2-24(a)近似为图 2-24(b)，近似简化过小评价纤维在受力方向的承载贡献。

2.11 当 V_f 分别是 30%，60%，90%时，E_1 依次为 25.0 GPa，46.4 GPa，67.9 GPa，

E_2 依次为 4.9 GPa, 8.2 GPa, 24.6 GPa。

2.12 $\frac{1}{G_{12}}=\frac{V_f}{G_f}+\frac{V_m}{G_m}$, $G_{12}=3.0$ GPa

2.13 参考例 2.5，代入已知条件，由公式求出弹性常数随角度的变化如下：

$$1/E_x=0.014(m^4+n^4)+0.197m^2n^2,\quad E_y=E_x$$

$$1/G_{xy}=0.2(m^2-n^2)^2+0.126m^2n^2$$

$$\mu_{xy}=E_x[0.001(m^4+n^4)+0.171m^2n^2],\quad \mu_{yx}/E_y=\mu_{xy}/E_x$$

$$m_x=E_x(0.169)(m^3n-mn^3)$$

$$m_y=E_y(0.169)(mn^3-m^3n)$$

计算结果见下表：

θ/(°)	E_x/GPa	E_y/GPa	G_{xy}/GPa	μ_{xy}	μ_{yx}	m_x	m_y
0	70.0	70.0	5.0	0.10	0.10	0.00	0.00
10	52.0	52.0	5.5	0.33	0.33	1.41	−1.41
20	31.5	31.5	7.7	0.59	0.59	1.31	−1.31
30	21.7	21.7	13.5	0.72	0.72	0.80	−0.80
40	18.1	18.1	27.4	0.76	0.76	0.26	−0.26
45	17.7	17.7	31.8	0.77	0.77	0.00	0.00
50	18.1	18.1	27.4	0.76	0.76	−0.26	0.26
60	21.7	21.7	13.5	0.72	0.72	−0.80	0.80
70	31.5	31.5	7.7	0.59	0.59	−1.31	1.31
80	52.0	52.0	5.5	0.33	0.33	−1.41	1.41
90	70.0	70.0	5.0	0.10	0.10	0.00	0.00

2.14 根据例 2.2 求出的变换柔度系数，计算应变分量和应力分量如下：

$$\begin{bmatrix}\varepsilon_x\\\varepsilon_y\\\gamma_{xy}\end{bmatrix}=10^{-6}\times\begin{bmatrix}76.9 & -24.5 & -47.4\\ & 76.9 & -47.4\\ \text{sym.} & & 113.6\end{bmatrix}\begin{bmatrix}50\\10\\-10\end{bmatrix}=\begin{bmatrix}4074\\18\\-3980\end{bmatrix}\times10^{-6}$$

$$\begin{bmatrix}\varepsilon_1\\\varepsilon_2\\\gamma_{12}\end{bmatrix}=\begin{bmatrix}0.5 & 0.5 & 0.5\\0.5 & 0.5 & -0.5\\-1 & 1 & 0\end{bmatrix}\begin{bmatrix}4074\\18\\-3980\end{bmatrix}\times10^{-6}=\begin{bmatrix}56\\4.36\\-4.56\end{bmatrix}\times10^{-6}$$

$$\begin{bmatrix}\sigma_1\\\sigma_2\\\tau_{12}\end{bmatrix}=\begin{bmatrix}140.9 & 3.0 & 0\\3.0 & 10.1 & 0\\0 & 0 & 5\end{bmatrix}\begin{bmatrix}56\\4.36\\-4.56\end{bmatrix}\times10^{-3}\text{ MPa}=\begin{bmatrix}20.0\\40.9\\-20.3\end{bmatrix}\text{ MPa}$$

直接对应力进行坐标变换得到：

$$\begin{bmatrix}\sigma_1\\\sigma_2\\\tau_{12}\end{bmatrix}=\begin{bmatrix}0.5&0.5&1\\0.5&0.5&-1\\-0.5&0.5&0\end{bmatrix}\begin{bmatrix}50\\10\\-10\end{bmatrix}=\begin{bmatrix}20.0\\40.0\\-20.0\end{bmatrix}\text{MPa}$$

2.15

$$\boldsymbol{Q}=\begin{bmatrix}148.95&3.17&0\\3.17&10.57&0\\0&0&5.61\end{bmatrix}\text{GPa},$$

$$\boldsymbol{S}=\begin{bmatrix}0.0069&-0.002&0\\-0.002&0.0952&0\\0&0&0.1783\end{bmatrix}\text{GPa}^{-1}$$

2.16 利用式(2.42)、(2.46)、(2.47)、(2.49)进行计算。

$$\sigma_f/\sigma_m=E_f/E_m=125$$

$$\sigma_f/\sigma_1=E_f/E_1=1/[V_f+V_mE_m/E_f]$$

则当 V_f 分别为 10%，25%，50%，75%时，σ_f/σ_1 分别为 9.33，3.91，1.98，1.33。

$$\frac{F_f}{F}=\frac{1}{1+(V_mE_m/V_fE_f)}$$

则当 V_f 分别为 10%，25%，50%，75%时，F_f/F 分别为 0.933，0.977，0.992，0.997。

2.17 $\sqrt{81.7/9.1}=3.00>\mu_{12}$

$\sqrt{9.1/81.7}=0.33>\mu_{21}$

实测数据满足限制条件。主泊松比的取值大，是因为 2 方向上的弹性模量比 1 方向上的小很多，在 1 方向上受力时，在 2 方向上的应变较大，即主泊松效应很强。

2.18 $\sigma_x=\dfrac{F}{2\pi tR_0}$，$\tau_{xy}=\dfrac{M}{2\pi tR_0^2}$，$\tau_{12}=(-\cos\theta\sin\theta)\sigma_x+(\cos^2\theta-\sin^2\theta)\tau_{xy}$

令剪应力为零，则有 $\tan2\theta=\dfrac{2\tau_{xy}}{\sigma_x}=\dfrac{10}{17}$，$\theta=15.2°$

第 3 章

3.1 $m=\cos30°=\dfrac{\sqrt{3}}{2}$，$n=\sin30°=\dfrac{1}{2}$

$$\begin{bmatrix}\sigma_1\\\sigma_2\\\tau_{12}\end{bmatrix}=\begin{bmatrix}3/4&1/4&\sqrt{3}/2\\1/4&3/4&-\sqrt{3}/2\\-\sqrt{3}/4&\sqrt{3}/4&1/2\end{bmatrix}\begin{bmatrix}160\\60\\20\end{bmatrix}\text{MPa}=\begin{bmatrix}152\\68\\-33\end{bmatrix}\text{MPa}$$

$$\mathrm{F.I.}=\left(\frac{152}{1000}\right)^2+\left(\frac{68}{100}\right)^2+\left(\frac{-33}{40}\right)^2-\frac{152\times 68}{1000^2}=1.16>1$$

不安全。

3.2 (1) 用 Tsai-Wu 应力准则求解。

$$\begin{bmatrix}\sigma_1\\ \sigma_2\\ \tau_{12}\end{bmatrix}=\begin{bmatrix}0.5 & 0.5 & 1\\ 0.5 & 0.5 & -1\\ -0.5 & 0.5 & 0\end{bmatrix}\begin{bmatrix}\sigma_x\\ 0\\ 0\end{bmatrix}=\begin{bmatrix}0.5\sigma_x\\ 0.5\sigma_x\\ 0\end{bmatrix}$$

$$F_1=\frac{1}{X_t}-\frac{1}{X_c}=0,\quad F_2=\frac{1}{Y_t}-\frac{1}{Y_c}=\frac{1}{200},\quad F_{11}=\frac{1}{X_tX_c}=10^{-6}$$

$$F_{22}=\frac{1}{Y_tY_c}=5\times 10^{-5},\quad F_{66}=\frac{1}{S^2}=\frac{1}{1600}$$

$$F_{12}=-\frac{1}{2\sqrt{X_tX_cY_tY_c}}=-3.54\times 10^{-6}$$

代入方程 $\mathrm{F.I.}=F_1\sigma_1+F_2\sigma_2+F_{11}\sigma_1^2+F_{22}\sigma_2^2+F_{66}\tau_{12}^2+2F_{12}\sigma_1\sigma_2=1$,即

$$43.9x^2+5x-1=0$$

其中 $x=10^{-3}\times 0.5\sigma_x$,解出

$$\sigma_{xc}=208.7\ \mathrm{MPa}$$

(2) 用 Tsai-Hill 准则求解。

$$\mathrm{F.I.}=\left(\frac{0.5\sigma_x}{1000}\right)^2+\left(\frac{0.5\sigma_x}{100}\right)^2+0-\left(\frac{0.5\sigma_x}{1000}\right)^2=\left(\frac{0.5\sigma_x}{100}\right)^2=1$$

解出
$$\sigma_{xc}=200\ \mathrm{MPa}$$

(3) 用最大应力准则求解

$$\mathrm{F.I.}\,2=\frac{0.5\sigma_x}{100}=1$$

解出
$$\sigma_{xc}=200\ \mathrm{MPa}$$

3.3 $\varepsilon_{fu}=3000/230000=1.30\times 10^{-2}$, $\varepsilon_{mu}=100/3500=2.86\times 10^{-2}$

$$\sigma_{1u}=V_f\sigma_{fu}+(1-V_f)\sigma_m'=(0.6\times 3000+0.4\times 3500\times 1.30\times 10^{-2})\ \mathrm{MPa}$$
$$=1818.2\ \mathrm{MPa}$$

3.4
$$\begin{bmatrix}\sigma_1\\ \sigma_2\\ \tau_{12}\end{bmatrix}=\begin{bmatrix}0.5 & 0.5 & 1\\ 0.5 & 0.5 & -1\\ -0.5 & 0.5 & 0\end{bmatrix}\begin{bmatrix}30\\ 0\\ \pm 10\end{bmatrix}\ \mathrm{MPa}$$

正、负剪切作用下主轴方向应力分别为

$$\begin{bmatrix}25\\ 5\\ -15\end{bmatrix}\ \mathrm{MPa},\quad \begin{bmatrix}5\\ 25\\ -15\end{bmatrix}\ \mathrm{MPa}$$

正剪切作用下

$$F.I.=\left(\frac{25}{500}\right)^2+\left(\frac{5}{25}\right)^2+\left(\frac{15}{35}\right)^2-\frac{25}{500}\times\frac{5}{25}=0.22$$

负剪切作用下

$$F.I.=\left(\frac{5}{500}\right)^2+\left(\frac{25}{25}\right)^2+\left(\frac{15}{35}\right)^2-\frac{5}{500}\times\frac{25}{25}=1.17$$

3.5

$$F_1=\frac{1}{X_t}-\frac{1}{X_c}=-1.61\times10^{-4},\quad F_2=\frac{1}{Y_t}-\frac{1}{Y_c}=2.136\times10^{-2}$$

$$F_{11}=\frac{1}{X_tX_c}=4.3\times10^{-7},\quad F_{22}=\frac{1}{Y_tY_c}=9.09\times10^{-5}$$

$$F_{66}=\frac{1}{S^2}=1.11\times10^{-4},\quad 2F_{12}=-\frac{1}{\sqrt{X_tX_cY_tY_c}}=-6.25\times10^{-6}$$

(1) 偏轴角度为 45°时：

$$\begin{bmatrix}\sigma_1\\ \sigma_2\\ \tau_{12}\end{bmatrix}=\begin{bmatrix}0.5 & 0.5 & 1\\ 0.5 & 0.5 & -1\\ -0.5 & 0.5 & 0\end{bmatrix}\begin{bmatrix}0\\ 0\\ \tau_{xy}\end{bmatrix}=\begin{bmatrix}\tau_{xy}\\ -\tau_{xy}\\ 0\end{bmatrix}$$

由 Tsai-Hill 准则，得

$$F.I.=\left(\frac{\tau_{xy}}{1725}\right)^2+\left(\frac{-\tau_{xy}}{275}\right)^2+0-\left(\frac{\tau_{xy}}{1725}\right)\left(\frac{-\tau_{xy}}{1350}\right)=1$$

解得极限剪应力为 267.5 MPa。

根据最大应力准则解得极限剪应力为 275 MPa。

由 Tsai-Wu 理论，

$$F.I.=F_1\sigma_1+F_2\sigma_2+F_{11}\sigma_1{}^2+F_{22}\sigma_2^2+F_{66}\tau_{12}^2+2F_{12}\sigma_1\sigma_2=1$$

即 $$\tau_{xy}(F_1-F_2)+\tau_{xy}^2(F_{11}+F_{22}+0-2F_{12})=1$$

$$0.976x^2-2.15x-1=0\ (x=10^{-2}\tau_{xy})$$

解得 $$\tau_{xyc}=259.7\ \text{MPa}$$

(2) 偏轴角度为 30°时

$$\begin{bmatrix}\sigma_1\\ \sigma_2\\ \tau_{12}\end{bmatrix}=\begin{bmatrix}0.75 & 0.25 & 0.866\\ 0.25 & 0.75 & -0.866\\ -0.433 & 0.433 & 0.5\end{bmatrix}\begin{bmatrix}0\\ 0\\ \tau_{xy}\end{bmatrix}=\begin{bmatrix}0.866\tau_{xy}\\ -0.866\tau_{xy}\\ 0.5\tau_{xy}\end{bmatrix}$$

由 Tsai-Hill 理论，得

$$F.I.=\left(\frac{0.866\tau_{xy}}{1725}\right)^2+\left(\frac{-0.866\tau_{xy}}{275}\right)^2+\left(\frac{0.5\tau_{xy}}{95}\right)^2-\left(\frac{0.866\tau_{xy}}{1725}\right)\left(\frac{-0.866\tau_{xy}}{1350}\right)=1$$

解得极限剪应力为 161.8 MPa。

根据最大应力准则解得极限剪应力为 190 MPa。

由 Tsai-Wu 准则，得

$$F.I.=F_1\sigma_1+F_2\sigma_2+F_{11}\sigma_1^2+F_{22}\sigma_2^2+F_{66}\tau_{12}^2+2F_{12}\sigma_1\sigma_2=1$$

即

$$0.866(F_1-F_2)\tau_{xy}+[0.866^2(F_{11}+F_{22}-2F_{12})+0.5^2F_{66}]\tau_{xy}^2=1$$

$$1.01x^2-1.86x-1=0\ (x=10^{-2}\tau_{xy})$$

解得

$$\tau_{xyc}=227.6\ \text{MPa}$$

3.6 参考例 3.2,有

$$\sigma_{xc}^2=1/[\cos^4\theta/600^2+\sin^4\theta/600^2+\cos^2\theta\sin^2\theta/90^2-\cos^2\theta\sin^2\theta/600^2]$$

求出极限强度随 θ 角的变化,如下表所示:

θ/(°)	0	10	20	30	40	45	50	60	70	80	90
σ_{xc}/MPa	600	403	261	203	181	178	181	203	261	403	600

3.7 参考例 3.2,求出极限强度随角度的变化,如下表所示:

θ/(°)		0	10	20	30	40	45	50	60	70	80	90
τ_{xyc}/MPa	Tsai-Wu	70	74	89	125	210	243	210	125	89	74	70
	Tsai-Hill	70	89	123	183	255	269	255	183	123	89	70

3.8 没有影响。

3.9 (1) 求体积分数。记各组分体积为 V_{i0},体积分数为 V_i,总的质量为 W,有

$$\rho_i V_{i0}=w_i W,\quad V_{i0}=w_i W/\rho_i$$

$$V_i=V_{i0}/\sum w_i W/\rho_i$$

则黏结剂、纤维 A、纤维 B 的体积分数分别为 46.86%,31.36%,21.78%。

(2) 求每种组分材料都不发生破坏时,杆件所能承受的最大载荷。

由 $\varepsilon_{fi}=\sigma_{ui}/E_i$ 得,黏结剂、纤维 A、纤维 B 各组分材料的断裂应变分别为 1.7×10^{-2},2.0×10^{-2},7.5×10^{-2}。

由式(2.43),有

$$F=A\sigma_1=A\sum\sigma_i V_i=A\varepsilon\sum E_i V_i$$
$$=1000\times1.7\times10^{-2}(3.5\times0.4686+70\times0.3136+6\times0.2178)\ \text{kN}$$
$$=423.3\ \text{kN}$$

$$E_1=\sum E_i V_i=24.9\ \text{GPa}$$

(3) 黏结剂最先发生破坏,纤维 B 最后破坏。黏结剂破坏之后,杆的模量下降为 E=23.26 GPa。载荷由纤维 A、B 承担,极限载荷为

$$F=A\sigma_1=A\sum\sigma_i V_i=A\varepsilon\sum E_i V_i$$
$$=1000\times2.0\times10^{-2}(70\times0.3136+6\times0.2178)\ \text{kN}$$
$$=465.2\ \text{kN}$$

纤维 A 断裂后,纤维 B 不能承受上述极限载荷,将随之破坏。由以下各点可作出

载荷-应变曲线：(0,0)，(0.017,423.3)，(0.0182,423.3)，(0.02,465.2)。具体作图略。

3.10 (1) 杆件为钢杆时，设杆的长度 $L=10^3$ mm。有

$$A_s=F/\sigma_u=2.0/0.45\ \text{mm}^2=4.444\ \text{mm}^2$$

$$m_s=7.8\times10^{-6}\times4.444\times10^3\ \text{kg}=0.03466\ \text{kg}$$

(2) 杆为碳/环氧复合材料杆时，由 $\varepsilon_{fi}=\sigma_{ui}/E_i$ 得纤维和树脂的断裂应变分别为 1.3×10^{-2} 和 1.67×10^{-2}。由式(2.43)，有

$$F=A\sigma_1=A\sum\sigma_iV_i=A\varepsilon\sum E_iV_i$$

$$=A\times1.3\times10^{-2}(230\times0.65+3\times0.35)=2.0\ \text{kN}$$

$$A=1.022\ \text{mm}^2$$

$$m_s=(0.65\times1.8+0.35\times1.3)\times10^{-6}\times1.022\times10^3\ \text{kg}$$

$$=0.00166\ \text{kg}$$

复合材料杆质量约为钢杆质量的 1/20，不论按质量最小，还是按价格最低来选择，都应选择复合材料。

3.11

$$\begin{bmatrix}\sigma_1\\\sigma_2\\\tau_{12}\end{bmatrix}=\begin{bmatrix}0.25&0.75&0.866\\0.75&0.25&-0.866\\-0.433&0.433&-0.5\end{bmatrix}\begin{bmatrix}50\\-25\\50\end{bmatrix}=\begin{bmatrix}37.05\\-12.05\\-57.48\end{bmatrix}\text{MPa}$$

$$\begin{bmatrix}\varepsilon_1\\\varepsilon_2\\\gamma_{12}\end{bmatrix}=\begin{bmatrix}1/38600&-0.26/38600&0\\-0.26/38600&1/8270&0\\0&0&1/4140\end{bmatrix}\begin{bmatrix}37.05\\-12.05\\-57.48\end{bmatrix}$$

$$=\begin{bmatrix}0.00104\\-0.00170\\-0.01388\end{bmatrix}$$

$$\varepsilon_{1t}=X_t/E_1=0.0275,\quad \varepsilon_{1c}=X_c/E_1=0.0158$$

$$\varepsilon_{2t}=Y_t/E_2=0.0037,\quad \varepsilon_{2c}=Y_c/E_2=0.0143$$

$$\gamma_{12}^u=S/G_{12}=0.0174$$

根据最大应力理论，各方向的破坏指标分别为

$$\text{F. I. }1=37.05/1062=0.035,\quad \text{F. I. }2=12.05/118=0.102$$

$$\text{F. I. }12=57.48/72=0.798$$

因此不会发生破坏。

按最大应变理论计算破坏指标，得

$$\text{F. I. }1=0.00104/0.0275=0.038,\quad \text{F. I. }2=0.00170/0.0143=0.119$$

$$\text{F. I. }12=0.01388/0.0174=0.798$$

也不会发生破坏。

按 Tsai-Hill 理论计算破坏指标，得

$$\begin{aligned}\text{F. I.} &= \left(\frac{\sigma_1}{X_t}\right)^2 + \left(\frac{\sigma_2}{Y_c}\right)^2 + \left(\frac{\tau_{12}}{S}\right)^2 - \left(\frac{\sigma_1}{X_t}\right)\left(\frac{\sigma_2}{X_c}\right)\\ &= \left(\frac{37.05}{1062}\right)^2 + \left(\frac{-12.05}{118}\right)^2 + \left(\frac{-57.48}{72}\right)^2 - \left(\frac{37.05}{1062}\right)\left(\frac{-12.05}{610}\right)\\ &= 0.65 < 1\end{aligned}$$

材料不会发生破坏。

3.13
$$\sigma_{1u} = \frac{\tau_y l}{d} V_f + \sigma_{mu} V_m \quad (l < l_c)$$

$$\sigma_{1u} = \sigma_{fu}\left(1 - \frac{l_c}{2l}\right) V_f + E_m \varepsilon_{fu} V_m \quad (l > l_c)$$

第4章

4.1 $\boldsymbol{Q}_{ij} = \begin{bmatrix} 140.7 & 2.25 & 0 \\ 2.25 & 7.03 & 0 \\ 0 & 0 & 4.5 \end{bmatrix}$ GPa， $\boldsymbol{A}_{ij} = t\begin{bmatrix} 73.9 & 2.25 & 0 \\ 2.25 & 73.9 & 0 \\ 0 & 0 & 4.5 \end{bmatrix}$ kN/mm

$$\boldsymbol{A}_{ij}^{-1} = \begin{bmatrix} 0.0135 & -0.0004 & 0 \\ -0.0004 & 0.0135 & 0 \\ 0 & 0 & 0.2222 \end{bmatrix} \frac{1}{t}$$

$E_x = 73.8$ GPa， $E_y = 73.8$ GPa， $G_{xy} = 4.5$ GPa， $\mu_{xy} = \mu_{yx} = 0.03$

4.2 设单层板厚$\frac{t}{6}$，$z_0 = -\frac{3t}{6}$，$z_1 = \frac{-2t}{6}$，$z_2 = -\frac{t}{6}$，$z_3 = 0$，

$$D_{11} = \frac{2t^3}{3}\left[(\bar{Q}_{11})_1 \frac{19}{216} + (\bar{Q}_{11})_2 \frac{7}{216} + (\bar{Q}_{11})_3 \frac{1}{216}\right]$$

第一、第二、第三层对D_{11}的贡献比为 19∶7∶1，图 4-17(a)所示板最外层 $\theta = 0°$，$(\bar{Q}_{11})_1$ 最大，且对D_{11}的贡献也最大，较之图 4-17(b)所示板，图 4-17(a)所示板的弯曲刚度D_{11}更大。

4.3 $(\bar{Q}_{11})_G = E_G/(1-\mu_G^2) = 23.7$ GPa， $(\bar{Q}_{11})_C = E_C/(1-\mu_C^2) = 50.5$GPa

$$z_0 = -\frac{t}{2},\quad z_1 = -\frac{t}{4},\quad z_2 = 0,\quad z_3 = \frac{t}{4},\quad z_4 = \frac{t}{2}$$

(1) 对于$(\text{GFRP/CFRP})_s$层合板：

$$\begin{aligned}(D_{11})_{GC} &= \frac{2}{3}\left\{(\bar{Q}_{11})_G\left[\left(-\frac{t}{4}\right)^3 - \left(-\frac{t}{2}\right)^3\right] + (\bar{Q}_{11})_C\left[0^3 - \left(-\frac{t}{4}\right)^3\right]\right\}\\ &= \frac{t^3}{3}\left[\frac{7}{32}(\bar{Q}_{11})_G + \frac{1}{32}(\bar{Q}_{11})_C\right]\end{aligned}$$

(2) 对于$(\text{CFRP/GFRP})_s$层合板：

$$(D_{11})_{CG} = \frac{t^3}{3}\left[\frac{7}{32}(\bar{Q}_{11})_C + \frac{1}{32}(\bar{Q}_{11})_G\right]$$

$$\frac{(D_{11})_{CG}}{(D_{11})_{GC}}=\frac{7\,(\bar{Q}_{11})_C+(\bar{Q}_{11})_G}{7\,(\bar{Q}_{11})_G+(\bar{Q}_{11})_C}=1.74$$

4.4 $\bar{\boldsymbol{Q}}_1=\begin{bmatrix}\dfrac{E_1}{1-\mu_1^2} & \dfrac{\mu_1 E_1}{1-\mu_1^2} & 0\\ \dfrac{\mu_1 E_1}{1-\mu_1^2} & \dfrac{E_1}{1-\mu_1^2} & 0\\ 0 & 0 & \dfrac{E_1}{2(1+\mu_1)}\end{bmatrix}$，$\bar{\boldsymbol{Q}}_2=\begin{bmatrix}\dfrac{E_2}{1-\mu_2^2} & \dfrac{\mu_2 E_2}{1-\mu_2^2} & 0\\ \dfrac{\mu_2 E_2}{1-\mu_2^2} & \dfrac{E_2}{1-\mu_2^2} & 0\\ 0 & 0 & \dfrac{E_2}{2(1+\mu_2)}\end{bmatrix}$

由 $z_0=-t, z_1=0, z_2=t$ 得

$$\boldsymbol{A}=t(\bar{\boldsymbol{Q}}_1+\bar{\boldsymbol{Q}}_2),\quad \boldsymbol{B}=\frac{t^2}{2}(-\bar{\boldsymbol{Q}}_1+\bar{\boldsymbol{Q}}_2),\quad \boldsymbol{D}=\frac{t^3}{3}(\bar{\boldsymbol{Q}}_1+\bar{\boldsymbol{Q}}_2)$$

4.5

$$\boldsymbol{A}=t\left(\frac{\bar{\boldsymbol{Q}}_1+\bar{\boldsymbol{Q}}_2}{2}\right),\quad \boldsymbol{D}=\frac{t^3}{12}\left(\frac{7\,\bar{\boldsymbol{Q}}_1+\bar{\boldsymbol{Q}}_2}{8}\right)$$

因 $t=0.5$ mm，故有

$$\boldsymbol{Q}_{铝}=\begin{bmatrix}76.9 & 23.1 & 0\\ 23.1 & 76.9 & 0\\ 0 & 0 & 26.9\end{bmatrix}\text{GPa},\quad \boldsymbol{Q}_{钢}=\begin{bmatrix}219.8 & 65.9 & 0\\ 65.9 & 219.8 & 0\\ 0 & 0 & 76.9\end{bmatrix}\text{GPa}$$

$$\boldsymbol{A}=\begin{bmatrix}74.2 & 22.3 & 0\\ 22.3 & 74.2 & 0\\ 0 & 0 & 26.0\end{bmatrix}\text{kN/mm},\quad \boldsymbol{D}=\begin{bmatrix}0.9871 & 0.2963 & 0\\ 0.2963 & 0.9871 & 0\\ 0 & 0 & 0.3453\end{bmatrix}\text{kN}\cdot\text{mm}$$

$$\boldsymbol{a}=\begin{bmatrix}0.0148 & -0.0045 & 0\\ -0.0045 & 0.0148 & 0\\ 0 & 0 & 0.0385\end{bmatrix}\text{mm/kN}$$

$$\boldsymbol{d}=\begin{bmatrix}1.11 & -0.33 & 0\\ -0.33 & 1.11 & 0\\ 0 & 0 & 2.90\end{bmatrix}(\text{kN}\cdot\text{mm})^{-1}$$

面内弹性常数：

$E_x=E_y=135.2$ GPa，　$G_{xy}=51.9$ GPa，　$\mu_{xy}=\mu_{yx}=0.30$，　$m_x=m_y=0$

弯曲弹性常数：

$E_x=E_y=86.5$ GPa，　$G_{xy}=33.1$ GPa，　$\mu_{xy}=\mu_{yx}=0.30$，　$m_x=m_y=0$

4.6

$$A_{11}=43.75\text{ MN/m},\quad A_{22}=9.46\text{ MN/m}$$
$$A_{12}=12.99\text{ MN/m},\quad A_{66}=14.69\text{ MN/m}$$
$$B_{16}=-2.168\text{ kN},\quad B_{26}=-0.802\text{ kN}$$
$$D_{11}=0.583\text{ N}\cdot\text{m},\quad D_{22}=0.126\text{ N}\cdot\text{m}$$
$$D_{12}=0.173\text{ N}\cdot\text{m},\quad D_{66}=0.196\text{ N}\cdot\text{m}$$

其余系数为零。

4.7

$$A_{11}=87.50\ \mathrm{MN/m},\quad A_{22}=18.92\ \mathrm{MN/m}$$
$$A_{12}=25.97\ \mathrm{MN/m},\quad A_{66}=29.39\ \mathrm{MN/m}$$
$$D_{11}=4.67\ \mathrm{N\cdot m},\quad D_{22}=1.01\ \mathrm{N\cdot m}$$
$$D_{12}=1.385\ \mathrm{N\cdot m},\quad D_{66}=1.567\ \mathrm{N\cdot m}$$
$$D_{16}=1.734\ \mathrm{N\cdot m},\quad D_{26}=0.642\ \mathrm{N\cdot m}$$

其余系数为零。

4.9 (1) 求出柔度系数后,按定义可以写出弹性常数。

(2) 由 $E_x=E_y, G_{xy}=E_x/2(1+\mu_{xy})$,得 $A_{11}=A_{22}, A_{66}=(A_{11}-A_{12})/2$。

4.10

$$\bar{\boldsymbol{Q}}_{0^\circ}=\begin{bmatrix}140.9 & 3.0 & 0\\ 3.0 & 10.1 & 0\\ 0 & 0 & 5.0\end{bmatrix}\mathrm{GPa},\quad \bar{\boldsymbol{Q}}_{90^\circ}=\begin{bmatrix}10.1 & 3.0 & 0\\ 3.0 & 140.9 & 0\\ 0 & 0 & 5.0\end{bmatrix}\mathrm{GPa}$$

层合板各几何量见下表。

层　　号	t_k/mm	$\bar{z}_k$/mm	$t_k\bar{z}_k$/mm^2
1	0.125	−0.1875	−0.0234
2	0.125	−0.0625	−0.0078
3	0.125	0.0625	0.0078
4	0.125	0.1875	0.0234

对于 A 板,有

$$\begin{aligned}B_{11}&=\sum_{k=1}^{N}t_k\bar{z}_k(\bar{Q}_{11})_k\\&=[(-0.0234-0.0078)\times 140.9+(0.0078+0.0234)\times 10.1]\ \mathrm{kN}\\&=-4.1\ \mathrm{kN}\end{aligned}$$

对于 B 板,有

$$\begin{aligned}B_{11}&=\sum_{k=1}^{N}t_k\bar{z}_k(\bar{Q}_{11})_k\\&=[(-0.0234+0.0078)\times 140.9+(-0.0078+0.0234)\times 10.1]\ \mathrm{kN}\\&=-2.0\ \mathrm{kN}\end{aligned}$$

4.11 参考例 4.1。

$$\bar{\boldsymbol{Q}}_{\pm 45^\circ}=\begin{bmatrix}44.3 & 34.3 & \pm 32.7\\ 34.3 & 44.3 & \pm 32.7\\ \pm 32.7 & \pm 32.7 & 36.3\end{bmatrix}\mathrm{GPa}$$

层合板的各几何量见下表。

层　　号	t_k/mm	$\bar{z}_k$/mm	$t_k\bar{z}_k$/mm^2
1	0.125	−0.1875	−0.0234
2	0.125	−0.0625	−0.0078
3	0.125	0.0625	0.0078
4	0.125	0.1875	0.0234

对于 A 板，有

$$\begin{aligned}B_{16} &= \sum_{k=1}^{N} t_k\bar{z}_k\ (\bar{Q}_{16})_k \\ &= [(-0.0234-0.0078)\times 32.7+(0.0078+0.0234)\times(-32.7)]\ \text{kN} \\ &= -2.0\ \text{kN}\end{aligned}$$

对于 B 板，有

$$\begin{aligned}B_{16} &= \sum_{k=1}^{N} t_k\bar{z}_k\ (\bar{Q}_{16})_k \\ &= [(-0.0234+0.0078)\times 32.7+(0.0078-0.0234)\times 32.7]\ \text{kN} \\ &= -1.0\ \text{kN}\end{aligned}$$

4.14　参考例 4.1

$$\bar{\boldsymbol{Q}}_{\pm 45^\circ}=\begin{bmatrix} 44.3 & 34.3 & \pm 32.7 \\ 34.3 & 44.3 & \pm 32.7 \\ \pm 32.7 & \pm 32.7 & 36.3 \end{bmatrix}\ \text{GPa}$$

$$A_{ij}=\sum_{k=1}^{N} t_k\ (\bar{Q}_{ij})_k,\quad D_{ij}=\sum_{k=1}^{N}\left[t_k\bar{z}_k^2+\frac{1}{12}t_k^3\right]\cdot(\bar{Q}_{ij})_k$$

对于层合板中面以下的单层，列出下表：

层　　号	t_k/mm	$\bar{z}_k$/mm	$t_k\bar{z}_k^2+\frac{t_k^3}{12}$/mm^3
1	0.125	−0.9375	0.1100
2	0.125	−0.8125	0.0827
3	0.125	−0.6875	0.0592
4	0.125	−0.5625	0.0397
5	0.125	−0.4375	0.0241
6	0.125	−0.3125	0.0124
7	0.125	−0.1875	0.0046
8	0.125	−0.0625	0.0007

利用公式和表中的数据，对于拉伸刚度和弯曲刚度只需计算中面以下的贡献，然后乘以 2 即可。三种板的拉伸刚度矩阵相同：

$$\boldsymbol{A}=\begin{bmatrix} 88.6 & 68.6 & 0 \\ 68.6 & 88.6 & 0 \\ 0 & 0 & 72.6 \end{bmatrix} \text{kN/mm}$$

板 A 的弯曲刚度矩阵为

$$\boldsymbol{D}=\begin{bmatrix} 29.5 & 22.9 & 16.3 \\ 22.9 & 29.5 & 16.3 \\ 16.3 & 16.3 & 24.2 \end{bmatrix} \text{kN} \cdot \text{mm}$$

板 B 的弯曲刚度矩阵为

$$\boldsymbol{D}=\begin{bmatrix} 29.5 & 22.9 & 8.2 \\ 22.9 & 29.5 & 8.2 \\ 8.2 & 8.2 & 24.2 \end{bmatrix} \text{kN} \cdot \text{mm}$$

板 C 的弯曲刚度矩阵为

$$\boldsymbol{D}=\begin{bmatrix} 29.5 & 22.9 & 4.1 \\ 22.9 & 29.5 & 4.1 \\ 4.1 & 4.1 & 24.2 \end{bmatrix} \text{kN} \cdot \text{mm}$$

4.15　(1) 单层板折减刚度系数和柔度系数分别为 Q_{ij}，S_{ij}，层合板总厚度为 t。对于 $(0°/90°)_s$ 层合板，有

$$A_{ij} = \sum_{k=1}^{N} (\bar{Q}_{ij})_k (z_k - z_{k-1}) = t \frac{(\bar{Q}_{ij})_{0°} + (\bar{Q}_{ij})_{90°}}{2}$$

$$\boldsymbol{A}=t\times\begin{bmatrix} \dfrac{Q_{11}+Q_{22}}{2} & Q_{12} & 0 \\ Q_{12} & \dfrac{Q_{11}+Q_{22}}{2} & 0 \\ 0 & 0 & Q_{66} \end{bmatrix}$$

$$D_{ij} = \frac{1}{3}\sum_{k=1}^{N} (\bar{Q}_{ij})_k (z_k^3 - z_{k-1}^3) = \frac{t^3}{12} \frac{7(\bar{Q}_{ij})_{0°} + (\bar{Q}_{ij})_{90°}}{8}$$

$$\boldsymbol{D}=\frac{t^3}{12}\begin{bmatrix} \dfrac{7Q_{11}+Q_{22}}{8} & Q_{12} & 0 \\ Q_{12} & \dfrac{Q_{11}+7Q_{22}}{8} & 0 \\ 0 & 0 & Q_{66} \end{bmatrix}$$

对于 $(90°/0°)_s$ 层合板，拉伸刚度矩阵不变，弯曲刚度系数中，方向 1 和方向 2 对调。

(2) 根据例 4.3 的结果，计算拉伸柔度矩阵和弯曲柔度矩阵分别如下：

$$\boldsymbol{a}=\begin{bmatrix} 0.0265 & -0.0011 & 0 \\ -0.0011 & 0.0265 & 0 \\ 0 & 0 & 0.4000 \end{bmatrix} \text{mm/kN}$$

$$\boldsymbol{d}=\begin{bmatrix} 0.77 & -0.09 & 0 \\ -0.09 & 3.64 & 0 \\ 0 & 0 & 19.19 \end{bmatrix}(\text{kN}\cdot\text{mm})^{-1}$$

面内弹性常数：

$$E_x=E_y=1/(ta_{11})=75.5\ \text{GPa},\quad G_{xy}=1/(ta_{33})=5.0\ \text{GPa}$$

$$\mu_{xy}=\mu_{yx}=-a_{12}/a_{11}=0.04,\quad m_x=m_y=0$$

弯曲弹性常数：

$$E_x=12/(t^3d_{11})=124.7\ \text{GPa},\quad E_y=12/(t^3d_{22})=26.4\ \text{GPa}$$

$$G_{xy}=12/(t^3d_{33})=5.0\ \text{GPa}$$

$$\mu_{xy}=-d_{12}/d_{11}=0.12,\quad \mu_{yx}=-d_{12}/d_{22}=0.02,\quad m_x=m_y=0$$

4.16 单层板折减刚度系数和柔度系数分别为 Q_{ij}，S_{ij}，层合板总厚度为 t，有

$$A_{ij}=\sum_{k=1}^{N}(\bar{Q}_{ij})_k(z_k-z_{k-1})=tQ_{ij},\quad \boldsymbol{a}=\frac{1}{t}\boldsymbol{S}$$

$$D_{ij}=\frac{1}{3}\sum_{k=1}^{N}(\bar{Q}_{ij})_k(z_k^3-z_{k-1}^3)=\frac{t^3}{12}Q_{ij},\quad \boldsymbol{d}=\frac{12}{t^3}\boldsymbol{S}$$

由以上计算公式，得出层合板工程弹性常数与单层板的相同。

4.17
$$\boldsymbol{A}=t\left(\frac{\bar{\boldsymbol{Q}}_{45^\circ}+\bar{\boldsymbol{Q}}_{-45^\circ}}{2}\right),\quad \boldsymbol{D}=\frac{t^3}{12}\left(\frac{7\bar{\boldsymbol{Q}}_{45^\circ}+\bar{\boldsymbol{Q}}_{-45^\circ}}{8}\right)$$

(1) 根据例 4.5 结果，计算拉伸柔度矩阵和弯曲柔度矩阵如下：

$$\boldsymbol{a}=\begin{bmatrix} 0.1127 & -0.0873 & 0 \\ -0.0873 & 0.1127 & 0 \\ 0 & 0 & 0.0549 \end{bmatrix}\text{mm/kN}$$

$$\boldsymbol{d}=\begin{bmatrix} 5.87 & -3.75 & -1.43 \\ -3.75 & 5.87 & -1.43 \\ -1.43 & -1.43 & 4.59 \end{bmatrix}(\text{kN}\cdot\text{mm})^{-1}$$

面内弹性常数：

$$E_x=E_y=1/(ta_{11})=17.7\ \text{GPa},\quad G_{xy}=1/(ta_{33})=36.4\ \text{GPa}$$

$$\mu_{xy}=\mu_{yx}=-a_{12}/a_{11}=0.77,\quad m_x=m_y=0$$

弯曲弹性常数：

$$E_x=E_y=12/(t^3d_{11})=16.4\ \text{GPa},\quad G_{xy}=12/(t^3d_{33})=20.9\ \text{GPa}$$

$$\mu_{xy}=\mu_{yx}=-d_{12}/d_{11}=0.64$$

$$m_x=-d_{16}/d_{11}=0.24,\quad m_y=-d_{26}/d_{22}=0.24$$

(2) 若将 45°和−45°铺设角度位置互换，拉伸刚度和柔度不变，面内弹性常数不变。弯曲柔度矩阵中，$d_{16}=d_{26}$，且与$(45^\circ/-45^\circ)_s$ 层合板的 d_{16} 和 d_{26} 相差一负号。弯曲弹性常数，$m_x=m_y=-0.24$，其余和$(45^\circ/-45^\circ)_s$ 层合板的相同。

4.18 层合板总厚度为 t,

$$A_{ij}=\sum_{k=1}^{N}(\bar{Q}_{ij})_k(z_k-z_{k-1})=t\,(\bar{Q}_{ij})_{45^\circ}$$

$$D_{ij}=\frac{1}{3}\sum_{k=1}^{N}(\bar{Q}_{ij})_k(z_k^3-z_{k-1}^3)=\frac{t^3}{12}(\bar{Q}_{ij})_{45^\circ}$$

由层合板以及单层板工程弹性常数的定义和计算公式,可以证明(45°/45°/45°/45°)层合板与45°单层板有相同的工程弹性常数。

面内弹性常数:

$E_x=E_y=13.3$ GPa, $G_{xy}=9.1$ GPa, $\mu_{xy}=\mu_{yx}=0.33$, $m_x=m_y=0.61$

弯曲弹性常数与以上结果相同。

4.19

$$\boldsymbol{A}=\begin{bmatrix}59.9 & 18.7 & 0\\ 18.7 & 59.9 & 0\\ 0 & 0 & 20.7\end{bmatrix}\ \text{kN/mm}$$

$$\boldsymbol{a}=\begin{bmatrix}0.0185 & -0.0058 & 0\\ -0.0058 & 0.0185 & 0\\ 0 & 0 & 0.0483\end{bmatrix}\ \text{mm/kN}$$

$$\boldsymbol{D}=\begin{bmatrix}8.31 & 1.32 & 0.51\\ 1.32 & 2.19 & 0.51\\ 0.51 & 0.51 & 1.48\end{bmatrix}\ \text{kN}\cdot\text{mm}$$

$$\boldsymbol{d}=\begin{bmatrix}0.1336 & -0.0759 & -0.0199\\ -0.0759 & 0.5396 & -0.1598\\ -0.0199 & -0.1598 & 19.19\end{bmatrix}\ (\text{kN}\cdot\text{mm})^{-1}$$

面内弹性常数:

$E_x=E_y=54.1$ GPa, $G_{xy}=20.7$ GPa, $\mu_{xy}=\mu_{yx}=0.31$, $m_x=m_y=0$

弯曲弹性常数:

$$E_x=12/(t^3d_{11})=89.8\ \text{GPa},\quad E_y=12/(t^3d_{22})=22.2\ \text{GPa}$$

$$G_{xy}=12/(t^3d_{33})=16.3\ \text{GPa}$$

$$\mu_{xy}=-d_{12}/d_{11}=0.57,\quad \mu_{yx}=-d_{12}/d_{22}=0.14$$

$$m_x=-d_{16}/d_{11}=0.15,\quad m_y=-d_{26}/d_{22}=0.30$$

4.20

$$\boldsymbol{A}=\begin{bmatrix}32.3 & 15.2 & 18.7\\ 15.2 & 15.9 & 11.9\\ 18.7 & 11.9 & 16.2\end{bmatrix}\ \text{kN/mm}$$

$$\boldsymbol{D}=\begin{bmatrix}0.8310 & 0.2854 & 0.4246\\ 0.2854 & 0.2345 & 0.1775\\ 0.4246 & 0.1775 & 0.3062\end{bmatrix}\ \text{kN}\cdot\text{mm}$$

$$\boldsymbol{a}=\begin{bmatrix} 0.0960 & -0.0196 & -0.0964 \\ -0.0196 & 0.1437 & -0.0829 \\ -0.0964 & -0.0829 & 0.2339 \end{bmatrix} \text{mm/kN}$$

$$\boldsymbol{d}=\begin{bmatrix} 4.34 & -1.29 & -5.26 \\ -1.29 & 7.98 & -2.83 \\ -5.26 & -2.83 & 12.21 \end{bmatrix} (\text{kN}\cdot\text{mm})^{-1}$$

面内弹性常数：

$$E_x=20.8\ \text{GPa},\quad E_y=13.9\ \text{GPa},\quad G_{xy}=8.6\ \text{GPa}$$

$$\mu_{xy}=0.20,\quad \mu_{yx}=0.14,\quad m_x=1.00,\quad m_y=0.58$$

弯曲弹性常数：

$$E_x=22.1\ \text{GPa},\quad E_y=12.0\ \text{GPa},\quad G_{xy}=7.9\ \text{GPa}$$

$$\mu_{xy}=0.30,\quad \mu_{yx}=0.16,\quad m_x=1.21,\quad m_y=0.35$$

4.21 根据 2.4 节，45°单层板的弹性常数计算结果为：$E_x=E_y=13.2$ GPa，$G_{xy}=9.0$ GPa。−45°单层板的弹性常数与以上结果相同。近似估计层合板的弹性常数为：

$$E_x=E_y=13.2\ \text{GPa},\quad G_{xy}=9.0\ \text{GPa}$$

4.22 根据 2.4 节，45°单层板的弹性常数计算结果为：$E_x=E_y=13.2$ GPa，$G_{xy}=9.0$ GPa。−45°单层板的弹性常数与以上结果相同。近似估计层合板的弹性常数为：

$$E_x=E_y=0.125\times(140\times2+13.2\times4+10\times2)\ \text{GPa}=44.1\ \text{GPa}$$

$$G_{xy}=0.125\times(5.0\times4+9.0\times4)\ \text{GPa}=7.0\ \text{GPa}$$

4.25 $\boldsymbol{A}'$ 与 $\boldsymbol{A}$ 的量纲互逆，$\boldsymbol{B}'$，$\boldsymbol{C}'$ 与 $\boldsymbol{B}$ 的量纲互逆，$\boldsymbol{D}'$ 与 $\boldsymbol{D}$ 的量纲互逆。

4.26

$$\boldsymbol{A}=\begin{bmatrix} 11.1 & 8.6 & 0 \\ 8.6 & 11.1 & 0 \\ 0 & 0 & 9.1 \end{bmatrix} \text{kN/mm}$$

$$\boldsymbol{B}=\begin{bmatrix} 0 & 0 & -0.51 \\ 0 & 0 & -0.51 \\ -0.51 & -0.51 & 0 \end{bmatrix} \text{kN}$$

$$\boldsymbol{D}=\begin{bmatrix} 0.0576 & 0.0446 & 0 \\ 0.0446 & 0.0576 & 0 \\ 0 & 0 & 0.0472 \end{bmatrix} \text{kN}\cdot\text{mm}$$

根据式(4.54)至式(4.57)、式(4.59)至式(4.62)得

$$\begin{bmatrix} \boldsymbol{A} & \boldsymbol{B} \\ \boldsymbol{B} & \boldsymbol{D} \end{bmatrix}^{-1}=\begin{bmatrix} \boldsymbol{A}' & \boldsymbol{B}' \\ \boldsymbol{C}' & \boldsymbol{D}' \end{bmatrix}$$

$$\boldsymbol{A}^{*}=\begin{bmatrix} 0.2254 & -0.1746 & 0 \\ -0.1746 & 0.2254 & 0 \\ 0 & 0 & 0.1099 \end{bmatrix} \text{mm/kN}$$

$$\boldsymbol{B}^{*}=\begin{bmatrix}0 & 0 & 0.0259\\0 & 0 & 0.0259\\0.0560 & 0.0560 & 0\end{bmatrix}\text{mm}$$

$$\boldsymbol{C}^{*}=\begin{bmatrix}0 & 0 & -0.0560\\0 & 0 & -0.0560\\-0.0259 & -0.0259 & 0\end{bmatrix}\text{mm}$$

$$\boldsymbol{D}^{*}=\begin{bmatrix}0.0290 & 0.0160 & 0\\0.0160 & 0.0290 & 0\\0 & 0 & 0.0208\end{bmatrix}\text{kN}\cdot\text{mm}$$

$$\boldsymbol{A}'=\begin{bmatrix}0.2576 & -0.1424 & 0\\-0.1424 & 0.2576 & 0\\0 & 0 & 0.2494\end{bmatrix}\text{mm/kN}$$

$$\boldsymbol{B}'=\begin{bmatrix}0 & 0 & 1.2450\\0 & 0 & 1.2450\\1.2444 & 1.2444 & 0\end{bmatrix}\text{kN}^{-1}$$

$$\boldsymbol{C}'=\begin{bmatrix}0 & 0 & 1.2444\\0 & 0 & 1.2444\\1.2450 & 1.2450 & 0\end{bmatrix}\text{kN}^{-1}$$

$$\boldsymbol{D}'=\begin{bmatrix}49.5640 & -27.3591 & 0\\-27.3591 & 49.5640 & 0\\0 & 0 & 48.0910\end{bmatrix}(\text{kN}\cdot\text{mm})^{-1}$$

4.27　$$\boldsymbol{A}=\begin{bmatrix}18.9 & 0.8 & 0\\0.8 & 18.9 & 0\\0 & 0 & 1.3\end{bmatrix}\text{kN/mm},\quad \boldsymbol{B}=\begin{bmatrix}-1.0 & 0 & 0\\0 & 1.0 & 0\\0 & 0 & 0\end{bmatrix}\text{kN}$$

$$\boldsymbol{D}=\begin{bmatrix}0.0982 & 0.0039 & 0\\0.0039 & 0.0982 & 0\\0 & 0 & 0.0065\end{bmatrix}\text{kN}\cdot\text{mm}$$

$$\boldsymbol{A}^{*}=\begin{bmatrix}0.0530 & -0.0022 & 0\\-0.0022 & 0.0530 & 0\\0 & 0 & 0.7692\end{bmatrix}\text{mm/kN}$$

$$\boldsymbol{B}^{*}=\begin{bmatrix}0.0530 & 0.0022 & 0\\-0.0022 & -0.0530 & 0\\0 & 0 & 0\end{bmatrix}\text{mm}$$

$$\boldsymbol{C}^{*}=\begin{bmatrix}-0.0530 & 0.0022 & 0\\-0.0022 & 0.0530 & 0\\0 & 0 & 0\end{bmatrix}\text{mm}$$

$$\boldsymbol{D}^{*}=\begin{bmatrix}0.0452 & 0.0017 & 0\\ 0.0017 & 0.0452 & 0\\ 0 & 0 & 0.0065\end{bmatrix}\text{kN}\cdot\text{mm}$$

$$\boldsymbol{A}'=\begin{bmatrix}0.1152 & -0.0052 & 0\\ -0.0052 & 0.1152 & 0\\ 0 & 0 & 0.7692\end{bmatrix}\text{mm/kN}$$

$$\boldsymbol{B}'=\begin{bmatrix}1.1726 & 0.0067 & 0\\ -0.0067 & -1.1726 & 0\\ 0 & 0 & 0\end{bmatrix}\text{kN}^{-1},\quad \boldsymbol{C}'=\begin{bmatrix}1.1726 & -0.0067 & 0\\ 0.0067 & -1.1726 & 0\\ 0 & 0 & 0\end{bmatrix}\text{kN}^{-1}$$

$$\boldsymbol{D}'=\begin{bmatrix}22.1561 & -0.8120 & 0\\ -0.8120 & 22.1561 & 0\\ 0 & 0 & 153.8462\end{bmatrix}(\text{kN}\cdot\text{mm})^{-1}$$

第 5 章

5.1 设层合板总厚度为 t，$A_{ij}=\sum_{k=1}^{N}t_k(\bar{Q}_{ij})_k=\frac{t}{4}[(\bar{Q}_{ij})_{45^\circ}+(\bar{Q}_{ij})_{-45^\circ}]\times 2$，有

$$A_{ij}=t\begin{bmatrix}\bar{Q}_{11} & \bar{Q}_{12} & 0\\ \bar{Q}_{12} & \bar{Q}_{22} & 0\\ 0 & 0 & \bar{Q}_{66}\end{bmatrix}_{45^\circ}$$

$$A_{11}=A_{22}=\frac{t}{4}(Q_{11}+Q_{22}+2Q_{12}+4Q_{66}),\quad A_{12}=\frac{t}{4}(Q_{11}+Q_{22}+2Q_{12}-4Q_{66})$$

$$A_{66}=\frac{t}{4}(Q_{11}-2Q_{12}+Q_{22}) \qquad ①$$

由本构关系解出层合板中面应变，即

$$\begin{bmatrix}t\sigma_x\\ 0\\ 0\end{bmatrix}=\begin{bmatrix}A_{11} & A_{12} & 0\\ A_{12} & A_{11} & 0\\ 0 & 0 & A_{66}\end{bmatrix}\begin{bmatrix}\varepsilon_x^0\\ \varepsilon_y^0\\ \gamma_{xy}^0\end{bmatrix}$$

$$\varepsilon_x^0=\frac{A_{11}t\sigma_x}{A_{11}^2-A_{12}^2},\quad \varepsilon_y^0=\frac{-A_{12}t\sigma_x}{A_{11}^2-A_{12}^2},\quad \gamma_{xy}^0=0 \qquad ②$$

各单层板的应变与中面应变相同。将 $\theta=45^\circ$ 代入，由应变分量的坐标变换关系式

$$\begin{bmatrix}\varepsilon_1\\ \varepsilon_2\\ \gamma_{12}\end{bmatrix}=\boldsymbol{T}_\varepsilon\begin{bmatrix}\varepsilon_x\\ \varepsilon_y\\ 0\end{bmatrix}$$

得 $\gamma_{12}=-\varepsilon_x+\varepsilon_y$。由 $\tau_{12}=Q_{66}\gamma_{12}=Q_{66}(-\varepsilon_x+\varepsilon_y)$，利用式①和式②，运算后得

到等式右端为$-\sigma_x/2$。

5.2 层合板的应变由式(5.1)确定，即

$$\varepsilon_x^0=\frac{A_{22}}{A_{11}A_{22}-A_{12}^2}N_x,\quad \varepsilon_y^0=-\frac{A_{12}}{A_{22}}\varepsilon_x^0,\quad \gamma_{xy}^0=0$$

层合板的刚度$A_{ij}=(t\bar{Q}_{ij})_{45^\circ}$，故有

$$A_{11}=A_{22},\quad A_{16}=A_{26}=0$$

由单层板参数计算Q_{ij}，$\bar{Q}_{ij}$：

$Q_{11}=138.7\ \text{GPa}$，　$Q_{22}=14.6\ \text{GPa}$，　$Q_{12}=3.07\ \text{GPa}$，　$Q_{66}=5.87\ \text{GPa}$

$$\bar{Q}_{11}=\bar{Q}_{22}=\frac{1}{4}(Q_{11}+2Q_{12}+Q_{22}+4Q_{66})=45.7\ \text{GPa}$$

$$\bar{Q}_{12}=\frac{1}{4}(Q_{11}+2Q_{12}+Q_{22}-4Q_{66})=34.0\ \text{GPa}$$

$$\bar{Q}_{16}=\bar{Q}_{26}=\frac{1}{4}(Q_{11}-Q_{22})=31.0\ \text{GPa}$$

$$\bar{Q}_{66}=\frac{1}{4}(Q_{11}+Q_{22}-2Q_{12})=36.8\ \text{GPa}$$

45°层的应力分量为

$$\sigma_x=\bar{Q}_{11}\varepsilon_x^0+\bar{Q}_{12}\varepsilon_y^0$$
$$\sigma_y=\bar{Q}_{12}\varepsilon_x^0+\bar{Q}_{22}\varepsilon_y^0$$
$$\tau_{xy}=\bar{Q}_{16}\varepsilon_x^0+\bar{Q}_{26}\varepsilon_y^0$$

利用以上结果可得

$$\sigma_x/\varepsilon_x^0=\bar{Q}_{11}-\bar{Q}_{12}\frac{A_{12}}{A_{22}}=\left(45.7-34.0\times\frac{34.0}{45.7}\right)\ \text{GPa}=20.4\ \text{GPa}$$

$$\sigma_y/\varepsilon_x^0=\bar{Q}_{12}-\bar{Q}_{22}\frac{A_{12}}{A_{22}}=\left(34.0-45.7\times\frac{34.0}{45.7}\right)\ \text{GPa}=0\ \text{GPa}$$

$$\tau_{xy}/\varepsilon_x^0=\bar{Q}_{16}-\bar{Q}_{26}\frac{A_{12}}{A_{22}}=\left(31.0-31.0\times\frac{34.0}{45.7}\right)\ \text{GPa}=7.94\ \text{GPa}$$

5.3

$$\boldsymbol{a}=\begin{bmatrix}0.0265 & -0.0011 & 0\\ -0.0011 & 0.0265 & 0\\ 0 & 0 & 0.4000\end{bmatrix}\ \text{mm/kN}$$

应变为

$$\begin{bmatrix}\varepsilon_x^0\\ \varepsilon_y^0\\ \gamma_{xy}^0\end{bmatrix}=\boldsymbol{a}\begin{bmatrix}0\\0\\100\end{bmatrix}=\begin{bmatrix}0\\0\\40\end{bmatrix}\times10^{-3}$$

0°层应力为

$$\begin{bmatrix}\sigma_1\\ \sigma_2\\ \tau_{12}\end{bmatrix}=\begin{bmatrix}140 & 3.0 & 0\\ 3.0 & 10.1 & 0\\ 0 & 0 & 5.0\end{bmatrix}\begin{bmatrix}0\\0\\40\end{bmatrix}\ \text{MPa}=\begin{bmatrix}0\\0\\200\end{bmatrix}\ \text{MPa}$$

在面内剪切作用下，90°层主轴方向应力与 0°层应力相同。所以，$N_{xyc}=\frac{100}{200/70}$ N/mm=35 N/mm。

5.4 参照例 4.5 和习题 4.17。

$$\boldsymbol{D}=\begin{bmatrix}0.4616 & 0.3574 & 0.2557\\0.3574 & 0.4616 & 0.2557\\0.2557 & 0.2557 & 0.3782\end{bmatrix}\ \text{kN}\cdot\text{mm}$$

$$\boldsymbol{d}=\begin{bmatrix}5.87 & -3.75 & -1.43\\-3.75 & 5.87 & -1.43\\-1.43 & -1.43 & 4.59\end{bmatrix}\ (\text{kN}\cdot\text{mm})^{-1}$$

设 $M_x=10$ N·mm/mm，则层合板中面曲率为

$$\begin{bmatrix}K_x\\K_y\\K_{xy}\end{bmatrix}=\boldsymbol{d}\begin{bmatrix}M_x\\0\\0\end{bmatrix}=\begin{bmatrix}58.7\\-37.5\\-14.3\end{bmatrix}\times10^{-3}\ \text{mm}^{-1}$$

第一层(45°层)应变(该层中面坐标 $z=-0.1875$)为

$$\begin{bmatrix}\varepsilon_x\\\varepsilon_y\\\gamma_{xy}\end{bmatrix}=(-0.1875)\times\begin{bmatrix}K_x\\K_y\\K_{xy}\end{bmatrix}=\begin{bmatrix}-11.01\\7.03\\2.68\end{bmatrix}\times10^{-3}$$

第二层(−45°层)应变(该层中面坐标 $z=-0.0625$)为

$$\begin{bmatrix}\varepsilon_x\\\varepsilon_y\\\gamma_{xy}\end{bmatrix}=(-0.0625)\times\begin{bmatrix}K_x\\K_y\\K_{xy}\end{bmatrix}=\begin{bmatrix}-3.67\\2.34\\0.89\end{bmatrix}\times10^{-3}$$

第三层(−45°层)应变(该层中面坐标 $z=0.0625$)为

$$\begin{bmatrix}\varepsilon_x\\\varepsilon_y\\\gamma_{xy}\end{bmatrix}=0.0625\times\begin{bmatrix}K_x\\K_y\\K_{xy}\end{bmatrix}=\begin{bmatrix}3.67\\-2.34\\-0.89\end{bmatrix}\times10^{-3}$$

第四层(45°层)应变(该层中面坐标 $z=0.1875$)为

$$\begin{bmatrix}\varepsilon_x\\\varepsilon_y\\\gamma_{xy}\end{bmatrix}=0.1875\times\begin{bmatrix}K_x\\K_y\\K_{xy}\end{bmatrix}=\begin{bmatrix}11.01\\-7.03\\-2.68\end{bmatrix}\times10^{-3}$$

利用应变的坐标变换关系，得到第一、第二层主轴方向应变分别为

$$\begin{bmatrix}\varepsilon_1\\\varepsilon_2\\\gamma_{12}\end{bmatrix}_{(1)45^\circ}=\begin{bmatrix}0.5 & 0.5 & 0.5\\0.5 & 0.5 & -0.5\\-1.0 & 1.0 & 0\end{bmatrix}\begin{bmatrix}-11.01\\7.03\\2.68\end{bmatrix}\times10^{-3}=\begin{bmatrix}-0.65\\-3.33\\18.04\end{bmatrix}\times10^{-3}$$

$$\begin{bmatrix}\varepsilon_1\\ \varepsilon_2\\ \gamma_{12}\end{bmatrix}_{(2)-45^\circ}=\begin{bmatrix}0.5 & 0.5 & -0.5\\ 0.5 & 0.5 & 0.5\\ 1.0 & -1.0 & 0\end{bmatrix}\begin{bmatrix}-3.67\\ 2.34\\ 0.89\end{bmatrix}\times 10^{-3}=\begin{bmatrix}-1.11\\ -0.22\\ -6.01\end{bmatrix}\times 10^{-3}$$

第一、第二层主轴方向应力分别为

$$\begin{bmatrix}\sigma_1\\ \sigma_2\\ \tau_{12}\end{bmatrix}_{(1)45^\circ}=\begin{bmatrix}140.9 & 3.0 & 0\\ 3.0 & 10.1 & 0\\ 0 & 0 & 5.0\end{bmatrix}\begin{bmatrix}-0.65\\ -3.33\\ 18.04\end{bmatrix}\text{MPa}=\begin{bmatrix}-101.6\\ -35.6\\ 90.2\end{bmatrix}\text{MPa}$$

$$\begin{bmatrix}\sigma_1\\ \sigma_2\\ \tau_{12}\end{bmatrix}_{(2)-45^\circ}=\begin{bmatrix}140.9 & 3.0 & 0\\ 3.0 & 10.1 & 0\\ 0 & 0 & 5.0\end{bmatrix}\begin{bmatrix}-1.11\\ -0.22\\ -6.01\end{bmatrix}\text{MPa}=\begin{bmatrix}-157.1\\ -5.6\\ -30.1\end{bmatrix}\text{MPa}$$

第三、第四层的应力，分别与第二、第一层相差一负号，即

$$\begin{bmatrix}\sigma_1\\ \sigma_2\\ \tau_{12}\end{bmatrix}_{(3)-45^\circ}=\begin{bmatrix}157.1\\ 5.6\\ 30.1\end{bmatrix}\text{MPa},\quad \begin{bmatrix}\sigma_1\\ \sigma_2\\ \tau_{12}\end{bmatrix}_{(4)45^\circ}=\begin{bmatrix}101.6\\ 35.6\\ -90.2\end{bmatrix}\text{MPa}$$

各个方向最大破坏指标如下：

$$\text{F. I.}(1)=157.1/1200=0.131,\quad \text{F. I.}(2)=35.6/50=0.712,$$

$$\text{F. I.}(12)=90.2/70=1.289$$

首层破坏极限载荷为 $M_x=10/1.289\ \text{N}\cdot\text{mm/mm}=7.76\ \text{N}\cdot\text{mm/mm}$。第一、第四层同时发生剪切破坏。

5.5　(1) 求 $\boldsymbol{D}$。

$$\boldsymbol{Q}=\begin{bmatrix}200.6 & 2.5 & 0\\ 2.5 & 10 & 0\\ 0 & 0 & 5\end{bmatrix}\text{GPa}$$

$$D_{ij}=\frac{1}{3}\sum_{k=1}^{N}(\bar{Q}_{ij})_k(z_k^3-z_{k-1}^3)=\frac{2t_{\text{p}}^3}{3}[7\bar{Q}_{ij0^\circ}+\bar{Q}_{ij90^\circ}]$$

$$\boldsymbol{D}=\frac{2\times(0.125)^3}{3}\begin{bmatrix}1414.2 & 20 & 0\\ 20 & 270.6 & 0\\ 0 & 0 & 40\end{bmatrix}\text{kN}\cdot\text{mm}$$

$$=\begin{bmatrix}1.838 & 0.026 & 0\\ 0.026 & 0.352 & 0\\ 0 & 0 & 0.052\end{bmatrix}\text{kN}\cdot\text{mm}$$

(2) 由层合板本构方程解出曲率。

$$\begin{bmatrix}M_x\\ 0\\ 0\end{bmatrix}=\begin{bmatrix}D_{11} & D_{12} & 0\\ D_{12} & D_{22} & 0\\ 0 & 0 & D_{66}\end{bmatrix}\begin{bmatrix}K_x\\ K_y\\ K_{xy}\end{bmatrix},\quad \begin{bmatrix}K_x\\ K_y\\ K_{xy}\end{bmatrix}=\begin{bmatrix}5450\\ -400\\ 0\end{bmatrix}\times 10^{-6}\ \text{mm}^{-1}$$

(3) 求各层应力。

第一层(0°层)中线位置坐标 $z=-0.1875$ mm,因此有

$$\begin{bmatrix}\varepsilon_x\\ \varepsilon_y\\ \gamma_{xy}\end{bmatrix}=z\begin{bmatrix}K_x\\ K_y\\ K_{xy}\end{bmatrix}=\begin{bmatrix}-1022\\ 75\\ 0\end{bmatrix}\times10^{-6},\quad \begin{bmatrix}\varepsilon_1\\ \varepsilon_2\\ \gamma_{12}\end{bmatrix}=\begin{bmatrix}\varepsilon_x\\ \varepsilon_y\\ \gamma_{xy}\end{bmatrix}$$

第二层(90°层)中线位置坐标 $z=-0.0625$ mm,相应的应变值为

$$\begin{bmatrix}\varepsilon_x\\ \varepsilon_y\\ \gamma_{xy}\end{bmatrix}=z\begin{bmatrix}K_x\\ K_y\\ K_{xy}\end{bmatrix}=\begin{bmatrix}-341\\ 25\\ 0\end{bmatrix}\times10^{-6},\quad \begin{bmatrix}\varepsilon_1\\ \varepsilon_2\\ \gamma_{12}\end{bmatrix}=\begin{bmatrix}25\\ -341\\ 0\end{bmatrix}\times10^{-6}$$

第三、第四层的应变,分别与第二、第一层相差一负号,大小相等。各层的应力分量如下。

第一层:

$$\begin{bmatrix}\sigma_1\\ \sigma_2\\ \tau_{12}\end{bmatrix}_1=\begin{bmatrix}200.6 & 2.5 & 0\\ 2.5 & 10 & 0\\ 0 & 0 & 5\end{bmatrix}\begin{bmatrix}-1022\\ 75\\ 0\end{bmatrix}\times10^{-3}\ \text{MPa}=\begin{bmatrix}-205\\ -3\\ 0\end{bmatrix}\ \text{MPa}$$

第二层:

$$\begin{bmatrix}\sigma_1\\ \sigma_2\\ \tau_{12}\end{bmatrix}_2=\begin{bmatrix}200.6 & 2.5 & 0\\ 2.5 & 10 & 0\\ 0 & 0 & 5\end{bmatrix}\begin{bmatrix}25\\ -341\\ 0\end{bmatrix}\times10^{-3}\ \text{MPa}=\begin{bmatrix}4\\ -3\\ 0\end{bmatrix}\ \text{MPa}$$

第三、第四层的应力分别与第二、第一层相差一负号,大小相等。

5.6

$$\boldsymbol{A}=\begin{bmatrix}44.90 & 13.98 & 0\\ 13.98 & 44.90 & 0\\ 0 & 0 & 15.46\end{bmatrix}\ \text{kN/mm}$$

$$\boldsymbol{a}=\begin{bmatrix}0.0247 & -0.0077 & 0\\ -0.0077 & 0.0247 & 0\\ 0 & 0 & 0.0647\end{bmatrix}\ \text{mm/kN}$$

弹性模量 $E_x=54.0$ GPa。假设 $N_x=100$ N/mm,求得各单层板的破坏指标,如下表所示。

层 号	θ/(°)	F. I. (1)	F. I. (2)	F. I. (12)
1	0	0.2301	0.0011	0
2	60	0.0072	0.3361	0.2000
3	−60	0.0072	0.3361	0.2000

首层失效临界载荷 $N_x=100/0.3361$ N/mm$=297.5$ N/mm。

(1) 令60°层和−60°层所有刚度为零,计算得到:

$$\boldsymbol{A}=\begin{bmatrix}35.23 & 0.75 & 0\\ 0.75 & 2.52 & 0\\ 0 & 0 & 1.25\end{bmatrix}\ \text{kN/mm}$$

$$\boldsymbol{a}=\begin{bmatrix}0.0286 & -0.0086 & 0\\ -0.0086 & 0.4000 & 0\\ 0 & 0 & 0.8000\end{bmatrix}\ \text{mm/kN}$$

$E_x=46.6$ GPa。在 $N_x=297.5$ N/mm 作用下，求出第一层(0°层)破坏指标 F.I.(1)=0.7933。因此，极限载荷 $N_x=297.5/0.7933$ N/mm=375.0 N/mm。

(2) 令 60°层和−60°层 E_1 不变，其他刚度为零，计算得到

$$\boldsymbol{A}=\begin{bmatrix}39.60 & 13.88 & 0\\ 13.88 & 41.89 & 0\\ 0 & 0 & 14.37\end{bmatrix}\ \text{kN/mm}$$

$$\boldsymbol{a}=\begin{bmatrix}0.0286 & -0.0095 & 0\\ -0.0095 & 0.0270 & 0\\ 0 & 0 & 0.0696\end{bmatrix}\ \text{mm/kN}$$

$E_x=46.6$ GPa。在 $N_x=297.5$ N/mm 作用下，可求得各单层板的破坏指标，如下表所示。

层　号	θ/(°)	F.I.(1)	F.I.(2)	F.I.(12)
一	0	0.7927	0.0107	0
二	60	0.0012	/	/
三	−60	0.0012	/	/

因此，极限载荷 $N_x=297.5/0.7927$ N/mm=375.3 N/mm。

5.7　558 MPa

5.8　均等于 455 MPa。

5.9　375 N/mm

5.10　(1) 例 5.1 已经给出首层破坏(90°层基体破坏)极限载荷。

$$N_x=100/0.52\ \text{N/mm}=192\ \text{N/mm}$$

$$\boldsymbol{A}=\begin{bmatrix}37.8 & 1.5 & 0\\ 1.5 & 37.8 & 0\\ 0 & 0 & 2.5\end{bmatrix}\ \text{kN/mm}$$

$$\boldsymbol{a}=\begin{bmatrix}0.0265 & -0.0011 & 0\\ -0.0011 & 0.0265 & 0\\ 0 & 0 & 0.4000\end{bmatrix}\ \text{mm/kN}$$

(2) 第二层破坏。根据完全破坏假定，90°层刚度为零。重新计算层合板的刚度矩阵和柔度矩阵，按式(5.11)求应变。

$$\boldsymbol{A}_1=\begin{bmatrix}35.2 & 0.75 & 0\\0.75 & 2.5 & 0\\0 & 0 & 1.3\end{bmatrix}\text{kN/mm}$$

$$\boldsymbol{a}_1=\begin{bmatrix}0.0286 & -0.0086 & 0\\-0.0086 & 0.4027 & 0\\0 & 0 & 0.7692\end{bmatrix}\text{mm/kN}$$

$$\begin{bmatrix}\varepsilon_x^0\\\varepsilon_y^0\\\gamma_{xy}^0\end{bmatrix}=(\boldsymbol{a}-\boldsymbol{a}_1)\begin{bmatrix}192\\0\\0\end{bmatrix}+\boldsymbol{a}_1\begin{bmatrix}N_x\\0\\0\end{bmatrix}=10^{-6}\times\left(\begin{bmatrix}-403.2\\1440\\0\end{bmatrix}+\begin{bmatrix}28.6N_x\\-8.6N_x\\0\end{bmatrix}\right)$$

求得 0°层应力为

$$\begin{bmatrix}\sigma_1\\\sigma_2\\\tau_{12}\end{bmatrix}=\boldsymbol{Q}\begin{bmatrix}\varepsilon_1\\\varepsilon_2\\\gamma_{12}\end{bmatrix}=\begin{bmatrix}-52.5\\13.3\\0\end{bmatrix}+\begin{bmatrix}4.0N_x\\-0.001N_x\\0\end{bmatrix}\text{MPa}$$

令 $-52.5+4.0N_x=1500$，解得 $N_x=388$ N/mm。

5.11 (1) $N_y=104.4$ N/mm 时 0°层横向拉伸破坏；(2) $N_y=183.2$ N/mm 时±45°层剪切破坏；(3) $N_y=300$ N/mm 时 0°层纤维方向压缩破坏；(4) 之后仅±45°层保留 1 方向的刚度，$A_{11}=A_{12}=A_{22}=A_{66}=17.5$ kN/mm，$\boldsymbol{A}$ 为奇异矩阵，单层板之间可发生错动，结构丧失承载能力。

5.12 破坏临界应力 N_{xc}/t（单位：MPa）如下表所示：

$K=N_{xy}/N_x$	0	0.2	0.4	0.6	0.8	1.0	2.0	3.0
首层	296	296	296	269	227	197	118	84
第二层	360	360	360	282	227	197	118	84
第三层	360	360	360	282	227	197	118	84
最终层	375	360	360	282	227	197	118	84

破坏次序如下表所示。

$K=N_{xy}/N_x$	0	0.2	0.4	0.6	0.8	1.0	2.0	3.0
首层	90°	90°	90°	−45°	−45°	−45°	−45°	−45°
第二层	45°	45°	45°	0°	0°	0°	0°	0°
第三层	−45°	−45°	−45°	90°	90°	90°	90°	90°
最终层	0°	0°	0°	45°	45°	45°	45°	45°

第 6 章

6.1 $\alpha_1=-0.19\times10^{-6}\ \text{K}^{-1}$

6.3 (1) 考虑 N_x 单独作用的情况。设 $N_x/t=10$ MPa。由本构关系 $\boldsymbol{N}=\boldsymbol{A\varepsilon}$ 求解应变，以及各单层板的应力，得

$$\varepsilon_x^0=248.7\times10^{-6},\quad \varepsilon_y^0=-31.0\times10^{-6},\quad \gamma_{xy}^0=0$$

$$\begin{bmatrix}\sigma_1\\ \sigma_2\\ \tau_{12}\end{bmatrix}_{0^\circ}=\boldsymbol{Q}\begin{bmatrix}248.7\\ -31.0\\ 0\end{bmatrix}\times10^{-6}\text{ MPa}=\begin{bmatrix}15.09\\ 0.64\\ 0\end{bmatrix}\text{ MPa}$$

$$\begin{bmatrix}\sigma_1\\ \sigma_2\\ \tau_{12}\end{bmatrix}_{90^\circ}=\boldsymbol{Q}\begin{bmatrix}-31.0\\ 248.7\\ 0\end{bmatrix}\times10^{-6}\text{ MPa}=\begin{bmatrix}1.09\\ 4.91\\ 0\end{bmatrix}\text{ MPa}$$

在 $N_x/t=10$ MPa 的单独作用下，在 90°层横方向上最易发生破坏，其拉伸应力为 4.91 MPa。临界应力为 $N_x/t=(50/4.91)\times10$ MPa$=101.8$ MPa。

(2) 求仅有温度变化时的残余热应力。由本构关系 $\boldsymbol{N}^{\mathrm{T}}=\boldsymbol{A\varepsilon}$ 解出应变，以及各单层板的应力，即

$$t\begin{bmatrix}-5.58\\ -5.58\\ 0\end{bmatrix}=10^3t\begin{bmatrix}40.85 & 5.1 & 0\\ 5.1 & 40.85 & 0\\ 0 & 0 & 10\end{bmatrix}\begin{bmatrix}\varepsilon_x^0\\ \varepsilon_y^0\\ \gamma_{xy}^0\end{bmatrix},\quad \begin{bmatrix}\varepsilon_x^0\\ \varepsilon_y^0\\ \gamma_{xy}^0\end{bmatrix}=\begin{bmatrix}-121\\ -121\\ 0\end{bmatrix}\times10^{-6}$$

0°层力学应变以及残余热应力为

$$\begin{bmatrix}\varepsilon_1^{\mathrm{M}}\\ \varepsilon_2^{\mathrm{M}}\\ \gamma_{12}^{\mathrm{M}}\end{bmatrix}_{0^\circ}=\begin{bmatrix}\varepsilon_x^{\mathrm{M}}\\ \varepsilon_y^{\mathrm{M}}\\ \gamma_{xy}^{\mathrm{M}}\end{bmatrix}_{0^\circ}=\begin{bmatrix}\varepsilon_x^0\\ \varepsilon_y^0\\ \gamma_{xy}^0\end{bmatrix}-\Delta T\begin{bmatrix}\alpha_x\\ \alpha_y\\ \alpha_{xy}\end{bmatrix}_{0^\circ}=\begin{bmatrix}-721\\ 1879\\ 0\end{bmatrix}\times10^{-6}$$

$$\begin{bmatrix}\sigma_1\\ \sigma_2\\ \tau_{12}\end{bmatrix}_{0^\circ}=\boldsymbol{Q}\begin{bmatrix}-721\\ 1879\\ 0\end{bmatrix}\times10^{-6}\text{ MPa}=\begin{bmatrix}-34.6\\ 34.6\\ 0\end{bmatrix}\text{ MPa}$$

同样可以得到 90°层的残余热应力

$$\begin{bmatrix}\sigma_1\\ \sigma_2\\ \tau_{12}\end{bmatrix}_{90^\circ}=\boldsymbol{Q}\begin{bmatrix}-721\\ 1879\\ 0\end{bmatrix}\times10^{-6}\text{ MPa}=\begin{bmatrix}-34.6\\ 34.6\\ 0\end{bmatrix}\text{ MPa}$$

(3) 考虑外加载荷与温度残余应力。

扣除温度残余应力，由外加载荷引起的 90°层横方向上的应力不能超过$(50-34.6)$ MPa$=15.4$ MPa，因此，极限应力为 $N_x/t=(15.4\ /\ 4.91)\times10$ MPa$=31.4$ MPa。

6.4 (1) 求 $\boldsymbol{A},\boldsymbol{N}^{\mathrm{T}}$。

$$\boldsymbol{Q}=\begin{bmatrix}61.3 & 5.1 & 0\\ 5.1 & 20.4 & 0\\ 0 & 0 & 10\end{bmatrix}\times10^3\text{ MPa}$$

$$\bar{\boldsymbol{Q}}_{\pm 45^\circ}=\begin{bmatrix}33.0 & 13.0 & \pm 10.2\\ 13.0 & 33.0 & \pm 10.2\\ \pm 10.2 & \pm 10.2 & 17.9\end{bmatrix}\times 10^3\ \text{MPa}$$

$$\boldsymbol{A}=0.5t(\bar{\boldsymbol{Q}}_{45^\circ}+\bar{\boldsymbol{Q}}_{-45^\circ})=10^3 t\begin{bmatrix}33.0 & 13.0 & 0\\ 13.0 & 33.0 & 0\\ 0 & 0 & 17.9\end{bmatrix}\ \text{N/mm}$$

$$\begin{bmatrix}\alpha_x\\ \alpha_y\\ \alpha_{xy}\end{bmatrix}_{\pm 45^\circ}=\begin{bmatrix}0.5 & 0.5 & \mp 0.5\\ 0.5 & 0.5 & \pm 0.5\\ \pm 1 & \mp 1 & 0\end{bmatrix}\begin{bmatrix}\alpha_1\\ \alpha_2\\ 0\end{bmatrix}=\begin{bmatrix}7\\ 7\\ \mp 26\end{bmatrix}\times 10^{-6}\ \text{K}^{-1}$$

$$\begin{bmatrix}N_x^{\text{T}}\\ N_y^{\text{T}}\\ N_{xy}^{\text{T}}\end{bmatrix}=2\times\frac{t}{4}\times\Delta T\left(\bar{\boldsymbol{Q}}_{45^\circ}\begin{bmatrix}\alpha_x\\ \alpha_y\\ \alpha_{xy}\end{bmatrix}_{45^\circ}+\bar{\boldsymbol{Q}}_{-45^\circ}\begin{bmatrix}\alpha_x\\ \alpha_y\\ \alpha_{xy}\end{bmatrix}_{-45^\circ}\right)=\begin{bmatrix}-5.68\\ -5.68\\ 0\end{bmatrix}t\ \text{N/mm}$$

(2) 温度变化时，求层合板应变和单层板的应力。

$$t\begin{bmatrix}-5.68\\ -5.68\\ 0\end{bmatrix}=10^3 t\begin{bmatrix}33.0 & 13.0 & 0\\ 13.0 & 33.0 & 0\\ 0 & 0 & 17.9\end{bmatrix}\begin{bmatrix}\varepsilon_x^0\\ \varepsilon_y^0\\ \gamma_{xy}^0\end{bmatrix},\quad \begin{Bmatrix}\varepsilon_x^0\\ \varepsilon_y^0\\ \gamma_{xy}^0\end{Bmatrix}=\begin{Bmatrix}-123.5\\ -123.5\\ 0\end{Bmatrix}\times 10^{-6}$$

$\pm 45^\circ$层力学应变以及残余热应力分别为

$$\begin{bmatrix}\varepsilon_x^{\text{M}}\\ \varepsilon_y^{\text{M}}\\ \gamma_{xy}^{\text{M}}\end{bmatrix}_{\pm 45^\circ}=\begin{bmatrix}\varepsilon_x^0\\ \varepsilon_y^0\\ \gamma_{xy}^0\end{bmatrix}-\Delta T\begin{bmatrix}\alpha_x\\ \alpha_y\\ \alpha_{xy}\end{bmatrix}_{\pm 45^\circ}=\begin{bmatrix}576.5\\ 576.5\\ \mp 2600\end{bmatrix}\times 10^{-6}$$

$$\begin{bmatrix}\varepsilon_1^{\text{M}}\\ \varepsilon_2^{\text{M}}\\ \gamma_{12}^{\text{M}}\end{bmatrix}_{\pm 45^\circ}=\begin{bmatrix}0.5 & 0.5 & \pm 0.5\\ 0.5 & 0.5 & \mp 0.5\\ \mp 1.0 & \pm 1.0 & 0\end{bmatrix}\begin{bmatrix}576.5\\ 576.5\\ \mp 2600\end{bmatrix}\times 10^{-6}=\begin{bmatrix}-723.5\\ 1876.5\\ 0\end{bmatrix}\times 10^{-6}$$

$$\begin{bmatrix}\sigma_1\\ \sigma_2\\ \tau_{12}\end{bmatrix}_{\pm 45^\circ}=\begin{bmatrix}61.3 & 5.1 & 0\\ 5.1 & 20.4 & 0\\ 0 & 0 & 10\end{bmatrix}\begin{bmatrix}-723.5\\ 1876.5\\ 0\end{bmatrix}\times 10^{-3}\ \text{MPa}=\begin{bmatrix}-34.7\\ 34.7\\ 0\end{bmatrix}\ \text{MPa}$$

(3) 考虑 N_x 单独作用的情况。设 $N_x/t=10$ MPa。由本构关系 $\boldsymbol{N}=\boldsymbol{A\varepsilon}$，解出应变，以及各单层板的应力，即

$$\varepsilon_x^0=359\times 10^{-6},\quad \varepsilon_y^0=-141\times 10^{-6},\quad \gamma_{xy}^0=0$$

$$\begin{bmatrix}\varepsilon_1\\ \varepsilon_2\\ \gamma_{12}\end{bmatrix}_{\pm 45^\circ}=\begin{bmatrix}0.5 & 0.5 & \pm 0.5\\ 0.5 & 0.5 & \mp 0.5\\ \mp 1.0 & \pm 1.0 & 0\end{bmatrix}\begin{bmatrix}359\\ -141\\ 0\end{bmatrix}\times 10^{-6}=\begin{bmatrix}109\\ 109\\ -500\end{bmatrix}\times 10^{-6}$$

$$\begin{bmatrix}\sigma_1\\ \sigma_2\\ \tau_{12}\end{bmatrix}_{\pm 45^\circ}=\begin{bmatrix}61.3 & 5.1 & 0\\ 5.1 & 20.4 & 0\\ 0 & 0 & 10\end{bmatrix}\begin{bmatrix}109\\ 109\\ -500\end{bmatrix}\times 10^{-3}\ \text{MPa}=\begin{bmatrix}7.2\\ 2.8\\ -5.0\end{bmatrix}\ \text{MPa}$$

(4) 考虑外加载荷与温度残余应力。

扣除温度残余应力,由外加载荷引起的 90°层横方向上的应力不能超过(50−34.7) MPa=15.3 MPa,因此,极限应力为 $N_x/t=(15.3/2.8)\times 10$ MPa=54.6 MPa,超过此极限时层合板会发生横方向拉伸破坏。

忽略温度变化的影响时,极限应力为 $N_x/t=(50/5.0)\times 10$ MPa=100 MPa,超过此极限时层合板会发生剪切破坏。

6.5 (1) 由例 5.3 得,单层板变换刚度矩阵、层合板拉伸刚度矩阵分别为

$$\bar{\boldsymbol{Q}}_{0^\circ}=\begin{bmatrix}140.9 & 3.0 & 0\\ 3.0 & 10.1 & 0\\ 0 & 0 & 5.0\end{bmatrix}\text{GPa},\quad \bar{\boldsymbol{Q}}_{90^\circ}=\begin{bmatrix}10.1 & 3.0 & 0\\ 3.0 & 140.9 & 0\\ 0 & 0 & 5.0\end{bmatrix}\text{GPa}$$

$$\bar{\boldsymbol{Q}}_{\pm 45^\circ}=\begin{bmatrix}44.3 & 34.3 & \pm 32.7\\ 34.3 & 44.3 & \pm 32.7\\ \pm 32.7 & \pm 32.7 & 36.3\end{bmatrix}\text{GPa},\quad \boldsymbol{A}=\begin{bmatrix}59.9 & 18.7 & 0\\ 18.7 & 59.9 & 0\\ 0 & 0 & 20.7\end{bmatrix}\text{kN/mm}$$

假设 $N_x=100$ N/mm 单独作用,求得各个单层板的应力如下表所示。

层　　号	$\theta/(^\circ)$	σ_1/MPa	σ_2/MPa	τ_{12}/MPa	F. I. (1)	F. I. (2)	F. I. (12)
1	0	259	−0.3	0	0.17	0.01	0
2	45	91	8	−12	0.06	0.16	0.17
3	−45	91	8	12	0.06	0.16	0.17
4	90	−76	17	0	0.06	0.34	0

首层失效临界载荷为 $N_x=(1/0.34)\times 100$ N/mm=294 N/mm。

(2) 单独考虑温度变化,得

$$\begin{bmatrix}\alpha_x\\ \alpha_y\\ \alpha_{xy}\end{bmatrix}_{0^\circ}=\begin{bmatrix}-0.3\\ 28.0\\ 0\end{bmatrix}\times 10^{-6}\ \text{K}^{-1},\quad \begin{bmatrix}\alpha_x\\ \alpha_y\\ \alpha_{xy}\end{bmatrix}_{90^\circ}=\begin{bmatrix}28.0\\ -0.3\\ 0\end{bmatrix}\times 10^{-6}\ \text{K}^{-1}$$

$$\begin{bmatrix}\alpha_x\\ \alpha_y\\ \alpha_{xy}\end{bmatrix}_{\pm 45^\circ}=\begin{bmatrix}0.5 & 0.5 & \mp 0.5\\ 0.5 & 0.5 & \pm 0.5\\ \pm 1 & \mp 1 & 0\end{bmatrix}\begin{bmatrix}\alpha_1\\ \alpha_2\\ 0\end{bmatrix}=\begin{bmatrix}13.85\\ 13.85\\ \mp 28.3\end{bmatrix}\times 10^{-6}\ \text{K}^{-1}$$

$$\begin{bmatrix}N_x^{\mathrm{T}}\\ N_y^{\mathrm{T}}\\ N_{xy}^{\mathrm{T}}\end{bmatrix}=\frac{2t}{8}\times\Delta T\left(\bar{\boldsymbol{Q}}_{0^\circ}\begin{bmatrix}\alpha_x\\ \alpha_y\\ \alpha_{xy}\end{bmatrix}_{0^\circ}+\bar{\boldsymbol{Q}}_{90^\circ}\begin{bmatrix}\alpha_x\\ \alpha_y\\ \alpha_{xy}\end{bmatrix}_{90^\circ}+\bar{\boldsymbol{Q}}_{45^\circ}\begin{bmatrix}\alpha_x\\ \alpha_y\\ \alpha_{xy}\end{bmatrix}_{45^\circ}+\bar{\boldsymbol{Q}}_{-45^\circ}\begin{bmatrix}\alpha_x\\ \alpha_y\\ \alpha_{xy}\end{bmatrix}_{-45^\circ}\right)$$

$$=\frac{2t}{8}\times\Delta T\begin{bmatrix}0.65\\ 0.65\\ 0\end{bmatrix}=\begin{bmatrix}-16.25\\ -16.25\\ 0\end{bmatrix}\text{N/mm}$$

$$\begin{bmatrix}-16.25\\-16.25\\0\end{bmatrix}=10^3\times\begin{bmatrix}59.9&18.7&0\\18.7&59.9&0\\0&0&20.7\end{bmatrix}\begin{bmatrix}\varepsilon_x^0\\\varepsilon_y^0\\\gamma_{xy}^0\end{bmatrix},\quad\begin{bmatrix}\varepsilon_x^0\\\varepsilon_y^0\\\gamma_{xy}^0\end{bmatrix}=\begin{bmatrix}-206.7\\-206.7\\0\end{bmatrix}\times10^{-6}$$

$$\begin{bmatrix}\varepsilon_x^{\mathrm{M}}\\\varepsilon_y^{\mathrm{M}}\\\gamma_{xy}^{\mathrm{M}}\end{bmatrix}_{0^\circ}=\begin{bmatrix}\varepsilon_x^0\\\varepsilon_y^0\\\gamma_{xy}^0\end{bmatrix}-\Delta T\begin{bmatrix}\alpha_x\\\alpha_y\\\alpha_{xy}\end{bmatrix}_{0^\circ}=\begin{bmatrix}-236.7\\2593.3\\0\end{bmatrix}\times10^{-6}$$

$$\begin{bmatrix}\varepsilon_x^{\mathrm{M}}\\\varepsilon_y^{\mathrm{M}}\\\gamma_{xy}^{\mathrm{M}}\end{bmatrix}_{90^\circ}=\begin{bmatrix}\varepsilon_x^0\\\varepsilon_y^0\\\gamma_{xy}^0\end{bmatrix}-\Delta T\begin{bmatrix}\alpha_x\\\alpha_y\\\alpha_{xy}\end{bmatrix}_{90^\circ}=\begin{bmatrix}2593.3\\-236.7\\0\end{bmatrix}\times10^{-6}$$

$$\begin{bmatrix}\varepsilon_x^{\mathrm{M}}\\\varepsilon_y^{\mathrm{M}}\\\gamma_{xy}^{\mathrm{M}}\end{bmatrix}_{\pm45^\circ}=\begin{bmatrix}\varepsilon_x^0\\\varepsilon_y^0\\\gamma_{xy}^0\end{bmatrix}-\Delta T\begin{bmatrix}\alpha_x\\\alpha_y\\\alpha_{xy}\end{bmatrix}_{\pm45^\circ}=\begin{bmatrix}1178.3\\1178.3\\\mp2830\end{bmatrix}\times10^{-6}$$

转换为沿主轴方向的应变，得

$$\begin{bmatrix}\varepsilon_1^{\mathrm{M}}\\\varepsilon_2^{\mathrm{M}}\\\gamma_{12}^{\mathrm{M}}\end{bmatrix}_{\pm45^\circ}=\begin{bmatrix}0.5&0.5&\pm0.5\\0.5&0.5&\mp0.5\\\mp1.0&\pm1.0&0\end{bmatrix}\begin{bmatrix}1178.3\\1178.3\\\mp2830\end{bmatrix}\times10^{-6}=\begin{bmatrix}-236.7\\2593.3\\0\end{bmatrix}\times10^{-6}$$

因此，每个单层沿主轴方向的力学应变都相同，应力也相同。如：

$$\begin{bmatrix}\sigma_1\\\sigma_2\\\tau_{12}\end{bmatrix}_{0^\circ}=\begin{bmatrix}140.9&3.0&0\\3.0&10.1&0\\0&0&5.0\end{bmatrix}\begin{bmatrix}-236.7\\2593.3\\0\end{bmatrix}\times10^{-3}\ \mathrm{MPa}=\begin{bmatrix}-25.5\\25.5\\0\end{bmatrix}\ \mathrm{MPa}$$

(3) 温度变化加上 N_x 作用。

扣除温度应力 25.5 MPa，90°层在横方向上只能承受(50－25.5) MPa＝24.5 MPa 的应力，根据第(1)步计算所得的结果，计算极限载荷：$N_x=(24.5/17.0)\times100$ N/mm＝144 N/mm。

6.6 $(A_{11}+A_{12})\varepsilon_x^0+B_{11}K_x=N_x^{\mathrm{T}},\quad B_{11}\varepsilon_x^0+(D_{11}-D_{12})K_x=M_x^{\mathrm{T}}$

$$\left(\frac{Q_{11}+Q_{22}+2Q_{12}}{2}\right)t\varepsilon_x^0+\frac{t^2}{8}(-Q_{11}+Q_{22})K_x$$

$$=N_x^{\mathrm{T}}=[(Q_{11}+Q_{12})\alpha_1+(Q_{12}+Q_{22})\alpha_2]\times\frac{t}{2}\Delta T$$

$$\left(\frac{-Q_{11}+Q_{22}}{8}\right)t^2\varepsilon_x^0+\left(\frac{Q_{11}+Q_{22}-2Q_{12}}{24}\right)t^3K_x$$

$$=M_x^{\mathrm{T}}=[(-Q_{11}+Q_{12})\alpha_1+(-Q_{12}+Q_{22})\alpha_2]\times\frac{t^2}{8}\Delta T$$

(1) 将已知条件代入上面方程，得以下关系，并由此求出中面应变和曲率：

$$78500\varepsilon_x^0+(-16350)tK_x=-14.88$$

$$(-16350)\varepsilon_x^0+(6042)tK_x=-1.96$$

解得

$$\varepsilon_x^0=-5.89\times10^{-4},\quad tK_x=-1.92\times10^{-3},\quad \varepsilon_x^0=\varepsilon_y^0,\quad K_x=-K_y$$

求 0°层残余应力。当 $z=0$ 时,

$$\begin{bmatrix}\sigma_x\\ \sigma_y\end{bmatrix}_{0^\circ}=10^3\times\begin{bmatrix}140.9 & 3.0\\ 3.0 & 10.1\end{bmatrix}\begin{bmatrix}\varepsilon_x^0-\alpha_1\Delta T\\ \varepsilon_x^0-\alpha_2\Delta T\end{bmatrix}=\begin{bmatrix}-77.73\\ 15.02\end{bmatrix}\text{ MPa}$$

当 $z=-t/2$ 时,

$$\begin{bmatrix}\sigma_x\\ \sigma_y\end{bmatrix}_{0^\circ}=10^3\times\begin{bmatrix}140.9 & 3.0\\ 3.0 & 10.1\end{bmatrix}\begin{bmatrix}\varepsilon_x^0-\dfrac{1}{2}tK_x-\alpha_1\Delta T\\ \varepsilon_x^0+\dfrac{1}{2}tK_x-\alpha_2\Delta T\end{bmatrix}=\begin{bmatrix}54.66\\ 8.20\end{bmatrix}\text{ MPa}$$

在 90°层内,产生相同的主轴方向残余应力,层合板残余应力构成自平衡力系。即,自下而上(z 分别为 $-t/2,0,0,t/2$),x 方向的应力依次为 54.66 MPa,−77.73 MPa,15.02 MPa,8.20 MPa。在每个单层内应力沿高度线性变化,不难验证以下自平衡关系成立:

$$\int_{-t/2}^{0}(\sigma_x)_{0^\circ}\mathrm{d}z+\int_{0}^{t/2}(\sigma_x)_{90^\circ}\mathrm{d}z=0$$

(2)

$$78500\varepsilon_x^0+(-16350)tK_x=-16.18$$

$$(-16350)\varepsilon_x^0+(6042)tK_x=-3.00$$

解得

$$\varepsilon_x^0=-7.09\times10^{-4},\quad tK_x=-2.42\times10^{-3},\quad \varepsilon_x^0=\varepsilon_y^0,\quad K_x=-K_y$$

用同样的方法求 0°层残余应力。当 $z=0$ 时,残余应力为

$$\begin{bmatrix}\sigma_x\\ \sigma_y\end{bmatrix}_{0^\circ}=\begin{bmatrix}-98.00\\ 18.89\end{bmatrix}\text{ MPa}$$

当 $z=-t/2$ 时,残余应力为

$$\begin{bmatrix}\sigma_x\\ \sigma_y\end{bmatrix}_{0^\circ}=\begin{bmatrix}68.86\\ 10.30\end{bmatrix}\text{ MPa}$$

在 90°层内,产生相同的主轴方向残余应力。当 z 分别为 $-t/2,0,0,t/2$ 时,x 方向的应力依次为 68.86 MPa,−98.00 MPa,18.89 MPa,10.30 MPa。

(3)

$$78500\varepsilon_x^0+(-16350)tK_x=30.07$$

$$(-16350)\varepsilon_x^0+6042tK_x=-12.12$$

解得

$$\varepsilon_x^0=-7.95\times10^{-5},\quad tK_x=-2.22\times10^{-3},\quad \varepsilon_x^0=\varepsilon_y^0,\quad K_x=-K_y$$

用同样的方法求 0°层残余应力。当 $z=0$ 时,残余应力为

$$\begin{bmatrix}\sigma_x\\ \sigma_y\end{bmatrix}_{0^\circ}=\begin{bmatrix}-89.98\\ 16.96\end{bmatrix}\text{ MPa}$$

当 $z=-t/2$ 时,残余应力为

$$\begin{bmatrix}\sigma_x\\ \sigma_y\end{bmatrix}_{0^\circ}=\begin{bmatrix}63.09\\ 9.48\end{bmatrix}\text{ MPa}$$

在 90°层内，产生相同的主轴方向残余应力。当 z 分别为 $-t/2,0,0,t/2$ 时，x 方向的应力依次为 63.09 MPa，−89.98 MPa，16.96 MPa，9.48 MPa。

第 7 章

7.1　$D_{11}=D_{22}=D_{12}+2D_{66}=D=Et^3/12(1-\mu^2)$，$D_{16}=D_{26}=0$，基本方程为

$$\frac{\partial^4 w}{\partial x^4}+2\frac{\partial^4 w}{\partial x^2\partial y^2}+\frac{\partial^4 w}{\partial y^4}=-p/D$$

7.2　(1) 利用式(7.19)证明。

(2) $D_{11}=D$，　$D_{12}=\mu D$，

$$\begin{aligned}M_x&=-D\left(\frac{\partial^2 w}{\partial x^2}+\mu\frac{\partial^2 w}{\partial y^2}\right)\\&=-\frac{16p_0}{\pi^4}\frac{a^4b^4}{a^4+2a^2b^2+b^4}\left(\frac{1}{a^2}+\mu\frac{1}{b^2}\right)\sin\frac{\pi x}{a}\sin\frac{\pi y}{b}\end{aligned}$$

(3) 在 $x=a/2,y=b/2$ 处，

$$\sigma_x=-\frac{96p_0}{t^2\pi^4}\frac{a^4b^4}{a^4+2a^2b^2+b^4}\left(\frac{1}{a^2}+\mu\frac{1}{b^2}\right)$$

当 $a=b$ 时，板为正方形板，

$$\sigma_x=-\frac{24p_0a^2}{t^2\pi^4}(1+\mu)=-\frac{24\times500}{(5\times10^{-3})^2\pi^4}(1+0.3)\text{ Pa}=-6.4\text{ MPa}$$

7.5　(1) $$\begin{aligned}W_{13}/W_{11}&=\frac{D_{11}b^4+2(D_{12}+2D_{66})a^2b^2+D_{22}a^4}{3[D_{11}b^4+2(D_{12}+2D_{66})\times3^2a^2b^2+D_{22}\times3^4a^4]}\\&=1/104.8=0.0095\end{aligned}$$

$$W_{31}/W_{11}=1/92.6=0.0108$$

(2)
$$D_{11}=D_{22}=D_{12}+2D_{66}=D$$

$$D_{12}/D_{11}=\mu=0.32$$

$$D_{66}/D_{11}=Q_{66}/Q_{11}=(1-\mu)/2=0.34$$

此时，有

$$W_{13}/W_{11}=1/163.9=0.0061$$

$$W_{31}/W_{11}=1/20.3=0.0493$$

7.6　n 为奇数时，$h(y)=1$，$h_n=4/(n\pi)$，$w_{pn}=-\dfrac{4b^4p_0}{\pi^5D_{22}}\dfrac{1}{n^5}$；$n$ 为偶数时，$h_n=0$。取第一项足够精确，即 $w\approx-\dfrac{4b^4p_0}{\pi^5D_{22}}\sin\dfrac{\pi y}{b}$

7.9　$C_1=\dfrac{p_0L}{2bD_{11}}$，　$C_2=-\dfrac{p_0L^2}{12bD_{11}}$，　$C_3=0$，　$C_4=0$，　$w_{\max}=\dfrac{p_0L^4}{384bD_{11}}$

7.10
$$C_1=\frac{5}{8}\frac{p_0L}{bD_{11}},\quad C_2=-\frac{1}{8}\frac{p_0L^2}{bD_{11}},\quad C_3=0,\quad C_4=0$$

$$w=-\frac{8}{384}\frac{p_0L^4}{bD_{11}}(2z^4-5z^3+3z^2),\quad z=\frac{x}{L}$$

当 $z=0.5785$ 时,位移最大，为

$$|w|_{\max}=2.08\times\frac{1}{384}\times\frac{p_0L^4}{bD_{11}}=0.0054\frac{p_0L^4}{bD_{11}}$$

7.11 板厚度为 t,　$\boldsymbol{A}=t\boldsymbol{Q}$,　$\boldsymbol{D}=(t^3/12)\boldsymbol{Q}$

$$\boldsymbol{Q}=\begin{bmatrix}E/(1-\mu^2) & \mu E/(1-\mu^2) & 0\\ \mu E/(1-\mu^2) & E/(1-\mu^2) & 0\\ 0 & 0 & E/[2(1+\mu)]\end{bmatrix}$$

$$\overline{N}(1,n)=\frac{\pi^2}{a^2}\frac{D_{11}+2(D_{12}+2D_{66})n^2+D_{22}n^4}{1+n^2}=\frac{\pi^2t^3E(n^2+1)}{12a^2(1-\mu^2)}$$

当 $n=1$ 时,得到最小临界屈曲载荷为 $\frac{\pi^2t^3E}{6a^2(1-\mu^2)}$。

7.12 由式(7.21)有

$$\begin{aligned}w&=-\frac{16p_0}{\pi^6}\frac{a^4b^4}{D_{11}b^4+2(D_{12}+2D_{66})a^2b^2+D_{22}a^4}\sin\frac{\pi x}{a}\sin\frac{\pi y}{b}\\&=-\frac{16p_0}{\pi^6}\frac{a^4}{D_{11}+2(D_{12}+2D_{66})+D_{22}}\sin\frac{\pi x}{a}\sin\frac{\pi y}{b}\end{aligned}$$

(1) 对于单向层合板,板厚度为 t,则

$$\boldsymbol{D}=\frac{t^3}{12}\times\boldsymbol{Q}=\frac{t^3}{12}\begin{bmatrix}140.9 & 3.0 & 0\\ 3.0 & 10.1 & 0\\ 0 & 0 & 5.0\end{bmatrix}=\begin{bmatrix}1467.7 & 31.3 & 0\\ 31.3 & 105.2 & 0\\ 0 & 0 & 52.1\end{bmatrix}\ \text{kN}\cdot\text{mm}$$

$$w=-0.014\sin\frac{\pi x}{a}\sin\frac{\pi y}{b}\ (\text{mm})$$

板的中央处:

$$\begin{bmatrix}\varepsilon_x\\ \varepsilon_y\\ \gamma_{xy}\end{bmatrix}=z\begin{bmatrix}K_x\\ K_y\\ K_{xy}\end{bmatrix}=-z\begin{bmatrix}\partial w^2/\partial x^2\\ \partial w^2/\partial y^2\\ 2\partial w^2/\partial x\partial y\end{bmatrix}_{x=\frac{a}{2},y=\frac{b}{2}}=-10^{-6}z\begin{bmatrix}0.55\\ 0.55\\ 0\end{bmatrix}$$

上表面或下表面($z=\pm2.5$ mm)应力绝对值最大,有

$$\begin{bmatrix}\sigma_x\\ \sigma_y\\ \tau_{xy}\end{bmatrix}=\boldsymbol{Q}\begin{bmatrix}\varepsilon_x\\ \varepsilon_y\\ 0\end{bmatrix}=2.5\times10^{-3}\times\begin{bmatrix}140.9 & 3.0 & 0\\ 3.0 & 10.1 & 0\\ 0 & 0 & 5.0\end{bmatrix}\begin{bmatrix}0.55\\ 0.55\\ 0\end{bmatrix}\ \text{MPa}=\begin{bmatrix}198\\ 18\\ 0\end{bmatrix}\ \text{kPa}$$

(2) 对于$(0°/90°)_s$层合板,有

$$\boldsymbol{D}=\frac{t^3}{12}\times\frac{7\overline{\boldsymbol{Q}}_1+\overline{\boldsymbol{Q}}_2}{8}$$

或利用例 4.3 的结果,此处厚度增加到原来的 10 倍,弯曲刚度扩大到原来的

1000 倍，即

$$\boldsymbol{D}=\begin{bmatrix}1298.1 & 31.3 & 0\\ 31.3 & 275.3 & 0\\ 0 & 0 & 52.1\end{bmatrix}\ \text{kN}\cdot\text{mm}$$

计算表明，位移函数与单向层合板的情况相同，因此，应力也相同。若不是正方形板，则上述结论不成立。

(3) $(90°/0°)_s$层合板与$(0°/90°)_s$层合板的差别是，D_{22}与 D_{11}互换，位移函数结果也相同。

7.13　位移幅值增大一倍。

7.14　位移幅值为$-\dfrac{16a^4}{\pi^6}\dfrac{1}{D_{11}+2(D_{12}+2D_{66})(a/b)^2+D_{22}(a/b)^4}$。

与习题 7.12 中的正方形板相比，差别在于，分母中 $a/b=1$ 变为 $a/b=2$。

单向板：结果为正方形板的 0.435 倍。

$(0°/90°)_s$层合板：结果为正方形板的 0.272 倍。

$(90°/0°)_s$层合板：D_{22}与 D_{11}互换，结果为正方形板的 0.083 倍。

7.15　(1) 正方形板在 x 方向上受压。

$$\overline{N}_x=\frac{\pi^2}{b^2}[D_{11}m^2+2(D_{12}+2D_{66})+D_{22}/m^2]$$

若 $D_{11}>D_{22}$，当 $m=1$ 时得到最小临界屈曲载荷。反之，通过比较计算得到最小临界屈曲载荷。

单向层合板：72.7 N/mm($m=1$)，243.3 N/mm($m=2$)。

$(0°/90°)_s$层合板：72.7 N/mm($m=1$)，218.2 N/mm($m=2$)。

$(90°/0°)_s$层合板：72.7 N/mm($m=1$)，66.9 N/mm($m=2$)。

(2) 正方形板在 y 方向上受压。

单向板：72.7 N/mm($m=1$)，41.7 N/mm($m=2$)。

$(0°/90°)_s$层合板：72.7 N/mm($m=1$)，66.9 N/mm($m=2$)。

$(90°/0°)_s$层合板：72.7 N/mm($m=1$)，218.2 N/mm($m=2$)。

7.16　改变 x 方向边长后板为长方形板($a=100$ mm，$b=50$ mm)，在 x 方向上受压。

对于单向层合板，有

$$\overline{N}_x=t\sigma_{\text{cr,min}}=\frac{2\pi^2}{b^2}[(D_{11}D_{22})^{1/2}+D_{12}+2D_{66}]=41.7\ \text{N/mm}$$

$$(a/mb)_{\min}=\left(\frac{D_{11}}{D_{22}}\right)^{1/4}=1.93,\quad m\approx 1$$

对于$(0°/90°)_s$层合板，有$(D_{11}/D_{22})^{1/4}=1.47$，$m$ 不取整数，极值公式(7.42)不适用。由式(7.41)得

$$\overline{N}_x=\frac{2\pi^2}{b^2}\left[\frac{D_{11}}{2}\left(\frac{b}{a}\right)^2m^2+(D_{12}+2D_{66})+\frac{D_{22}}{2}\left(\frac{a}{b}\right)^2\frac{1}{m^2}\right]$$

$$=\frac{2\pi^2}{b^2}\left[\frac{D_{11}}{8}m^2+(D_{12}+2D_{66})+2D_{22}\frac{1}{m^2}\right]$$

因 $D_{11}>4D_{22}$，当 $m=1$ 时得到最小临界屈曲载荷为 66.9 N/mm。

对于$(90°/0°)_s$层合板，当 $m=1,2,3,4$ 时，临界屈曲载荷分别为 218.2 N/mm，72.7 N/mm，57.9 N/mm，66.9 N/mm。

7.17 正方形板双向受压时，有

$$\overline{N}(1,n)=\frac{\pi^2 D_{11}}{a^2}\frac{1+[2(D_{12}+2D_{66})/D_{11}]n^2+(D_{22}/D_{11})n^4}{1+n^2}$$

对于单向板，当 $n=2$ 时，临界屈曲载荷最小，为 33.4 N/mm。

对于$(0°/90°)_s$层合板，当 $n=1$ 时，临界屈曲载荷最小，为 36.4 N/mm。

对于$(90°/0°)_s$层合板，当 $n=1$ 时，临界屈曲载荷最小，为 36.4 N/mm。

第8章

8.1 $\sigma_f=K_{IC}/\sqrt{\pi c}f\left(\frac{c}{W}\right)$，$\frac{\sigma_{f1}}{\sigma_{f2}}=\sqrt{\frac{c_2}{c_1}}<1$，大试件的断裂破坏应力较小。

8.3 平面应力条件下：

$H_{\mathrm{I}}=8.29\times10^{-11}\mathrm{Pa}^{-1}$，　$H_{\mathrm{II}}=1.92\times10^{-11}\mathrm{Pa}^{-1}$

$H_{\mathrm{III}}=1.31\times10^{-10}\mathrm{Pa}^{-1}$

平面应变条件下：

$H_{\mathrm{I}}=6.77\times10^{-11}\ \mathrm{Pa}^{-1}$，　$H_{\mathrm{II}}=1.88\times10^{-11}\mathrm{Pa}^{-1}$

$H_{\mathrm{III}}=1.31\times10^{-10}\ \mathrm{Pa}^{-1}$

8.4 平面应力条件下：

$$H_{\mathrm{I}}=H_{\mathrm{II}}=\frac{1}{E},\quad H_{\mathrm{III}}=\frac{1+\mu}{E}$$

平面应变条件下：

$$H_{\mathrm{I}}=H_{\mathrm{II}}=\frac{1-\mu^2}{E},\quad H_{\mathrm{III}}=\frac{1+\mu}{E}$$

8.8

$$G=\frac{3}{4h}\left(\frac{F}{B}\right)^2\left(\frac{a/2h}{\alpha_1}\right)^2=\frac{3\delta^2}{4h\alpha_1^{1/3}}\cdot\frac{1}{(a/2h)^4}$$

在载荷一定的条件下，$dG/da>0$，裂纹失稳扩展；在位移一定的条件下，$dG/da<0$，裂纹稳定扩展。

8.9

$$u=\lambda F=\text{const.}\ \lambda\frac{\partial F}{\partial A}+\frac{\partial\lambda}{\partial A}F=0$$

$$\Pi=\frac{1}{2}Fu,\quad G=-\frac{\partial\Pi}{\partial A}=-\frac{u}{2}\frac{\partial F}{\partial A}=\frac{u}{2}\frac{F}{\lambda}\frac{\partial\lambda}{\partial A}=\frac{F^2}{2}\frac{\partial\lambda}{\partial A}$$

8.12 (1) 受 1 方向拉伸作用时：

$$K=\frac{\sigma_{90^\circ}}{\sigma_1^0}=1+n=1+\left[2\left(\sqrt{\frac{147.5}{11.0}}-0.29\right)+\frac{147.5}{5.3}\right]^{1/2}=6.88$$

(2) 受 2 方向拉伸作用时：

$$K=1+\left[2\left(\sqrt{\frac{11.0}{147.5}}-0.29\times\frac{11.0}{147.5}\right)+\frac{11.0}{5.3}\right]^{1/2}=3$$

8.13　层合板具有面内正交各向异性。根据式(8.40)，

$$K=1+\sqrt{2\left(\sqrt{a_{22}/a_{11}}+a_{12}/a_{11}\right)+a_{66}/a_{11}}=1+\sqrt{2\left(\sqrt{\frac{A_{11}}{A_{22}}}-\frac{A_{12}}{A_{22}}\right)+\frac{A_{11}A_{22}-A_{12}^2}{A_{22}A_{66}}}$$

$$\boldsymbol{Q}=\begin{bmatrix}148.4 & 3.2 & 0\\ 3.2 & 11.1 & 0\\ 0 & 0 & 5.3\end{bmatrix}\text{GPa},\quad \bar{\boldsymbol{Q}}_{\pm45^\circ}=\begin{bmatrix}46.8 & 36.2 & \pm34.3\\ 36.2 & 46.8 & \pm34.3\\ \pm34.3 & \pm34.3 & 38.3\end{bmatrix}\text{GPa}$$

单层板厚度记为 t_p，则对于$(0^\circ/\pm45^\circ/90^\circ)_{2s}$层合板，有

$$A_{ij}=4t_p[(\bar{Q}_{ij})_{0^\circ}+(\bar{Q}_{ij})_{90^\circ}+(\bar{Q}_{ij})_{45^\circ}+(\bar{Q}_{ij})_{-45^\circ}]$$

$$A_{11}=A_{22}=4t_p(148.4+11.1+46.8+46.8)=1012.4t_p$$

$$A_{12}=4t_p(2\times3.2+2\times36.2)=315.2\,t_p$$

$$A_{66}=4t_p(2\times5.3+2\times38.3)=348.8\,t_p$$

$$K=3.00$$

对于$(0^\circ/90^\circ)_{4s}$层合板：

$$A_{ij}=8t_p[(\bar{Q}_{ij})_{0^\circ}+(\bar{Q}_{ij})_{90^\circ}]$$

$$A_{11}=A_{22}=8t_p(148.4+11.1)=1276.0t_p$$

$$A_{12}=16t_pQ_{12}=51.2t_p,\quad A_{66}=16t_pQ_{66}=84.8t_p$$

$$K=5.12$$

8.14　$$\boldsymbol{Q}=\begin{bmatrix}39.2 & 2.2 & 0\\ 2.2 & 8.4 & 0\\ 0 & 0 & 4.1\end{bmatrix}\text{GPa},\quad \bar{\boldsymbol{Q}}_{\pm45^\circ}=\begin{bmatrix}17.1 & 8.9 & \pm7.7\\ 8.9 & 17.1 & \pm7.7\\ \pm7.7 & \pm7.7 & 10.8\end{bmatrix}\text{GPa}$$

对于$(0^\circ/\pm45^\circ/90^\circ)_{2s}$层合板：

$$A_{ij}=4t_p[(\bar{Q}_{ij})_{0^\circ}+(\bar{Q}_{ij})_{90^\circ}+(\bar{Q}_{ij})_{45^\circ}+(\bar{Q}_{ij})_{-45^\circ}]$$

$$A_{11}=A_{22}=4t_p(39.2+8.4+17.1+17.1)=327.2t_p$$

$$A_{12}=4t_p(2\times2.2+2\times8.9)=88.8t_p$$

$$A_{66}=4t_p(2\times4.1+2\times10.8)=119.2t_p$$

$$K=3.00$$

对于$(0^\circ/90^\circ)_{4s}$层合板：

$$A_{ij}=8t_p[(\bar{Q}_{ij})_{0^\circ}+(\bar{Q}_{ij})_{90^\circ}]$$

$$A_{11}=A_{22}=8t_p(39.2+8.4)=380.8t_p$$

$$A_{12}=16t_pQ_{12}=35.2t_p,\quad A_{66}=16t_pQ_{66}=65.6t_p$$

$$K=3.75$$

第 9 章

9.1 根据$\dfrac{\partial L}{\partial r}=0$，$\dfrac{\partial L}{\partial h}=0$，$\dfrac{\partial L}{\partial \lambda}=0$，分别得到：

$$h(\rho_c-\rho_s)+\frac{\lambda h^3 r^2}{4}(E_c-E_s)=0 \quad ①$$

$$r\rho_c+(1-r)\rho_s+\frac{\lambda h^2}{4}[r^3E_c+(1-r^3)E_s]=0 \quad ②$$

$$\frac{h^3}{12}[r^3E_c+(1-r^3)E_s]-D_0=0 \quad ③$$

由式①，得$\dfrac{\lambda h^2}{4}=\dfrac{-(\rho_c-\rho_s)}{r^2(E_c-E_s)}$，代入式②，即可解出最优 r，即式(9.7)。利用式③得到式(9.8)。

第 10 章

10.1 $F_{cr}=(734.2,380.0,226.6)\ \text{N/mm}^2$；F.I.$=(1.42,0.74,0.44)$

10.2 令 $\alpha=\dfrac{Q_{22}}{Q_{11}}=0.091$，$\beta=\dfrac{Q_{12}}{Q_{11}}=0.024$，$\Delta=\left(\dfrac{1+\alpha}{2}\right)^2-\beta^2=0.297$

$$A=t\cdot\begin{bmatrix}\dfrac{Q_{11}+Q_{22}}{2} & Q_{12} & 0\\ Q_{12} & \dfrac{Q_{11}+Q_{22}}{2} & 0\\ 0 & 0 & Q_{66}\end{bmatrix}=tQ_{11}\begin{bmatrix}\dfrac{1+\alpha}{2} & \beta & 0\\ \beta & \dfrac{1+\alpha}{2} & 0\\ 0 & 0 & \dfrac{Q_{66}}{Q_{11}}\end{bmatrix}$$

$$a=A^{-1},\quad a_{11}=a_{22}=\frac{1}{tQ_{11}\Delta}\cdot\frac{1+\alpha}{2},\quad a_{12}=a_{21}=\frac{-\beta}{tQ_{11}\Delta}$$

在圆孔最上端处，$N_x=t\sigma$，$\varepsilon_x=a_{11}N_x$，$\varepsilon_y=a_{21}N_x$，$\gamma_{xy}=0$

0°层：$\begin{bmatrix}\sigma_1\\ \sigma_2\end{bmatrix}=\begin{bmatrix}Q_{11} & Q_{12}\\ Q_{21} & Q_{22}\end{bmatrix}\begin{bmatrix}\varepsilon_x\\ \varepsilon_y\end{bmatrix}=\dfrac{\sigma}{\Delta}\begin{bmatrix}\dfrac{1+\alpha}{2}-\beta^2\\ \beta\cdot\dfrac{1-\alpha}{2}\end{bmatrix}=\begin{bmatrix}1.835\\ 0.037\end{bmatrix}\sigma$，$\tau_{12}=0$

90°层：$\begin{bmatrix}\sigma_1\\ \sigma_2\end{bmatrix}=\begin{bmatrix}Q_{11} & Q_{12}\\ Q_{21} & Q_{22}\end{bmatrix}\begin{bmatrix}\varepsilon_y\\ \varepsilon_x\end{bmatrix}=\dfrac{\sigma}{\Delta}\begin{bmatrix}-\beta\cdot\dfrac{1-\alpha}{2}\\ \alpha\cdot\dfrac{1+\alpha}{2}-\beta^2\end{bmatrix}=\begin{bmatrix}-0.037\\ 0.165\end{bmatrix}\sigma$，$\tau_{12}=0$

参考文献

陈建桥. 2006. 复合材料力学概论[M]. 北京:科学出版社.

鲁云,朱世杰,马鸣图,等. 2003. 先进复合材料[M]. 北京:机械工业出版社.

沈观林. 1996. 复合材料力学[M]. 北京:清华大学出版社.

沈观林,胡更开,刘彬. 2013. 复合材料力学[M]. 2 版. 北京:清华大学出版社.

吴人洁. 2000. 复合材料[M]. 天津:天津大学出版社.

张博平. 2012. 复合材料结构力学[M]. 西安:西北工业大学出版社.

福田博,边吾一. 1989. 複合材料力学入門[M]. 東京:株式会社古今書院.

三木光範,福田武人,元木信弥,等. 1997. 複合材料[M]. 東京:共立出版株式会社.

日本機械学会. 1989. 构造・材料の最適設計[M]. 東京:技報堂出版株式会社.

日本複合材料学会. 1989. 複合材料を知る事典[M]. 東京:株式会社アグネ.

AGARWAL B D, BROUTMAN L J, et al. 2006. Analysis and performance of fiber composites[M]. New Jersey: John Wiley & Sons Inc.

BARBERO E J. 2008. Finite element analysis of composite materials[M]. Boca Raton: CRC Press.

CARLSSON L A, PIPES R B. 1987. Experimental characterization of advanced composite materials[M]. London: Prentice-Hall Inc.

CHAWLA K K. 1987. Composite materials[M]. Berlin: Springer-Verlag.

DATOO M H. 1991. Mechanics of fibrous composites[M]. London: Elsevier Applied Science.

HAHN H T, TSAI S W. 1974. On the behavior of composite laminates after initial failure[J]. J. Compos. Mater. 8(3), 288.

HULL D, CLYNE T W. 1996. An introduction to composite materials[M]. 2nd ed. Cambridge: Cambridge University Press.

JONES R M. 1999. Mechanics of composite materials[M]. 2nd ed. Philadelphia: Taylor & Francis.

LEKHNITSKII S G. 1968. Anisotropic plates[M]. 2nd ed. London: Gordon and Breach.

SIH G C, PARIS P C, IRWIN G R. 1965. On crack in rectilinearly anisotropic bodies[J]. Int. J. Fract. Mech. ,1(3):189-203.

TALREJA R. 2001. MANSON J-A E. Polymer matrix composites[M]. Amsterdam:Elsevier.

TSAI S W,HAHN H T. 1980. Introduction to composite materials[M]. Westport:Technomic Publishing Co. ,Inc.